河南省铁矿成矿规律及深部找矿综合研究

主 编 孙越英 卢耀东

黄河水利出版社

·郑州·

内容提要

河南省铁矿类型主要为鞍山式沉积变质型铁矿，占铁矿资源量的76%，具有较大规模的矿床产在太古代晚期地层中。如何科学地利用这类铁矿资源，对河南省铁矿资源保障能力，显得尤为重要。本书试图从该类型铁矿的地质特征及成矿规律着手，寻找铁矿的富集规律，为今后找矿与勘探提供理论依据，同时对寻找深部铁矿资源进行了综合研究。

本书对矿产地质勘查人员、矿山开发研究人员、相关专业的科研教学人员，以及高等院校相关专业的学生、研究生等，均具有重要的参考价值。

图书在版编目(CIP)数据

河南省铁矿成矿规律及深部找矿综合研究/孙越英，卢耀东主编. —郑州：黄河水利出版社，2012.8

ISBN 978-7-5509-0341-8

Ⅰ.①河… Ⅱ.①孙… ②卢… Ⅲ.①铁矿床-成矿规律-研究-河南省②铁矿物-研究-河南省 Ⅳ.①P618.310.1②P578.1

中国版本图书馆CIP数据核字(2012)第200858号

策划编辑：王志宽　电话：0371-66024331　E-mail：wangzhikuan83@126.com

出 版 社：黄河水利出版社

地址：河南省郑州市顺河路黄委会综合楼14层　　邮政编码：450003

发行单位：黄河水利出版社

发行部电话：0371-66026940、66020550、66028024、66022620(传真)

E-mail：hhslcbs@126.com

承印单位：黄河水利委员会印刷厂

开本：787 mm×1 092 mm　1/16

印张：14.75

字数：255千字　　印数：1—1 000

版次：2012年8月第1版　　印次：2012年8月第1次印刷

定价：45.00元

《河南省铁矿成矿规律及深部找矿综合研究》编委会

主　　编	孙越英　卢耀东
副 主 编	张先忠　李凤玲　赵东力 高灶其　杨怀辉
主要编写人	王争明　王国田　张凤瑞 郜志安　刘应然　赵　帅 尚　凡

序

河南省铁矿资源居全国第十位。已知矿产地185处,其中大型矿3处,中型矿10处,小型矿49处。截至2007年底,累计查明铁矿资源储量13.51亿t,保有储量12.52亿t。预测全省铁矿资源潜力37.5亿t,全省铁矿查明程度仅有26.5%,产地比较集中的地区有安阳—林州地区、卢氏—栾川地区、鲁山—舞阳地区、泌阳—桐柏地区。

铁矿的成因类型比较齐全,计有沉积变质型、沉积型(包括宣龙式、山西式)、矽卡岩型、岩浆型、热液型、风化淋滤型等。成矿时代自晚太古代、元古代、古生代至中生代均有成矿作用。其中以晚太古代火山—沉积变质型铁矿最为重要,探明储量占全省保有储量的76%;其次为矽卡岩型,探明储量占全省的13%;岩浆型占探明储量的10%;宣龙式、山西式铁矿探明储量甚少,均为次要类型;其余矿床类型工业意义不大。

在全部铁矿储量中贫矿占95%,富矿只占5%。富矿产地有桐柏铁山、泌阳条山、安阳李珍、林县东冶、济源铁山河、汝阳武湾、渑池岱嵋寨、新安老银洞、渑池郚山等。矿石类型以磁铁矿为主,赤铁矿次之,也有少量菱铁矿及褐铁矿。

随着找矿向深部发展,深部矿将是主要找矿目标,必须采用先进的找矿理论,引进新的勘查技术方法,推动找矿突破,并要注意研究采选的新技术方法。

根据2011~2015年河南省资源勘查开发目标,提交重要矿产资源大中型新发现矿产地20处,预计新增铁矿石资源储量5亿t(其中查明资源储量1亿t),基本维持开采利用与资源储量增加平衡。

铁矿资源的严重缺乏已经成为制约我国钢铁企业发展的瓶颈,并且威胁到我国的经济安全。河南省铁矿资源形势不容乐观,目前可以利用的铁矿资源储量仅为62 224万t,绝大部分为贫矿并埋藏于500 m以深,致使开采成本高、难度大、资源利用率低。国家及有关部门投入了大量的地质勘查工作,提交了几十份矿区地质勘查报告,众多的国内外地质专家、学者对河南省铁矿的地质勘查及综合研究取得了大量的地质科研成果,有些成果未形成专著公开发表。为此,河南省地矿局第二地质队、河南省地矿局物探队、河南省地矿局第一地质工程院、河南省地矿局岩矿测试中心等单位,组织长期从事铁矿工作的有关地质专家和科研人员，根据以往地质勘查科研成果，参阅国内外有关文献、资料，进行综合研究，编写了《河南省铁矿成矿规律及深部找矿综合研究》一书。

《河南省铁矿成矿规律及深部找矿综合研究》总结了河南省铁矿成矿规律，特别是对河南省铁矿的矿床地质特征、成矿规律、矿石物质成分进行了探讨，对全省深部铁矿找矿进行了综合研究。总之，本书内容丰富，资料翔实，文图并茂，对矿产地质勘查人员、矿山开发研究人员、科研教学人员和高等院校相关专业的本科生及研究生等，均具有重要的参考价值。

国家突出贡献专家
河南省人民政府参事
河南省有色地矿局原巡视员兼总工 姚公一

2012 年 7 月

前　言

随着我国国民经济的高速发展，对钢铁的需求量将持续增长，而我国的现有铁矿资源储量已经远不能满足钢铁企业的生产需要，供需严重失衡。据统计，2010年末，全国高炉炼铁能力达3.09亿t，炼钢能力达3.33亿t。预测到2015年设备运转率提高到90%，即使不再新增炼铁产能，届时，铁矿石需求量也将达到7.7亿t，而国内铁矿石原矿产量可能会再次下降到2.5亿t，供需缺口达5.2亿t，大量铁矿石缺口仍需要靠进口来解决。此外，我国巨大的进口量，却没有获得相应的定价权，导致国际铁矿石交易价格年年攀升，中国经济发展受到严重影响。2005年中国铁矿石进口价格上涨71.5%；2006年经过艰苦谈判，进口铁矿精粉矿和块矿价格比上个年度上涨19%；2008年澳大利亚必和必拓等公司又将铁矿石售价提高77.8%和95.6%。铁矿资源的严重缺乏已经成为制约我国钢铁企业发展的瓶颈，并且威胁到我国的经济安全。河南省铁矿资源形势更加严峻，目前可以利用的铁矿资源储量仅有62 224万t，绝大部分为贫矿并埋藏于500 m以深，致使开采成本高、难度大、资源利用率低下。省内规模开采的铁矿山几乎没有，而靠零打碎敲开采的铁矿石年产量仅有300多万t，90%以上的铁矿石省内无法解决而只能依赖省外、国外进口。铁矿资源非常紧缺，河南省国民经济平稳快速发展缺乏资源保障能力。因此，国家和河南省在"十一五"地质矿产资源规划中明确将铁矿资源列入优先勘查、重点支持的矿种。河南省铁矿勘查在新中国成立初期到20世纪80年代以前备受重视，1955～1982年对86处以上铁矿区进行过不同程度的勘查，其间主要对舞阳铁矿、许昌铁矿和安林铁矿开展了长期的普查－勘探等工作，之后相关工作很少开展。

要实现河南省铁矿资源的储量增长，就要统筹规划重要成矿区带、矿山深部和外围等成矿有利地区开展深部找矿工作。以新的地质理论为指导，以现代勘查技术方法为支撑，充分挖掘深部矿产资源潜力，实现深部空间新的找矿突破，尽快形成一批大中型资源后备基地，保障矿业经济发展所需要的接替资源。深部找矿的勘查深度，一般为1 500 m以浅。

河南省寻找深部铁矿的重点地区为：安阳—林州地区深部铁矿勘查区，舞钢—新蔡新生界覆盖区深部铁矿勘查区，大中型危机矿山深部、外围及近外围勘查区。

参加本书编写的主要单位及人员有河南省地矿局第二地质矿产调查院(原河南省地矿局第二地质队)高级工程师孙越英、卢耀东、高灶其、杨怀辉;河南省地矿局物探队高级工程师张先忠、赵东力、王争明,工程师王国田、尚凡,助理工程师赵帅;河南省地矿局第一工程院高级工程师李凤玲,工程师张凤瑞;河南省地矿局岩矿测试中心工程师郃志安;河南省地矿局探矿四队研究生刘应然。本书共分16章,第1、2、3、4、15、16章由孙越英、卢耀东、杨怀辉、赵东力、王争明、王国田执笔,第5~14章由孙越英、李凤玲、张先忠、高灶其、张凤瑞、郃志安执笔,刘应然、赵帅、尚凡参加部分章节编写及制图工作。全书最后由孙越英统一修改定稿,本书特邀国家突出贡献专家、河南省人民政府参事、河南省有色地矿局原巡视员兼总工姚公一担任技术顾问,在此深表谢意。

本书在编写过程中,得到河南省地矿局第二地质矿产调查院(原河南省地矿局第二地质队)、河南省地矿局物探队、河南省地矿局第一工程院、河南省地矿局岩矿测试中心等单位的大力支持及帮助,在此一并致谢,同时,在本书编写过程中,编者参阅了有关院校、科研、生产、管理单位编写的教材、专著或论文,在此对参考文献的作者表示衷心感谢!

由于编者水平有限,书中难免存在缺点、错误和不足之处,诚恳地希望读者给予批评指正。

编　者

2012年7月

目 录

第 1 章　全国铁矿资源勘探概况

1.1　我国铁矿地质勘查程度

我国铁矿资源地质勘查评价工作历经 20 世纪 50 年代后期至 60 年代初和 70 年代两次铁矿勘查会战，在 20 世纪 50 年代到 80 年代初 30 年间，除西藏、青海、新疆等一些边远地区外，我国铁矿开展了较全面系统的勘查评价。20 世纪 80 年代以来，我国铁矿勘查评价投入锐减，只有西部少量地区开展铁矿勘查。近年来，随着我国钢铁工业的快速发展，对铁矿资源的需求急剧增长，我国铁矿勘查新增的铁矿查明资源量明显增加。

1.1.1　我国铁矿累计探明资源储量分布

2007 年，全国铁矿累计查明资源储量 685.1 亿 t，其中东部地区（包括北京、天津、河北、辽宁、上海、江苏、浙江、福建、山东、广东、海南 11 个省市）铁矿累计查明资源储量合计 298.4 亿 t，占我国铁矿累计查明资源储量总量的 43.6%；中部地区（山西、吉林、黑龙江、安徽、江西、河南、湖北、湖南 8 个省）合计 118.7 亿 t，占 17.3%；西部地区（广西、内蒙古、四川、重庆、贵州、云南、西藏、陕西、甘肃、青海、宁夏、新疆 12 个省区）合计 268.0 亿 t，占 39.1%。从各省区铁矿累计查明资源储量分布看，铁矿累计查明资源储量最多的是辽宁，为 141.4 亿 t，占全国铁矿累计查明资源储量的 20.6%；四川 107.7 亿 t，占 15.7%；河北 85.4 亿 t，占 12.5%；安徽 44.0 亿 t，占 6.4%；山西 40.5 亿 t，占 5.9%；云南 37.6 亿 t，占 5.5%；内蒙古 32.1 亿 t，占 4.7%；山东 31.0 亿 t，占 4.5%，这 8 个省区铁矿累计查明资源储量合计 519.7 亿 t，占全国铁矿累计查明资源储量的 75.9%。

1.1.2　我国探明铁矿资源储量矿体最大埋深分析

2007 年，全国铁矿累计查明资源储量 685.1 亿 t，矿体最大埋深小于 100 m 的铁矿累计探明资源储量 290.3 亿 t，占全国铁矿累计查明资源储量的 42.4%；矿体最大埋深小于 200 m 的铁矿累计探明资源储量 327.1 亿 t，占 47.7%；矿体最大埋深小于300 m的铁矿累计探明资源储量390.0亿t,占56.9%;矿体最大埋深小于400 m的铁矿累计探明资源储量443.1亿t,占64.7%;矿体最大埋深小于500 m的铁矿累计探明资源储量510.7亿t,占74.5%;矿体最大埋深小于600 m的铁矿累计探明资源储量585.2亿t,占85.4%。上述分析表明,我国铁矿探明资源储量绝大部分矿体最大埋深小于600 m。

1.2　我国铁矿资源地质工作程度

我国铁矿资源地质勘查工作程度总体上呈现东高西低的态势,东部地区的鞍本、宁芜、邯邢、鲁中、鄂东等成矿区(带)勘探程度最高;勘探程度较高的有冀东、张宣、攀西、滇中等成矿区(带);勘探程度较低的有辽西、密怀、五台、蒙中、粤北以及西部地区的祁连、东疆、东西天山、阿尔泰山等成矿(带)。勘探程度高的成矿区(带),其勘探矿区占61%,详查占26%,普查矿区只占13%。勘探程度低的成矿区(带),其比例正好相反。从勘探程度分析,东、中、西部勘探程度低的成矿区具有很大的成矿潜力。

从铁矿勘探深度分析,我国主要铁矿床勘探深度绝大部分在250~700 m,平均500 m,个别达到1 000 m。其中东部地区勘探深度偏大,西部地区勘探深度偏小。东部地区的鞍本、邯邢、鲁中、鄂东等成矿区部分矿床勘探深度大于700 m,而西部地区的东疆、北山、天山、阿尔泰山等成矿区不少矿床勘探深度小于200 m,有的仅有100多m。以往找矿勘探工作证实,中、东部地区许多铁矿床沿走向和倾向未完全控制,深部和外围找矿有望,西部地区已知铁矿床其中深部均有较大找矿潜力。

1.3　航磁异常显示我国铁矿资源潜力巨大

我国航磁测量工作开始于20世纪50年代,目前,航空磁测已覆盖陆地面积935万km^2、海域面积230万km^2,已基本覆盖我国陆地和大部分海域。60年来,我国航空物探、地质专家对全国432个航测区的航空物探资料进行了综合解释与研究,我国航磁测量共发现异常43 000多处,其中由已知铁矿引起的航磁异常1 200余处,推断铁矿引起的航磁异常3 000多处,全国约有80%深部磁性铁矿是通过航磁异常发现的。

1.3.1　从区域航磁异常看,还有巨大潜力

利用区域航磁资料,加强成矿地质规律研究,有助于快速确定寻找大型超大型铁矿的战略选区。铁矿前景较好的航磁异常区块有:鞍山弧块、燕山弧块、河套弧块、阿拉善右旗弧块、渤海—鲁西环块、五台—晋城环块、西宁—兰州环块、大冶—芜湖弧块、湘赣环块、攀西裂谷和西南三江弧块,以及冈底斯、昆仑、祁连、天山等异常带。

1.3.2　航磁异常的分析、评价与验证结果表明,我国航磁异常找铁矿潜力巨大

据初步统计,全国共发现航磁异常43 000多处。根据国土资源部航遥中心对我国20世纪80年代以前航磁异常查证情况统计分析,共查证/踏勘异常11 045处,其中见铁矿的异常870个,铁矿见矿率为7.88%。

根据航遥中心对222个固体矿产航空物探勘查区航磁异常的推断解释,认为有3 000多处航磁异常为找铁矿有望异常,还有数千处性质不明异常。据不完全统计,航磁共发现和扩大规模的铁矿1 200多处,尚有约2 000处可能的铁矿异常有待系统的分析与评价。尤其是大调查以来高精度航磁在西部地区发现并推断与铁矿有关的近300处航磁异常,除少数查证并见矿外,大多数异常尚未查证。

1.3.3　已知铁矿区的航磁异常尚有扩大规模的潜力

近年来,采用新的成矿理论、新的勘查与解释技术,对部分见矿航磁异常的进一步分析、勘查以及钻探验证效果表明,对扩大矿床规模效果显著。大多数矿床的规模与航磁异常反映的磁性体规模不相匹配,已经见矿的1 200多处航磁异常仍具有扩大规模的很大潜力,需尽快开展进一步勘查与钻探验证。预测深部及周边资源量200亿~300亿t。在我国东部地区深部存在“二次找矿空间”,在现有铁矿的深部和周围地区,采用高分辨率航磁方法具有实现深部找矿突破的很大潜力。

1.3.4　我国西部新区航磁工作程度很低,开展高精度航磁将有新的发现

在我国西部地区有近140多万 km^2 的地区仅开展过1∶50万~1∶100万航磁概查,尚未开展大比例尺高精度航磁测量,许多有意义的航磁异常尚未发

现,发现铁矿的可能性很大。预测将新发现航磁异常约1万处,找铁矿有望异常约800处,估算资源量200多亿t。综上所述,我国航磁异常显示具有巨大的找铁矿潜力,加大异常查证工作的力度,有可能实现寻找铁矿的重大进展。

1.4 我国未查明的铁矿资源潜力分布

依据近年我国主要铁矿成矿区带勘查成果,铁矿成矿理论、成矿模式和对磁异常特别是低缓磁异常的分析与认识,对我国铁矿资源潜力和找矿空间进行了分析与预测。预测范围包括我国26个铁矿成矿带,预测深度为地表至1 000 m以下。

按铁矿工业类型和地区进行预测如下:

(1)"鞍山式"沉积变质型铁矿(鞍山—本溪地区)是我国当前最大的铁矿原料基地。该地区共发现和勘查大、中、小型矿区53处,累计探明储量125亿t,现保有储量106.5亿t。目前开采的大型铁矿有齐大山、大孤山、东鞍山、眼前山、弓长岭、南芬、歪头山、北台铁矿等特大型、大型和中型铁矿。另外,还有一批可供建设的大中型铁矿。该区预测有200亿t的铁矿资源潜力,如弓长岭深部、南芬外围、辽西一带磁异常集中区等。"鞍山式"沉积变质型铁矿(冀东—北京密云地区)发现和勘查大、中、小型矿区80多处,保有储量58.1亿t,已开采的矿山有迁安水厂、大石河、棒磨山、遵化石人沟和青龙庙沟,北京密云铁矿等大中型铁矿。通过对航磁异常分析和近年勘查工作的进展,预测该区有50亿t的铁矿资源潜力,主要集中在司马长、迁安杏山和密云一带。"鞍山式"沉积变质型铁矿(五台—吕梁地区)是太原钢铁集团公司的主要原料基地。该地区发现和勘查峨口、尖山等大中型铁矿30多处,保有储量30.8亿t,预测有约30亿t的铁矿资源潜力。

(2)"攀枝花"式岩浆分异型钒钛磁铁矿,在四川攀西地区已开采两个特大型铁矿床(攀枝花铁矿和红格铁矿),预测该地区铁矿资源潜力为200亿t。

(3)"梅山式"玢岩型铁矿,主要分布于长江中下游宁芜地区,已开采梅山、凹山、姑山、东山和南山等大中型铁矿,预测资源潜力30亿t。

(4)"大冶式"接触交代型铁矿,主要分布于鄂东一带,已开采铁山、程潮、张福山、灵乡等大中型铁矿,预测资源潜力5亿t。

(5)"邯邢式"接触交代型铁矿,主要分布在华北地台上,已开采张家洼、西石门、塔尔山等大中型铁矿,预测资源潜力5亿t。

(6)"石碌式"沉积改造型铁矿,主要分布于海南省,已开采石碌铁矿,预测资源潜力3亿t。

(7)新疆蒙库海相火山—侵入型铁矿，主要分布在新疆，已开采蒙库铁矿，预测资源潜力5亿t。

我国铁矿找矿潜力最大的工业类型是“鞍山式”的沉积变质型铁矿、“攀枝花式”岩浆分异型钒钛磁铁矿、“大冶式”和“邯邢式”接触交代型铁矿、“梅山式”玢岩型铁矿等。这些类型不仅是生产矿山开发的主要类型，也是新一轮铁矿找矿的主要方向。其中，最具找矿潜力的区域是鞍本铁矿成矿区、冀东铁矿成矿区、攀西成矿区、宁芜—庐枞铁矿成矿区、鄂东铁矿成矿区、鲁中铁矿成矿区、邯邢铁矿成矿区以及西部新区，这些地区应当成为我国新一轮铁矿勘查的重点地区。

第 2 章 河南省铁矿资源概述及勘查开发利用情况

河南省铁矿资源居全国第十位。预测全省铁矿资源潜力 37.5 亿 t,全省铁矿查明程度仅有 26.5%,产地比较集中的地区有安阳—林州地区、卢氏—栾川地区、鲁山—舞阳地区、泌阳—桐柏地区(见图 2-1)。

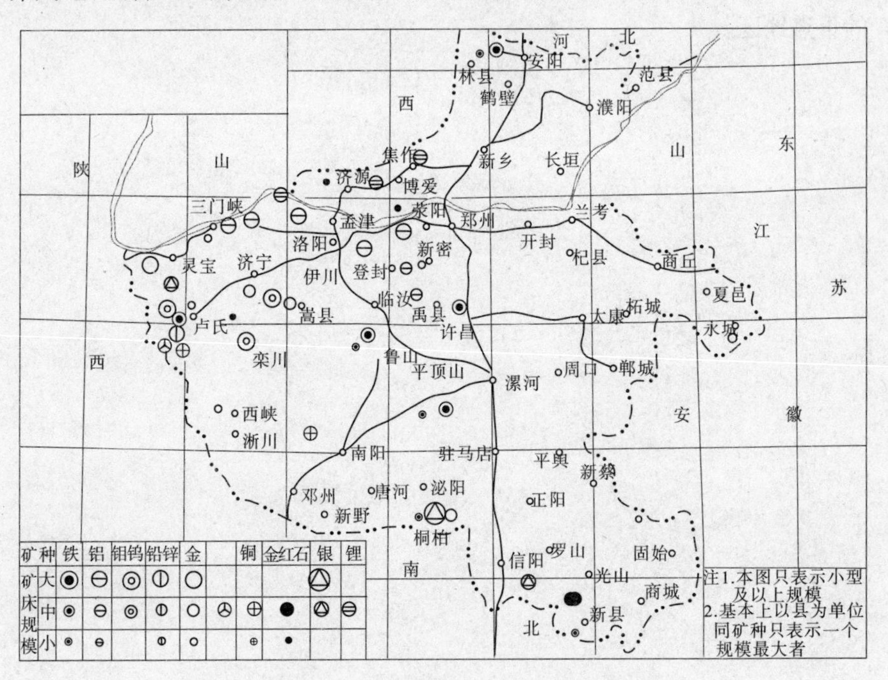

图 2-1 河南省矿产分布图(金属)

2.1 河南省铁矿资源形势

2.1.1 铁矿概述

铁矿是重要的工业原料,是一种不可再生的矿产资源。铁矿物种类繁多,目前已发现的铁矿物和含铁矿物有 300 余种,具有工业利用价值的主要是磁铁矿、赤铁矿、磁赤铁矿、钛铁矿、褐铁矿和菱铁矿等。

磁铁矿是岩浆成因铁矿床、接触交代—热液铁矿床、沉积变质铁矿床以及一系列与火山作用有关的铁矿床中铁矿石的主要矿物。此外,也常见于砂矿床中。磁铁矿氧化后可变成赤铁矿(假象赤铁矿及褐铁矿),但仍能保持其原来的晶形。

赤铁矿是自然界中分布很广的铁矿物之一,可形成于各种地质作用,但以热液作用、沉积作用和区域变质作用为主。在氧化带里,赤铁矿可由褐铁矿或纤铁矿、针铁矿经脱水作用形成,但也可以变成针铁矿和水赤铁矿等。在还原条件下,赤铁矿可转变为磁铁矿,称假象磁铁矿。

磁赤铁矿主要是磁铁矿在氧化条件下经次生变化作用形成的。磁铁矿中的 Fe^{2+} 完全为 Fe^{3+} 所代替($3Fe^{2+} \rightarrow 2Fe^{3+}$),所以有 $1/3Fe^{2+}$ 所占据的八面体位置产生了空位。另外,磁赤铁矿可由纤铁矿失水而形成,或由铁的氧化物经有机作用而形成。

钛铁矿中常含有细小鳞片状赤铁矿包体。钛铁矿主要出现在超基性岩、基性岩、碱性岩、酸性岩及变质岩中。我国攀枝花钒钛磁铁矿床中,钛铁矿呈粒状或片状分布于钛磁铁矿等矿物颗粒之间,或沿钛磁铁矿裂开面成定向片晶。其中铁矿石是指岩石(或矿物)中 TFe 含量达到最低工业品位要求者。类型可分为磁铁矿石、赤铁矿石、菱铁矿石、褐铁矿石和上述两种或三种矿石共(伴)生的混合铁矿石,其中磁铁矿矿石最重要,赤铁矿、菱铁矿矿石次之。

按照矿物组分、结构、构造和采、选、冶及工艺流程等特点,可将铁矿石分为自然类型和工业类型两大类。

2.1.1.1　自然类型

(1)根据含铁矿物种类可分为磁铁矿石、赤铁矿石、假象或半假象赤铁矿石、钒钛磁铁矿石、褐铁矿石、菱铁矿石以及由其中两种或两种以上含铁矿物组成的混合矿石。

(2)按有害杂质(S、P、Cu、Pb、Zn、V、Ti、Co、Ni、Sn、F、As)含量的高低,可分为高硫铁矿石、低硫铁矿石、高磷铁矿石、低磷铁矿石等。

(3)按结构、构造可分为浸染状矿石、网脉浸染状矿石、条纹状矿石、条带状矿石、致密块状矿石、角砾状矿石,以及鲕状、豆状、肾状、蜂窝状、粉状、土状矿石等。

(4)按脉石矿物可分为石英型、闪石型、辉石型、斜长石型、绢云母绿泥石型、矽卡岩型、阳起石型、蛇纹石型、铁白云石型和碧玉型铁矿石等。

2.1.1.2 工业类型

(1)工业上能利用的铁矿石,包括炼钢用铁矿石、炼铁用铁矿石、需选铁矿石。

(2)工业上暂不能利用的铁矿石,其矿石含铁量介于最低工业品位与边界品位之间或目前选矿工艺难处理的难选矿石等。

2.1.2 钢铁企业形势

河南省正处于工业化中期阶段,钢铁需求旺盛,现有钢铁企业 31 家,生产生铁 1 716 万 t、粗钢 2 188 万 t、钢材 2 571 万 t,粗钢产量居国内第 6 位。2008 年规模以上钢铁企业完成工业增加值 545.6 亿元,实现销售收入 2 001.6 亿元、利润 103 亿元。在政府钢铁产业振兴计划中,2015 年钢材产量为 2 900 万 t,力争 2012 年省内钢铁市场占有率达 70% 以上,2015 年和 2020 年分别达 80% 和 85% 以上。

2008 年河南企业 100 强中,安阳钢铁集团有限责任公司等 23 家张榜有名(河南省工业经济联合会公布)。中国企业联合会、中国企业家协会共同发布的 2009 中国企业 500 强,有安阳钢铁集团有限责任公司(第 107 位)和河南济源钢铁(集团)有限公司(第 456 位)2 户钢铁企业入围。

河南省拥有丰富的煤炭资源,发展钢铁产业能源保证条件较好。但铁矿石资源贫乏,资源禀赋差,进口铁矿石依赖度高达 90%,与沿海企业比较,要多支付内陆运输费用,这是河南省钢铁产业的最大劣势。

澳大利亚力拓、必和必拓和巴西淡水河谷三大矿业巨头垄断着国际铁矿石供应市场,2005 ~ 2008 年持续上涨 71.5%、19%、9.5%、65%。2009 年受国际金融危机的影响铁矿石价格短暂回落,到年末最后一天,港口现货 63% 印度矿石 890 元/t,62% 澳洲矿石 890 元/t,65% 巴西矿石 930 元/t,又回到历史最高点。2010 年伴随全球经济的复苏预期,多家权威分析机构纷纷合唱铁矿石涨价,发布上涨 10% ~ 40% 的报告。

河南钢铁行业在本省经济中处于显著地位,铁矿石价格连续惊人地上涨导致钢铁产品价格不断大幅上扬,反过来刺激铁矿石价格的上涨。中小钢厂无力签署相对低价的长期协议,面临倒闭的危险,一系列连锁反应危及国家经济安全。归根到底,危机的根源在于铁矿石资源的供需严重失衡。

2.1.3 河南省铁矿资源现状

截至 2008 年底,河南省铁矿区数为 185 个,累计查明保有资源储量为

12.52 亿 t,位居全国第十位;鲁山—舞阳地区查明资源量 5.37 亿 t,占 42%;许昌地区查明资源量 4.2 亿 t,占 33%。安阳—林州地区查明资源量 5 896.8 万 t,占 4.6%。上述三个地区共查明资源量 10.15 亿 t,是河南省铁矿资源量的 79%,其中前两个地区铁矿多为鞍山式铁矿,占查明资源量的 75%。据统计,河南省铁矿探矿权 378 个,2007 年度开采矿山 182 个,年度生产钢铁及其合金共 4 109.67 万 t,需要铁矿石 6 986 万 t。2007 年度铁矿石开采量仅为 404.02 万 t,铁矿石(TFe 品位约 60%)每年缺口为 6 582 万 t。

河南省矿产资源储量表中累计查明铁矿石资源储量 13.51 亿 t,保有铁矿石资源储量 12.52 亿 t。其中当前利用主要矿床自然类型:沉积变质铁矿查明铁矿石资源储量 107 974.62 万 t,保有铁矿石资源储量 103 972.72 万 t;接触交代铁矿查明铁矿石资源储量 13 844.42 万 t,保有铁矿石资源储量 8 202.77 万 t;海相火山岩铁矿石资源储量 3 550.80 万 t,保有铁矿石资源储量2 632.68 万 t。合计当前可利用主要铁矿石资源储量 125 369.84 万 t,保有铁矿石资源储量 114 808.17 万 t。主要利用铁矿石保有资源储量与 20 年前全部类型探明储量相当,这与实际可能不相符,因为保有的铁矿石资源储量主要是 20 年前探明的,大都已开采利用,有关泌阳—信阳条山式海相火山岩型铁矿、安林地区邯邢式接触交代型铁矿两大相对富铁矿基地已面临即将全面闭坑的境地,对保有矿产储量的实地核查正在进行之中。

受深部开采技术条件的限制,河南省铁矿石原矿开采量低,增长速度远赶不上需求。河南省工业普查办公室关于河南省第三次工业普查的公报,1995 年末铁矿石原矿 326.2 万 t,较 1985 年增长 1.9 倍(河南统计年鉴)。2006 年、2007 年铁矿石原矿增至 439 万 t、556 万 t。综合多方面信息,当前河南省铁矿自给率在 10 % 以内,年国际进口铁矿砂 1 000 万 t,中国高端和权威人士指出,缓解我国铁矿资源危机有“走出去战略”、“资源外交”、加强勘查开发、超低品位铁矿和难选冶矿石利用等途径。

河南省地处内陆,铁矿资源储量居全国第十位,资源潜力较大,但贫矿多,富矿少。因此,加强铁矿勘查开发是缓解本省危机,支持国家战略的根本出路。

国际铁矿砂每上涨 10%,河南省钢铁企业每年就要向国外多支付近 10 亿元人民币的成本,进口铁资源价格的涨与落直接和间接地影响着国民经济的发展,加强铁矿资源勘查开发迫在眉睫。

2.2 深部铁矿开采概略分析

2.2.1 开采技术条件

河南省铁矿资源的潜力主要在新生界覆盖区,面临建井技术和水文地质条件复杂的主要开采技术难题。由于新生界地层水文工程地质条件复杂,往往需要采用冷冻技术建井,目前全国最深的冻结井,为开滦建设集团制冷分公司承建的淮南丁集煤矿主、副井筒冻结工程,井径分别为7.5 m和8 m多,两个井冻结深度均为570 m。超过600 m将是建井难题。

舞阳铁矿田新生界覆盖深度浅,已知矿床深部开发水文地质条件相对简单。许昌铁矿田已知矿床顶部埋深150~300 m,矿体顶、底板富水程度不大。新发现的新蔡铁矿埋深在800 m之下,顶板为古近系砾岩或侏罗系砂页岩,系含水层,水量不明。商丘东南部永城大王庄一带,已知矿床新生界最大覆盖深度174 m,但水文地质条件复杂,-125 m未来矿坑新生界孔隙含水28 297 t/d,灰岩裂隙溶洞含水16 223 t/d。

2.2.2 概略分析

有关河南省新生界覆盖区铁矿远景区,舞阳地区、许昌地区新生界覆盖深度浅,符合冷冻建井深度条件,水文地质条件相对简单,满足当前开发经济技术条件。

新蔡等新生界深覆盖区,已知矿产地处于地垒或潜山部位,未来矿坑涌水量可能不大,但覆盖层深度大于目前的冷冻建井能力,近期难以开发。

覆盖区矽卡岩型铁矿的开发,将面临奥陶系灰岩过大的涌水量和突水,近期开发一般是不可行的。

2.3 未来铁矿开发基地预测

2.3.1 已知铁矿床深部和外围开发

豫北安林地区仍有0.85亿t铁矿石资源的期望,虽然量不大,但可能是未来河南省磁性铁品位达40%的唯一集中产地,对安钢意义重大,可望继续维持这一危机铁矿石基地的突出贡献地位,延长服务年限。

2.3.2 覆盖区铁矿开发

舞阳铁矿田保有铁矿石资源储量 59 064.17 万 t(含邻区鲁山),深部和外围预测资源量 8 亿 t。服务年限可望长达百年。将保持河南省最为重要的铁矿资源基地地位。

2007 年在铁矿石涨价的大背景下许昌铁矿开工建设,该项目由许继集团与河南龙成集团合作建设,总投资 16 亿元。建成后年采选原矿量 200 万 t,年实现利税 3 亿元。该区保有铁矿石资源储量 41 950.6 万 t,预测资源潜力 37.5 亿 t。将是服务上百年的新兴铁矿资源基地。

关于覆盖区 >800 m 埋深铁矿资源的开发要从两方面来看:①不同于基岩区,河南省开发 800 m 埋深左右的鞍山式铁矿,从当前开发经济技术条件是不可行的,开发技术有待攻关,开发成本与开采超低品位铁矿相比没有优势;②从战略的角度,按照当前进口铁矿石价格上涨的趋势,开发覆盖区超深铁矿成为必然。

2.3.3 超低品位铁矿资源开发

河南省超低品位铁矿尚缺乏系统调查,至少南召—桐柏、二郎坪群北侧板山坪—黄岗(堡子)闪长岩等杂岩带是有相当资源意义的。2009 年国际金融危机前,一度非法开采的经济品位在 8% 以下。原因是该区为丘陵地貌,风化层深度接近 20 m,机械化开采与磁选的成本极低,基本不需要破碎。在当前新一轮进口铁矿砂涨价风波开始之际,其开发经济价值和影响意义均大。其他有望开采超低品位铁矿的地质体有晚太古侵入杂岩、熊耳群火山岩、含磁铁片岩等。

有关超低品位铁矿的开发存在认识上的误区,主要是担忧环境和土地问题。实际上在豫南地区,不过将土地整理一遍,只要有科学规化并管理得当,开发与治理同时进行,生态与沙土地将在一年后恢复。宜进行系统的全省性调查,根据具体自然地理条件科学的统筹规化,建立相应的法律法规和政策,鼓励、支持规模开采低品位铁矿资源,把低品位矿产资源开发利用作为实现矿业可持续发展的重要途径之一。

2.3.4 非磁性铁矿开发

河南省有关赤铁矿、褐铁矿的矿产地比较分散,一般品位低并规模甚小,资源量很小,不大可能构成开发基地。本省曾进行过实验室选矿试验,相当于应用探讨,距实际应用差距很远。兼其资源条件差,与磁性铁矿比较将在相当长时期内不能利用。

第3章 河南省铁矿基础工作研究程度

3.1 区域地质调查及研究

3.1.1 区域地质调查

新中国建立前河南省主要是一些零星的路线地质调查,系统的区域地质调查工作在新中国建立后才大面积展开,主要包括20世纪50年代后期至80年代初期开展的1:20万区域地质调查、70年代至90年代开展的1:5万区域地质调查和21世纪初开展的1:25万及1:5万区域地质调查。此外,21世纪初还陆续开展了河南省1:50万数字地质图空间数据库、1:20万数字地质图空间数据库(24幅)、1:5万数字地质图空间数据库(已完成58幅)、1:25万数字地质图空间数据库(10幅,包括邻省已完成6幅),以及河南省岩石地层数据库、河南省同位素地质测年数据库、河南省地质工作程度数据库、河南省岩石数据库(部分完成)、1:25万地理底图数据库等,与基础地质综合研究相关的数据库建设工作。

3.1.1.1 1:20万区域地质调查

自1956年在苏联专家的指导下开始,至1980年已全部完成本省基岩区24个图幅(包括跨省图幅)的1:20万区域地质调查及地质图数据库建设(见表3-1)。按地槽-地台说建立了河南省区域构造格架、地层层序和岩浆岩序列,初步揭示了变质变形特征,初步总结了区域成矿规律,发现了一大批具有重要经济意义的矿产地,为国家和河南省的经济建设作出了重要贡献。1990年河南省区调队完成了鲁山县幅修测。

表3-1 河南省1:20万区调工作程度一览表

序号	图幅名称	比例尺	完成时间	完成单位	原档存放地点	资料收集情况	建库情况
1	长治幅	1:20万	1972	山西区调队	山西区调队	已收集	已建
2	邯郸市幅	1:20万	1974	河北区调队	河北区调队	已收集	已建

续表 3-1

序号	图幅名称	比例尺	完成时间	完成单位	原档存放地点	资料收集情况	建库情况
3	陵川幅	1:20 万	1975	山西区调队	山西区调队	已收集	已建
4	鹤壁市幅	1:20 万	1979	河南区调队	河南区调队	已收集	已建
5	三门峡幅	1:20 万	1964	河南区调队	河南区调队	已收集	已建
6	洛阳幅	1:20 万	1964	河南区调队	河南区调队	已收集	已建
7	郑州市幅	1:20 万	1980	河南区调队	河南区调队	已收集	已建
8	洛南幅	1:20 万	1958	秦岭区测队	陕西区调队	已收集	已建
9	洛宁县幅	1:20 万	1958	秦岭区测队	陕西区调队	已收集	已建
10	临汝县幅	1:20 万	1964	河南区调队	河南区调队	已收集	已建
11	许昌市幅	1:20 万	1977	河南区调队	河南区调队	已收集	已建
12	商南幅	1:20 万	1958	秦岭区测队	陕西区调队	已收集	已建
13	栾川幅	1:20 万	1958	秦岭区测队	陕西区调队	已收集	已建
14	鲁山幅	1:20 万	1958	秦岭区测队	陕西区调队	已收集	未建
	鲁山幅修测	1:20 万	1990	河南区调队	河南区调队	已收集	已建
15	平顶山幅	1:20 万	1977	河南区调队	河南区调队	已收集	已建
16	内乡幅	1:20 万	1964	北京地院	河南区调队	已收集	已建
17	南阳幅	1:20 万	1978	河南区调队	河南区调队	已收集	已建
18	泌阳幅	1:20 万	1966	河南区调队	河南区调队	已收集	已建
19	谷城幅	1:20 万	1968	湖北区调队	湖北区调队	已收集	已建
20	桐柏幅	1:20 万	1968	河南区调队	河南区调队	已收集	已建
21	信阳市幅	1:20 万	1980	河南区调队	河南区调队	已收集	已建
22	固始幅	1:20 万	1982	河南区调队	河南区调队	已收集	已建
23	新县幅	1:20 万	1981	河南区调队	河南区调队	已收集	已建
24	商城幅	1:20 万	1979	河南区调队	河南区调队	已收集	已建

3.1.1.2　1:5万区域地质调查

开始于1977年，截至2008年共完成119幅(其中4个图幅为半幅)1:5万区域地质调查和58幅地质图数据库建设，总面积4.8万km^2。其中“六五”期间完成6幅，面积0.3万km^2；“七五”期间完成27幅，面积1.1万km^2；“八五”期间完成45幅，面积1.9万km^2；“九五”期间完成32幅，面积1.4万km^2；2004年以来完成8幅，面积0.3万km^2。全部由原河南省地矿局(厅)所属地勘单位完成。早期工作以地槽－地台说为主导，1990年以后的工作多以板块构造理论为指导，并引入层序地层、同源岩浆岩谱系等新方法。1:5万区域地质调查获取了大量新发现、新资料，在区域构造格架、地层层序、岩浆岩序列、变质变形和地质演化研究等方面都取得了一批重要成果，重新认识了区域成矿地质背景，极大提高了河南省的地质调查和研究程度，为河南省重大基础地质问题研究和全省各矿集区的地质找矿工作提供了丰富的基础地质资料，对矿产资源勘查起到了重要的促进作用。

3.1.1.3　1:25万区域地质调查修测

从国土资源大调查的2000年开始，2010年已完成内乡县幅和平顶山市幅两幅，全面采用数字填图技术开展的枣阳市幅和信阳市幅即将完成，总面积6.2万km^2；另外，由山西地调院承担的长治市、侯马市、新乡市幅，湖北地调院承担的隋州市、麻城市幅，安徽地调院承担的六安市幅1:25万区域地质调查修测也已基本完成(见表3-2)。其工作以板块构造理论为指导，对中央造山带东秦岭地区的沉积建造、岩浆建造、地质构造及变质变形作用进行了系统调查和研究，对区域构造格架及地质演化有了更深刻的认识，标志着河南省区域地质研究程度跃升到一个新的高度。概略总结了区域成矿规律，新发现的栾川多金属矿田东部中生代晚期变质核杂岩构造对指导本地区地质找矿具有重要意义。首次根据野外地质特征、系统采集的孢粉样品、热释光及电子自旋共振测年样品测试分析结果，新建上新统宝丰组等5个组级岩石地层单位，完善了调查区上新统—更新统地层层序，初步总结了上新世以来的气候演化规律，为第四纪气候演化研究和未来气候预测提供了翔实资料。以服务农业和城市建设为目的，首次在河南省1:25万区域地质调查中开展了土壤地球化学背景调查，提出了以地质背景为基础的农作物种植布局方案；全面调查了平顶山市及其周边地区的活动断裂、地下水漏斗、膨胀土等地质环境问题，提出了城市规划建议，部分建议被地方政府采纳。

表3-2 河南省1∶25万区调工作程度一览表

序号	图幅名称	比例尺	完成时间	完成单位	原档存放地点	资料收集情况	建库情况
1	内乡县幅	1∶25万	2004	河南地调院	河南地调院	已收集	已建
2	平顶山市幅	1∶25万	2006	河南地调院	河南地调院	已收集	已建
3	枣阳市幅	1∶25万	2008	河南地调院	河南地调院	已收集	已建
4	信阳市幅	1∶25万	2008	河南地调院	河南地调院	已收集	已建
5	长治市幅	1∶25万	2008	山西地调院	山西地调院	已收集	已建
6	侯马市幅	1∶25万	2008	山西地调院	山西地调院	已收集	已建
7	新乡市幅	1∶25万	2008	山西地调院	山西地调院	已收集	已建
8	隋州市幅	1∶25万	2004	湖北地调院	湖北地调院	已收集	已建
9	麻城市幅	1∶25万	2004	湖北地调院	湖北地调院	已收集	已建
10	六安市幅	1∶25万	2008	安徽地调院	安徽地调院	待收集	已建

3.1.1.4 1∶5万区域地质调查片区总结

在已完成1∶5万区域地质调查图幅的基础上，1997～1999年，对河南省西部和西南部共40.5个1∶5万区域地质调查图幅分2个片区进行了1∶5万区调片区总结，系统总结了项目区地质构造特征，编写了1∶5万区调片区总结报告和1∶25万片区地质图。其中，小秦岭—卢氏片涉及豫西15.5个1∶5万区域地质调查图幅，西峡—鲁山片涉及豫西南25个1∶5万区域地质调查图幅。

3.1.2 基础地质研究

河南地处中原，跨中央造山系东段，地质、地理位置十分重要，国内外许多知名学者、专家在此开展了大量地质科学研究工作，对解决基础地质方面的一些关键问题发挥了重要作用。较重要的研究工作主要包括综合地质编图、系统总结及专题研究等（见表3-3）。

表3-3 河南省基础地质研究工作一览表

序号	成果名称	时间	完成单位或作者	成果存放地点	收集程度
1	1∶50万河南省地质图系列（地质图、大地构造图、岩相古地理图、岩浆岩分布图、矿产图）（第一代）	1962	河南地质科研所	河南省国土资源研究院	已收集

续表 3-3

序号	成果名称	时间	完成单位或作者	成果存放地点	收集程度
2	1∶20 万《中华人民共和国矿产图集河南省矿产图》	1972	河南省地质局	河南省地矿局	已收集
3	1∶50 万《河南省东部地区前新生界基岩地质图》及说明书	1975	河南地质科研所、河南物探队	河南省国土资源研究院	已收集
4	河南省前新生界基岩地质图（1∶50 万）	1978	河南地质科研所	河南省国土资源研究院	已收集
5	1∶50 万河南省构造体系图及 1∶50 万河南省构造体系与地震规律分布图	1979	河南地质科研所	河南省国土资源研究院	已收集
6	1∶50 万《河南省地质图》、《河南省矿产图》及说明书	1981	河南区调队	河南区调队	已收集
7	1∶20 万、1∶50 万《河南省变质地质图》及说明书	1984	河南区调队	河南区调队	已收集
8	河南省区域地质志	1985	河南区调队	河南区调队	已收集
9	1∶50 万《河南省地质图》、《河南省矿产图》	1989	河南区调队	河南区调队	已收集
10	河南省地质矿产志	1992	河南省地矿厅	河南地矿局	已收集
11	1∶100 万秦岭花岗岩大地构造图及说明书	2000	卢欣祥	河南省国土资源研究院	已收集
12	1∶50 万《河南省地质图》及说明书	1999	河南省地矿厅	河南地矿局	已收集
13	1∶50 万《河南省地质矿产图》及说明书	1999	河南省地质科研所	河南省国土资源研究院	已收集
14	中国大地构造纲要	1959	中科院地质所	中科院地质所	已收集
15	中国大地构造基本特征	1965	地质部地质所	地质科学院	已收集
16	中南地区区域地层表	1974	中南地区区域地层表编写小组	宜昌地矿所	已收集
17	中国震旦亚界	1980	天津地矿所	天津地矿所	已收集
18	中国大地构造及其演化	1980	黄汲清、任纪舜等	地质科学院	已收集
19	中国东秦岭地质	1980	张秋生等	吉林大学	已收集
20	中国地层概论	1982	中国地质科学院	地质科学院	已收集

3.2 区域物化探

3.2.1 区域物探

(1)航磁工作:20 世纪 60 ~ 80 年代在全省不同范围进行了 1:5万 ~ 1:20 万航磁工作,除黄淮平原为 1:20 万航磁外,其他地区均被 1:5万航磁覆盖;在此基础上河南省物探队于 1990 年绘编了全省 1:20 万航磁图,全省共圈定航磁异常 547 个,其中矿异常及找矿有意义异常 106 个,性质不明异常 441 个,进行了地面检查 234 个,工程验证 140 个,为河南省大地构造、基础地质研究和矿产调查,特别是寻找铁矿提供了丰富的地球物理资料;1995 年由国家航遥中心和河南省物探队建立了河南省 1:5万航磁数据库。但是,20 世纪 60 ~ 70 年所做的航磁工作质量较差,达不到相应比例尺的精度、技术要求。

(2)地磁工作:在 20 世纪 60 ~ 80 年代主要是针对铁矿带、矿区(点)外围进行普、详查,超基性岩体的普查,深部岩体调查及航磁异常查证,工作比例尺 1:1 000 ~ 1:5万不等,该工作遍及全省,面积达数千平方千米,发现了安林、舞阳等铁矿区的大、中、小矿床数十个。1990 年以来推广应用高精度磁法测量,其应用范围由以前的找铁为主,扩大到作为综合物化探找矿的一种手段,应用于热液矿床蚀变带的寻找和划分与推断深部地质体及工程、环境勘查,工作比例尺一般为 1:1万 ~ 1:5万不等,工作范围遍及各成矿区带,面积达数千平方千米。

(3)区域重力工作:河南区域重力勘探始于 20 世纪 50 年代,1960 ~ 1980 年在各盆地中进行了 1:10 万 ~ 1:20 万不等的重力勘探数万平方千米,主要用于油气、盐碱勘探,由地质、石油、冶金等多个单位完成,但是各单位资料不统一,硬件较落后,资料质量较差。

1980 ~ 1986 年原省地矿厅物探队对以上老资料按区域重力规范的"五统一"要求进行了收集整理,并填补了空白区,完成了《河南省 1:50 万区域重力调查》项目,编写了成果报告,并通过原省地矿厅评审,对本区的基础地质问题进行了一定的研究。

1987 ~ 1999 年原省地矿厅物探队根据原地质矿产部要求,按重要成矿区带为单元相继完成了熊耳山地区、桐柏地区、大别山地区、伏牛山地区、三门峡—灵宝地区、豫北太行山东麓地区、平顶山—漯河地区的 1:20 万区域重力调查工作及豫北东部地区 1:10 万区域重力调查工作。包括 1999 年以来中国地质调查局安排完成的洛阳—焦作地区、郑州—焦作地区、郑州—开封地区的1:20万区域重力调查工作在内，到2010年为止，河南省共完成1:10万～1:20万区域重力调查工作12.81万km^2。除豫北东部地区1:10万工作外，其他项目均编写了成果报告，并通过原省地矿厅和中国地质调查局有关部门评审，对本区的基础地质问题及地质构造、矿产进行了初步研究。2001年由河南省物探队编制了河南省1:10万～1:20万空间重力数据库。

目前，位于京广铁路以东、大别山以北、黄河以南、豫鲁皖省界以西的开封—商丘—周口—新蔡—固始地区，面积约3.92万km^2，在20世纪60年代石油部门曾开展过少量的小比例尺重力工作，但是资料不统一，硬件较落后，资料质量较差，不能满足区域重力规范的“五统一”要求。

（4）大比例尺重力工作：主要是20世纪60～80年代为配合地面磁测工作针对铁矿带、矿区（点）外围进行普查及详查、超基性岩体的普查、深部岩体调查及航磁异常查证开展的找矿工作。工作比例尺1:1 000～1:5万不等，该工作量较少，总面积只有数百平方千米。

1990年以来，大比例尺重力工作应用范围由以前的找铁为主，逐步扩展到作为综合物化探找矿的一种手段。主要应用于划分与推断盆地、地质构造、深部岩体及成矿带调查等，工作比例尺一般为1:1万～1:5万不等，工作范围遍及各成矿区带，面积达数千平方千米。特别是实行战略性矿产远景调查以来，对成矿有利地区进行了大面积的1:5万重力测量工作。

（5）电法工作：截至2004年，全省共完成电法勘探面积4万余km^2，提交成果报告300余份，发现各类异常1 000余个，其中已见矿、矿化异常近200个，施工单位主要是省地矿厅物探队和冶金、石油、煤田等勘探队伍，为河南省的基础地质研究、圈定构造、资源和工程地质、环境地质勘查发挥了重要的作用。

（6）地震测量工作：河南省地震勘探始于1953年，截至2004年全省共完成地震剖面6万多km。20世纪50年代以来，为在河南寻找油气田分别在开封、南阳、洛阳、濮阳、济源和周口等盆地中进行了大量的地震勘探工作，同时在盆地边部及隆起部位为寻找煤等矿产资源也进行了大量的工作，基本查清了河南省储油气构造及含煤地层的分布规律和煤层的赋存状况。1980年以来河南省引进了高分辨率浅层数字地震仪，在地质矿产勘查、地质灾害调查治理和工程、环境地质勘查中做了大量的工作。

（7）综合地球物理调查研究：1985年为研究秦岭大地构造，由原地质矿产部在秦巴地区和桐柏—大别山地区进行了1:50万物化遥编图成果综合研究项目,由河南省地矿局物探队编制了重力图及说明书,对秦岭地区的构造格架及基础地质问题进行了研究。

1982～1992年,由有关单位完成了位于河南省北部的华北地学剖面、西南部的QB－1地学剖面和南阳盆地的叶县—南漳地学剖面,通过上述三条地学剖面的重、磁、电、震等综合方法的实测工作,对河南省的基础地质和深部地质构造研究提供了较充分的依据。

3.2.2 区域化探

河南省区域地球化学调查始于1978年,至1990年已完成全省基岩区1:20万水系沉积物调查面积6.7万km^2。圈定水系沉积物单元素地球化学异常3 571处,综合地球化学异常1 228处,划分地球化学成矿区105处,其中Ⅰ、Ⅱ、Ⅲ级成矿预测区分别为35、52、18处,发现了一大批贵金属、有色金属矿产地,取得了十分显著的地质找矿成果。

3.2.3 遥感地质

2010年,河南省已完成全省1:50万资源与环境遥感综合调查,在农业地质和环境地质方面开展了1:10万遥感调查和豫西山区1:5万矿产资源遥感调查,1:1万洛阳、平顶山城区环境地质遥感调查等部分工作。在地质公园建设中,进行了三维影像合成研究;均取得了较好成果。

这些成果为研究本区的地壳发展、构造演化及成矿作用分析提供了重要的基础资料。

3.3 矿产勘查及成矿规律研究

3.3.1 矿产勘查现状

3.3.1.1 以往铁矿勘查工作

河南省已发现铁矿产地152处,勘查工作相对分为三个阶段。1949～1969年主要为地表找矿工作阶段,发现铁矿产地66处;1970～1979年铁矿勘查工作达到巅峰,期间开展了大量航地磁测量与钻探验证工作,发现矿产地62处;1980～2005年铁矿勘查工作处于低潮,主要是企业投资,围绕已知矿区外围的非系统的勘查工作,发现矿产地24处,所发现矿产地规模很小或品位很低。

新中国成立以前,国内外的地质学家针对河南省的铁矿资源,开展了一系列调查研究工作,这一时期最早的资料有 1939 年张人鉴、曹世禄编写的《河南省铁矿志》和 1941 北支那开发株式会社调查局编制的《河南省焦作镇北方地区铁矿资源概查》。新中国成立后,为了尽快满足钢铁工业生产发展的需要,我国政府对铁矿资源勘查给予大力支持,很快地组建了地质勘查队伍,并围绕钢铁工业建设项目,在已知铁矿产地开展了大量的铁矿地质勘查工作,揭开了河南省铁矿勘查工作的新篇章。20 世纪 50 ~ 60 年代,河南省先后发现了舞阳、安阳、林州市、济源、焦作等一批矿产地,探获了大量铁矿储量,为钢铁工业发展提供了可观的铁矿原料资源。20 世纪 70 年代,随着我国钢铁工业发展和对铁矿资源的需求,国家投入大量的人力、财力开展铁矿地质勘查工作,在已知铁矿区的外围和地质成矿条件有利地带开展铁矿普查工作,并对重要的航、地磁异常进行检查和钻探验证。20 世纪 70 年代末在河南省许昌地区进行了铁矿会战。悠久的铁矿勘查历史积累了大量的铁矿资源资料,同时获取了一批铁矿找矿和地质科研成果。

河南省铁矿地质勘查工作历史悠久,总体来看,河南省京广线以西的安阳—林州市、舞钢市、许昌市、焦作市、济源—沁阳、永城、泌阳—桐柏等地区浅部铁矿的地质勘查与开发程度较高,但这些地区老矿区的外围和深部仍然存在着寻找深部铁矿的巨大空间。而东部大面积的黄土覆盖区相对地质工作程度较低,具备较大的找矿前景及资源潜力。

20 世纪 80 年代仅对河南省华北陆块南缘总长 450 km 的太古界太华群、登封群变质岩含铁建造中的许昌—舞阳两个铁矿田、长约 50 km 范围的局部地区进行了评价。20 世纪 70 年代仅对河南省北秦岭造山带出露长度大于 400 km 的下古生界二郎坪群中的长 180 km 的基岩区发现的十余处矽卡岩型、海底喷流沉积型中小型铁矿床进行了评价。河南省岩浆活动频繁,岩浆型、矽卡岩型铁矿点众多,由于开采条件的限制,以往已评价铁矿床的控制深度多在 400 m 以浅地段。

3.3.1.2　近期铁矿勘查工作

2004 年以来,河南省地质调查院通过中国地质调查局地质大调查及其增量项目,率先在豫东新生界覆盖区,通过磁异常查证发现具大型远景的新蔡练村铁矿产地。河南省国土资源厅通过两权价款矿产勘查项目批准实施了 23 个铁矿勘查项目,已投资达 4 800 余万元,但单个项目经费有限。

3.3.1.3　铁矿勘查现状

20 世纪 80 年代之前,经过强力勘查工作,一定规模的地表磁性铁矿或基岩区未经勘查的明显磁异常几乎不存在。当前铁矿勘查工作在基岩区或浅覆盖区面临攻深找盲,在中深覆盖区同时面临覆盖和盲矿。

有关当前铁矿勘查工作还面临下列突出问题:覆盖区地质构造不明,对含矿建造位置的划定缺乏足够的依据;舞阳铁矿田经钻探验证存在推覆构造,但推覆构造的格架不明;鞍山式铁矿含矿建造或附近存在熊耳群、白垩系安山岩,以及晚太古变基性岩(角闪岩)、闪长岩体等强磁性地质体,给磁异常属性的鉴别带来困难和争议;尤其对覆盖区晚太古片麻杂岩的含矿性存在截然相反的认识分歧;在找矿方式上一般用单一的磁法,缺乏同比例尺重力面积测量,极少有地震和CSAMT、SIP等深探测高分辨物探方法的配合。

基于以上找矿难度和系列不明的找矿问题,当前有关铁矿勘查一般依据单一的物探工作,综合手段的研究直接立项,因而其找矿成效并不理想。

3.3.2 成矿规律研究

有关河南省铁矿成矿规律的研究资料很少,且多集中在20世纪70年代,主要资料如下:

1973年,黄有德、王正云、黄超等,河南省安阳、林县地区矽卡岩型铁矿成矿特征及找矿方向,桂林冶金地质研究所。

1974年,河南省冶金局第一地质队,对河南省豫北安林塔山地区铁矿赋存条件及找矿方向的初步认识。

1974年,湖北省地质科学研究所,河南舞阳赵案庄型铁矿成矿特征及矿床成因。

1976年,兰州大学地质地理系,河南舞阳—鲁山一带变质铁矿床类型及地质特征的初步认识。

1978年,国家地质总局宜昌矿产研究所许昌铁矿研究队,许昌—舞阳—霍邱地区晚太古代变质铁矿分布规律及成矿预测初步总结。

1979年,俞受均等,地质部宜昌地质矿产研究所,豫中皖西地区晚太古代沉积变质型铁矿分布规律及找矿方向。

1992年,《河南省地质矿产志》阐述了主要铁矿床地质特征,对铁矿自然类型进行了归属。

2000年,罗铭玖等,在《河南省主要矿产的成矿作用及矿床成矿系列》中,对包括铁矿在内的省内系列矿产进行了系统研究,归纳总结了成矿规律。

3.4　科研工作

1984~1987年,河南省地矿局地质科研所对河南省的铁矿进行了成矿远景区划及资源总量预测。在对河南省以往铁矿区资料的归类、整理、分析的基础上,划分出了铁矿Ⅲ级成矿带4处,Ⅳ级成矿区17处,Ⅴ级预测区18处,其中:A类4个、B类9个、C类5个。全省共预测铁矿资源量38.11亿t,其中:E级3.3亿t,F级2.98亿t,G级31.83亿t。该报告是河南省有关铁矿资源较为系统的一部专题研究报告。

20世纪70年代以来,先后有中国地质科学研究所、华北地质研究所、原武汉地质学院、河北地院、南京大学地质系等单位的有关专家、教授,针对河南省的沉积变质铁矿和矽卡岩型铁矿发表许多论文、专著,大大丰富了河南省铁矿研究成果,同时也为开展研究工作创造了条件。

3.5　寻找深部铁矿的意义

随着我国国民经济的高速发展,对钢铁的需求量将持续增长,而我国的现有铁矿资源储量已经远不能满足钢铁企业的生产需要,供需严重失衡。据统计,到2010年末,全国高炉炼铁能力将达到3.09亿t,炼钢能力将达到3.33亿t。预测到2010年设备运转率提高到90%,即使不再新增炼铁产能,届时,铁矿石需求量也将达到7.7亿t,而国内铁矿石原矿产量可能会再次下降到2.5亿t,供需缺口达5.2亿t,大量铁矿石缺口仍需要靠进口来解决。此外,我国巨大的进口量,却没有获得相应的定价权,导致国际铁矿石交易价格年年攀升,使中国经济发展受到严重影响。2005年中国铁矿石进口价格上涨71.5%,2006年经过艰苦谈判,进口铁矿精粉矿和块矿价格比上个年度上涨19%,2008年澳大利亚必和必拓等公司又将铁矿石售价提高77.8%和95.6%。铁矿资源的严重缺乏已经成为制约我国钢铁企业发展的瓶颈,并且威胁到我国的经济安全。河南省铁矿资源形势更加严峻,目前可以利用的铁矿资源储量仅有62 224万t,绝大部分为贫矿并埋藏于500 m以深,致使开采成本高、难度大、资源利用率低下。省内规模开采的铁矿山几乎没有,而靠零打碎敲开采的铁矿石年产量仅有300多万t,90%以上的铁矿石省内无法解决而只能依赖省外、国外进口。铁矿资源非常紧缺,使河南省国民经济平稳快速发展缺乏资源保障能力。因此,国家和河南省在“十一五”地质矿产资源规划中明确将铁矿资源列入优先勘查、重点支持的矿种。河南省铁矿勘查在新中国成立初期到20世纪80年代以前备受重视,1955～1982年对86处以上铁矿区进行过不同程度的勘查,其间主要对舞阳铁矿、许昌铁矿和安林铁矿开展了长期的普查－勘探等工作,之后相关工作很少开展。

随着科技的发展,矿床开发深度不断加大。目前开采深度最大的矿山是南非兰德金矿,已超4 000 m;加拿大萨德伯里铜镍矿开采已超2 000 m深;中国辽宁红透山铜矿,勘探深达1 300 m。

露头矿和深部矿都是成矿系统的构成部分,因外生地质作用对成矿系统的风化剥蚀程度不同,各种后生产物对基岩中成矿系统的覆盖状况各异,便形成了不同产出类别的深部矿床。所谓的出露与深部,实质上是就人们对找矿标志的观察能力而言的。在找矿历史的早期,人们能寻找或认识的是业已出露地表的矿体。随着对成矿环境及相关次生作用的认识不断深入,形成了找矿标志的概念,可以根据地表铁帽和上覆沉积物中的指示矿物等发现下伏矿体。由于对控矿的地层、岩石、构造的深入了解和对成矿地质规律、成矿分带的理解的升华,已经可以依据诸多地质标志的综合总结成矿模式,指导找矿方向,促进了众多矿床的发现。许多矿床,就宏观地质标志的显露程度来说,可视为露头矿,而就其实际的产出状况看,已属于深部矿了。就勘查手段而言,物化探技术可以探查肉眼看不到的地下地质构造特征,发现元素乃至原子结构层面的成矿信息,大大丰富了找矿标志的内涵和外延,为深部矿的勘查注入了新的活力。深部矿勘查能力的提高,是人们认识、获取、综合找矿标志的能力的提高。

广义的深部矿床包括多种产出型式。苏联的舍赫特曼等把未出露地表的矿床统称为深部矿床,并进一步划分为覆盖矿床、掩埋(埋藏)矿床、掩覆矿床和深部矿床或盲矿床。池三川依据矿体是否产在基岩内部(未出露)、基岩上方的覆盖情况,将深部矿分为盲矿体、覆盖盲矿体、埋藏矿体、埋藏盲矿体4类。本书根据现已发现的矿床的产出特征作如下分类:①露头矿(A)——矿体及其直接宏观标志出露于现今地表。②掩伏矿(B)——矿床形成后曾出露地表,后来又被厚层疏松的沉积物所覆盖。这类矿床也常被称为"掩埋矿"或"埋藏矿",美国卡林金矿带曾出露于地表的孤树、阿基米德、帕普来恩等矿床,均被后来的冲积层或砂砾层所覆盖。③覆盖矿(C)——矿床曾被侵蚀作用所揭露,但后来被时代年轻的基岩层所覆盖,智利的斯潘塞、加比苏尔、科亚瓦西等斑岩铜矿床曾出露于地表,后被熔结凝灰岩覆盖。澳大利亚卡迪亚里奇韦矿床出露地表后,又被成矿后的中生代玄武岩覆盖。④盲矿(D)——位于基岩内部，从未被侵蚀出露，一般深度较大，葡萄牙内维斯—科尔沃块状硫化物矿床和加拿大东麦克瑞迪、克瑞顿铜镍硫化物矿床。⑤半深部矿或半掩埋矿(E)——同一矿床的部分矿体或大部分矿体深部或掩埋于地下深处，部分出露于地表。

刘家远等根据矿床离地面的深度，将深部矿分为以下几类：①浅部深部矿：产出深度为0～300 m。这个深度相对较浅，使用一般的物化探方法便能探测出来。②较深部深部矿——产出深度为300～500 m。矿产勘查的难度明显加大，中国矿产资源开发深度平均在350 m左右。③深部深部矿——产出深度为500～2 000 m。在这个深度范围内，传统的地表勘探方法难以奏效。

通过对河南省铁矿成矿规律和找矿技术研究工作，将从基础地质、深部铁矿找矿技术、矿产资源调查等方面着手，全面提高河南省铁矿研究程度，同时建立河南省铁矿成矿找矿模式，为政府在铁矿资源的开发利用规划与保护方面提供科学的依据。通过研究预测可进一步工作的找铁靶区，为危机矿山企业寻找接替资源，为推动河南省区域经济的可持续发展，实现“中原崛起”的战略目标作出应有的贡献。

第4章　河南省铁矿资源地质矿产概况

4.1　成矿地质背景

4.1.1　地层

河南省地层发育较好，各时代地层均有分布。根据本省地层发育情况及其全国划分方案，将全省地层分区划分为2个地层区、8个地层分区和12个地层小区（见表4-1、图4-1）。

表4-1　河南省地层分区划分初步方案

地层区	地层分区	地层小区
Ⅰ 华北地层区	I_{1}山西地层分区	I_{1-1}太行山地层小区
	I_{2}豫西地层分区	I_{2-1}嵩箕地层小区
		I_{2-2}渑池—确山（渑确）地层小区
		I_{2-3}华熊地层小区
	I_{3}华北平原地层分区	I_{3-1}豫东地层小区
	I_{4}鲁西地层分区	I_{4-1}徐州地层小区
Ⅲ 秦岭地层区	III_{1}北秦岭地层分区	III_{1-1}南召地层小区
		III_{1-2}蛇尾（双龙）地层小区
	III_{2}中秦岭地层分区	III_{2-1}西峡—信阳（西信）地层小区
	III_{3}南秦岭地层分区	III_{3-1}淅川地层小区
		III_{3-2}桐柏—大别（桐大）地层小区
	III_{4}南阳—襄樊地层分区	III_{4-1}南阳地层小区

4.1.1.1　太古宇

太古宇地层仅零星分布。在华北地层区嵩箕地层小区、渑池—确山地层小区和太行山地层小区称为登封岩群（太行山地层小区曾称林山岩群，包括

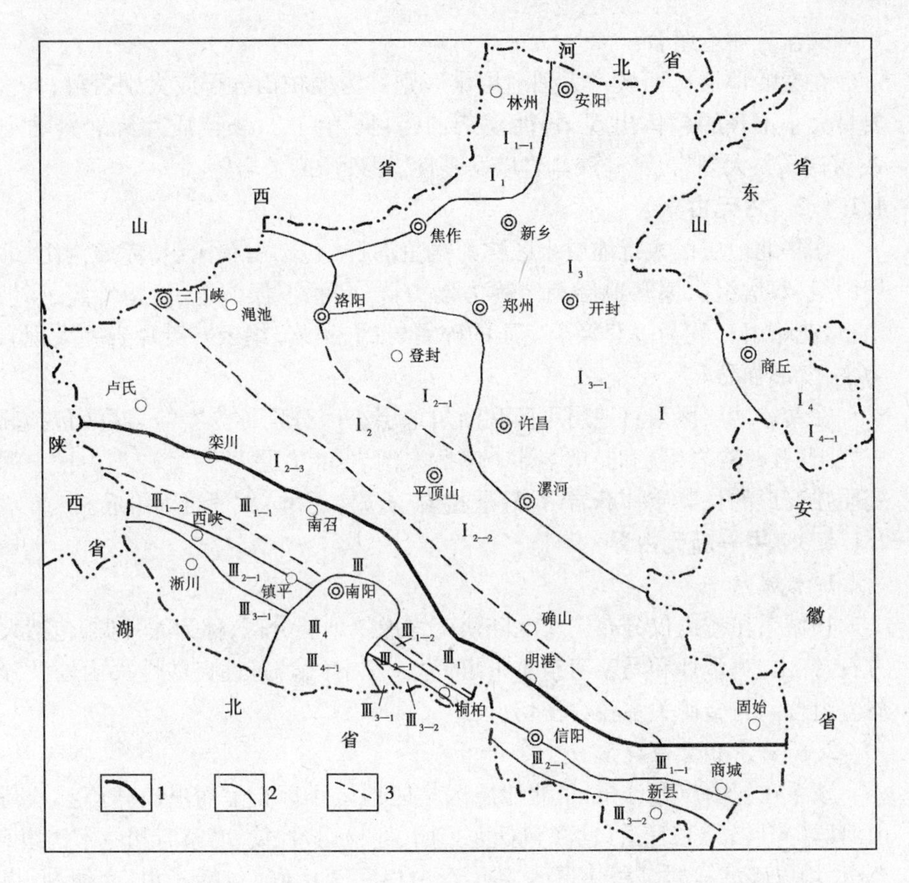

1—地层区界线；2—地层分区界线；3—地层小区界线；Ⅰ—华北地层区：$Ⅰ_1$—山西地层分区：$Ⅰ_{1-1}$—太行山地层小区；$Ⅰ_2$—豫西地层分区：$Ⅰ_{2-1}$—嵩箕地层小区，$Ⅰ_{2-2}$—渑池—确山（渑确）地层小区，$Ⅰ_{2-3}$—华熊地层小区；$Ⅰ_3$—华北平原地层分区：$Ⅰ_{3-1}$—豫东地层小区；$Ⅰ_4$—鲁西地层分区：$Ⅰ_{4-1}$—徐州地层小区；Ⅲ—秦岭地层区：$Ⅲ_1$—北秦岭地层分区：$Ⅲ_{1-1}$—南召地层小区，$Ⅲ_{1-2}$—蛇尾（双龙）地层小区；$Ⅲ_{2-1}$—西峡—信阳（西信）地层小区；$Ⅲ_{3-1}$—淅川地层小区，$Ⅲ_{3-2}$—桐柏—大别（桐大）地层小区；$Ⅲ_4$—南阳—襄樊地层分区：$Ⅲ_{4-1}$—南阳地层小区

图 4-1　河南省地层区划图

郭家窑岩组、常窑岩组、石梯沟岩组），为一套中—浅变质的中—基性火山岩、中—酸性火山碎屑岩和变质碎屑岩建造组合。在华熊地层小区称为太华岩群（包括铁山岭岩组、水底沟岩组、雪花沟岩组），为一套中—深变质的长英质片麻岩夹富铝（孔兹岩）、含铁岩系、中基—中酸性火山岩和石墨（透辉）大理岩、

钙硅酸盐岩建造组合。

在秦岭地层区西峡—大别地层小区则称为桐柏山岩群或大别岩群,均主要呈大小不等的包体出现,岩性复杂,有斜长角闪岩、长英质片麻岩、(含磁铁)石英岩、大理岩、钙硅酸盐岩以及基性、泥砂质麻粒岩等。

4.1.1.2 古元古界

在华北地层区太行地层小区称为银鱼沟群(包括幸福园组、赤山沟组、北崖山组、双房组),嵩箕地层小区称为嵩山群(包括罗汉洞组、五指岭组、庙坡山组、花峪组),均为一套轻微变质的碎屑岩(石英岩、绢云石英片岩夹大理岩为主,变形强烈)。

在秦岭地层区南召地层小区和淅川地层小区分别称为秦岭岩群(包括郭庄岩组、雁岭沟岩组)和陡岭岩群(包括大沟岩组、瓦屋场岩组),均由中—深变质强变形的长英质片麻岩、钙硅酸盐岩、石墨(透辉)大理岩等组成。

4.1.1.3 中—新元古界

1. 长城系

长城系在省内仅分布于华北陆块南缘豫陕地层分区,称为熊耳群,包括大古石、许山、鸡蛋坪和马家河组4个组,为一套中(偏)基性夹酸性火山岩及碎屑岩组合。与金矿关系较为密切。

2. 蓟县系和青白口系

该系在省内广有分布,华北地层区华熊地层小区自下而上出露蓟县系高山河群(碎屑岩)和官道口群(包括龙家园、巡检司、杜关、冯家湾和白术沟组5个组,均以碳酸盐岩沉积建造为主)、青白口系栾川群(包括三川、南泥湖、煤窑沟大红口和鱼库组5个组,以碎屑岩及碱性火山岩为主),对铅、锌、银等矿产有较明显控制作用;渑池—确山地层小区自下而上出露蓟县系汝阳群碎屑岩(包括云梦山、白草坪、北大尖3个组)、青白口系洛峪群碎屑岩夹碳酸盐岩(包括崔庄、三教堂、洛峪口3个组)、黄莲垛组、董家组白云岩、砂岩;嵩箕地层小区自下而上出露蓟县系五佛山群兵马沟组砾岩(局部)、马鞍山组砾岩、石英砂岩,峡外组、葡萄峪组、骆驼畔组和何家寨组碎屑岩、碳酸盐岩;太行山地层小区仅部分出露云梦山组和白草坪组。

在秦岭地层区北秦岭地层分区出露宽坪岩群(包括广东坪岩组、四岔口岩组、谢湾岩组)中浅变质强变形中—基性火山岩、碎屑岩、碳酸盐岩;峡河岩群(包括寨根岩组、界牌岩组)中浅变质强变形碎屑岩、钙硅酸盐岩;中秦岭地层分区出露龟山岩组中浅变质强变形角闪片岩、云母石英片岩,以及零星出露于豫陕交界处的松树沟岩群中浅变质强变形基性杂岩,丹凤岩群中浅变质强变形基性杂岩、碎屑岩和出露于桐柏—大别山地区浒湾岩组构造混杂岩;南秦岭地层分区出露武当岩群浅变质强变形中—酸性火山岩、碎屑岩和耀岭河岩组浅变质强变形中—基性火山岩。

3. 震旦系

震旦系仅在华北地层区豫陕地层分区和秦岭地层区南秦岭地层分区有少量分布。南秦岭地层分区出露扬子陆块北缘的稳定台地沉积,包括陡山沱组砂岩和灯影组白云岩。

4. 下古生界

下古生界华北地层区广泛出露寒武—奥陶系以台地型碳酸盐岩为主的陆表海沉积,自下而上分为寒武系罗圈组冰碛砾岩、东坡组砂岩,寒武系辛集组、朱砂洞组、馒头组、张夏组、崮山组、炒米店组、三山子组和奥陶系马家沟组,其顶部剥蚀面自北而南逐渐抬升。华熊地层小区出露陶湾岩群(包括三岔口组、风脉庙岩组、秋木沟岩组)浅变质强变形砾岩、碎屑岩、碳酸盐岩。

秦岭地层区北秦岭地层分区出露二郎坪群(二郎坪地区包括大庙组、火神庙组、小寨组,桐柏地区包括大栗树组、张家大庄组、刘山岩组)浅变质岛弧火山—碎屑岩夹大理岩以及二郎坪群上部(二郎坪地区)出露的抱树坪组浅变质基性火山岩夹碎屑岩,下部(桐柏地区)出露的歪头山组浅变质碎屑岩夹大理岩、基性火山岩;中秦岭地层分区出露周进沟组浅变质碎屑岩夹大理岩、基性火山岩;南秦岭地层分区出露扬子陆块北缘的稳定台地沉积,包括寒武系水沟口组、岳家坪组、石瓮子组,奥陶系白龙庙组、牛尾巴山组、岞岖组(玄武岩)、蛮子营组,志留系张湾组。

5. 上古生界

华北地层区出露石炭—二叠系海陆交互相沉积,产铝土及煤,自下而上分为石炭系本溪组、太原组,二叠系山西组、石盒子组、石千峰群孙家沟组。

秦岭地层区北秦岭地层分区仅在二郎坪群北侧出露柿树园组浅变质碎屑岩,南侧出露蔡家凹组浅变质强变形碳酸盐岩;中秦岭地层分区出露泥盆系南湾组浅变质深水浊积岩;定远组浅变质强变形基性、中酸性火山岩。南秦岭地层分区出露扬子陆块北缘的稳定台地沉积,包括泥盆系白山沟组、王冠沟组,石炭系葫芦山组、下集组、梁沟组、三关垭组。此外,在大别山北坡,局部出露一套石炭系海陆交互相碎屑岩夹煤层(线)沉积,包括花园墙组、扬山组、道人冲组、胡油坊组、杨小庄组、双石头组。

6. 中生界

中生界地层广布于造山带内断陷盆地或古老隆起之间的坳陷盆地之中。

(1)三叠系。分布于豫北济源盆地和北秦岭五里川盆地、南召盆地。

济源盆地为内陆湖相碎屑岩沉积,下与二叠系整合过渡,包括石千峰群刘家沟组、和尚沟组、二马营组,延长群油房庄组、椿树腰组、谭庄组。

五里川盆地和南召盆地均属山前断陷盆地湖相碎屑岩沉积,分别划分为五里川组及太山庙组、太子山组。

(2)侏罗系。分布于豫北济源盆地、豫西义马盆地、南召马市坪盆地和大别山前盆地。

济源盆地划分为鞍腰组、马凹组、韩庄组,仍属内陆湖相碎屑岩沉积。

义马盆地为含煤碎屑岩沉积,称为义马组。

马市坪盆地为侏罗—白垩系断陷盆地碎屑岩沉积,侏罗系成为南召组。

大别山前盆地划分为朱集组和段集组,属山前磨拉石沉积;在大别山麓朱集组之上则为一套中酸性火山岩建造,称为金刚台组。

(3)白垩系。大部分属山间或山前断陷盆地碎屑岩沉积,仅大别山、伏牛山的山前地带出现火山岩建造。地层包括义马盆地的东孟村组、宝丰大营盆地的大营组(上部中性火山岩)、嵩县九店的九店组、三门峡盆地的南朝组、潭头盆地的秋扒组、马市坪盆地的马市坪组、大别山前盆地陈棚组(中—酸性火山岩)和周家湾组,豫西南西峡、夏馆、朱阳关、淅川等盆地的白湾组、高沟组、马家村组和寺沟组等。

7. 新生界

新生界地层广布于各坳陷(断陷)盆地之中。除第四系外,主要盆地岩石地层单位如下:

汤阴盆地:新近系彰武组、鹤壁组、潞王坟组、庞村组(基性火山岩、火山碎屑岩)。

济源盆地:古近系聂庄组、余庄组、泽峪组、南姚组;新近系。

洛阳—汝州盆地:古近系陈宅沟组、蟒川组、石台阶组;新近系洛阳组、大安组(中基性火山岩)。

三门峡盆地:古近系门里组、坡底组、小安组、刘林河组;新近系棉凹组。

卢氏盆地:古近系张家村组、卢氏组、大峪组;新近系雪家沟组。

潭头盆地:古近系高峪沟组(与白垩系过渡)、潭头组。

南阳、李官桥盆地:古近系玉皇顶组、大仓房组、核桃园组、上寺组;新近系凤凰镇组。

吴城盆地:古近系毛家坡组、李士沟组、五里墩组;新近系尹庄组。

大别山前盆地:古近系李庄组;新近系尹庄组。

4.1.2　火山岩

河南省火山岩较为发育，各时期火山岩都有分布，出露总面积约7 500 km^2。不同时期、不同构造环境在不同的构造位置形成了不同类型和规模的火山岩及其组合。

4.1.2.1　太古宇火山岩

太古宇火山岩仅在华北陆块区有少量分布，以中基性火山岩为主，少量中酸性火山岩、火山碎屑岩，构成太古宇花岗—绿岩带的组成部分。

4.1.2.2　古元古代火山岩

古元古代火山岩仅在秦岭造山带内部秦岭岩群等变质岩系中有少量以中基性火山岩为主的夹层，总体较弱。

4.1.2.3　中—新元古代火山岩

该时期火山岩最为发育。在华北陆块南缘，由熊耳群巨厚的中基性—酸性火山岩组成三个大的喷发旋回，是华北古陆中元古代早期裂解的产物。

在中元古代晚期—新元古代，华北陆块南缘及秦岭造山带内部（板块边缘），还发生过多次火山喷发活动。自北而南依次为：

（1）洛峪群和高山河组底部安山岩夹层，可能是熊耳期火山活动的微弱延续。

（2）北秦岭宽坪岩群广东坪岩组中基性火山岩为主的火山岩，代表陆缘拉张环境。

（3）中秦岭峡河岩群和龟山岩组火山岩夹层，可能代表了活动陆缘构造环境。

（4）南秦岭及桐柏—大别山地区武当岩群、耀岭河组、定远岩组火山岩，反映了扬子陆块北缘的裂解事件。

4.1.2.4　早古生代火山岩

最具规模的是北秦岭二郎坪群细碧—石英角斑岩系，代表了华北板块南部活动陆缘岛弧构造环境。另外，中秦岭周进沟组底部有含金红石斜长角闪岩夹层，南秦岭有岞岖组玄武岩，反映出远离构造边界处于拉张环境。

4.1.2.5　晚古生代火山岩

该时期省内未见明显的火山活动。

4.1.2.6　中生代火山岩

该时期火山活动集中在靠近山前的华北陆块南缘和秦岭造山带北部，时间从侏罗纪晚期开始，一直断续持续到新生代。代表了造山后由挤压环境向拉张环境的转换。

4.1.2.7　新生代火山岩

该时期火山活动显然以转受滨太平洋构造域控制，沿太行山前断裂及汝阳大安等地有小规模的基性—超基性火山活动。

4.1.3　侵入岩

河南省侵入岩发育，岩石类型齐全，以酸性岩为主，约占总面积的88%；中性岩次之，约占总面积的10%；基性、超基性及碱性岩较少，约占2%。空间上，秦祁昆造山系岩浆活动强烈，而华北陆块区不甚发育。时间上，各时期侵入岩均有出露，但强度有所不同，新元古代、早古生代和燕山期侵入活动强烈，其他时期较弱。其中早白垩世林州闪长岩与接触交代型铁矿成矿关系密切。

4.1.3.1　太古宙晚期侵入岩

太古宙晚期侵入岩零星出露于华北陆块区，与太古宙地层相伴出现，以灰色片麻岩（TTG）及片麻状花岗岩为主，构成花岗—绿岩主体，少量中性岩，偶见基性岩及超基性岩（多为岩墙状）。

4.1.3.2　古元古代侵入岩

在华北陆块区太古宙地层分布区出露以偏碱性花岗岩为主的侵入岩，反映了一次较大规模的拉张事件。

在秦祁昆造山系秦岭岩群、陡岭岩群、桐柏山岩群、大别山岩群中有少量出露。主要为片麻状花岗岩类，少量可能的基性岩墙。

4.1.3.3　中元古代早—中期侵入岩

中元古代早—中期侵入岩仅在华北陆块区登封、栾川等地出露，与熊耳群同属同一构造背景的产物。

4.1.3.4　中元古代晚期—新元古代侵入岩

中元古代晚期—新元古代侵入岩主要沿秦祁昆造山系商州—镇平断裂带和小陡岭—田关断裂带南北两侧分布，以酸性岩为主，中性岩次之，少量镁铁—超镁铁质岩，其形成与该二断裂带发生的俯冲、碰撞活动有密切关系。

4.1.3.5　古生代侵入岩

古生代侵入岩主要沿秦祁昆造山系朱阳关—夏馆断裂带南北两侧分布，以早古生代侵入岩为主。岩性以酸性岩为主，中性岩次之，少量镁铁—超镁铁质岩，其形成与中秦岭板块沿该断裂带向华北板块的俯冲、碰撞活动有密切关系。

4.1.3.6 印支期侵入岩

印支期侵入岩仅在华北陆块南缘卢氏—栾川地区有极少量的偏碱性花岗岩岩株或岩脉出露，但无确切可靠的年代学证据。

4.1.3.7 燕山期侵入岩

燕山期侵入岩是河南省规模最大、范围最广的一期岩浆侵入活动，占全省侵入岩总面积的近一半。其中，仍以酸性岩为主，次为中性岩，少量碱性岩。其中位于华北陆块区晋东南早古生代碳酸岩台地的早白垩世林州闪长岩与奥陶系马家沟组接触部位形成接触交代型“邯邢式”铁矿。

林州闪长岩以复杂的岩床、岩盖状侵入太行山东麓林州市北西部的奥陶系马家沟组中，沿岩体外接触带发育矽卡岩化，局部形成接触交代型“邯邢式”铁矿体。代表性的岩体主要有东冶、黄龙垴闪长岩类复式岩体和丁冶、东水正长闪长岩体等。东冶、黄龙垴复式岩体由辉长岩、含橄榄黑云母辉石闪长岩、角闪闪长岩、闪长岩、含正长闪长岩、石英闪长岩组成。属钙性—碱钙性岩系列，钠质次铝岩类。据1∶25万长治市幅区调成果（山西省地质调查院，2008），在闪长岩、含正长闪长岩、正长闪长岩、石英闪长岩获得的全岩K—Ar年龄为120.17～125.81 Ma、Rb—Sr等时线年龄为130.2 Ma、锆石U—Pb法年龄为118.5 Ma±0.4 Ma等测年数据表明其主体成岩时代应为早白垩世。可能就位于板块碰撞前向板块碰撞隆起期过渡。

4.1.4 变质岩

河南变质岩非常发育，区域变质岩分布于华北陆块区基底岩系和秦祁昆造山系前中生代地层中，其中具有含铁建造的变质地层为太华岩群、登封（林山）岩群和二郎坪群；动力变质岩多发育于各种断裂带中，而热接触变质岩和气液交代变质岩主要发育在侵入体特别是中生代岩体和围岩的接触带上及其附近。

4.1.4.1 区域变质岩及变质作用

河南省区域变质岩种类繁多，常见类型有轻微变质岩类、长英质片岩类、长英质片麻岩类、长英质粒岩类、大理岩类、钙硅酸盐岩类、角闪质岩类、麻粒岩类、特殊岩类（榴辉岩、榴闪岩、孔兹岩等）等，不同构造位置和背景的变质岩具有不同的变质特征和变质历史。

1. 华北陆块变质域区域变质作用

华北陆块变质域区域变质作用主要发生于新太古代沉积变质型“鞍山式”铁矿的赋矿层位——基底太古宇太华岩群、登封（林山）岩群以及赞皇岩群中。它们具有中高级变质程度，且至少经历了3期变质作用的改造。第一期（新太古代晚期，峰期变质）太华岩群变质程度达高角闪岩相矽线石带，变质温度 $t=655\sim770$ ℃，压力 $p=0.375\sim0.85$ GPa；登封（林山）岩群和赞皇岩群变质程度达低角闪岩相蓝晶石—十字石带。变质温度 $t=500\sim800$ ℃，压力 $p=0.4\sim0.77$ GPa。第二期（古元古代早期）变质程度为高绿片岩相；第三期（古元古代晚期）变质程度为低绿片岩相。

上部覆盖的嵩山群和银鱼沟群则仅受前述第三期变质作用影响，发生低绿片岩相轻微变质，不具多期变质特征。

2. 秦祁昆造山系变质域区域变质作用

秦祁昆造山系具有长期的地质演化历史，区域变质作用也十分强烈复杂。其主要地层单位概略变质特征如下。

1）北秦岭弧盆系变质区

宽坪岩群可识别出3期变质：第一期（晋宁期，峰期变质）为高绿片岩相区域变质，区域上由于后期剥蚀程度的差异，东部桐柏地区可达角闪岩相；第二期（加里东期）属剪切退变质，绿片岩相；第三期不均匀叠加低绿片岩相区域变质，燕山期。

二郎坪群是早古生代条山式铁矿的赋矿层位，峰期变质（加里东期）为高绿片岩相铁铝榴石带区域变质，变质温度 $t=450\sim570$ ℃，压力 $p=0.3\sim0.8$ GPa。

秦岭岩群和峡河岩群可至少识别出4期区域变质作用：第一期（古—中元古代，峰期变质，峡河岩群无此次变质）为高角闪岩相区域变质，由于后期剥蚀程度的差异，东部桐柏地区可达麻粒岩相；第二期（晋宁期）为高绿片岩相区域变质叠加，在洋淇沟（松树沟）岩体外围形成榴闪岩；第三期（加里东期）与板块碰撞活动有关，沿朱阳关—夏馆断裂带（结合带）南侧形成含金刚石、柯石英的榴辉岩、榴闪岩；第四期（华力西期）为局部（南部）低压高绿片岩相—角闪岩相区域变质（方柱石片岩等）。

2）中秦岭陆棚—陆坡变质区

龟山岩组主体为晋宁期中高压角闪岩相区域变质；加里东期和华力西期有中低压绿片岩相变质叠加。

周进沟组和南湾组主体为华力西期中低压绿片岩相变质，局部为中压高绿片岩相—角闪岩相区域变质。

陡岭岩群峰期（古—中元古代）为角闪岩相区域变质，后期有绿片岩相变质叠加。

3)南秦岭被动陆缘变质区

南秦岭被动陆缘变质区主要为印支期高压蓝片岩变质带。

4)大别—苏鲁地块变质区

大别—苏鲁地块变质区主要为印支期高压—超高压变质(榴辉岩),局部有早期角闪岩相区域变质残留。

4.1.4.2　热接触变质岩及变质作用

热接触变质岩及变质作用主要为侵入岩与围岩接触形成的角岩化岩石及热接触变质晕圈,往往具良好的水平及垂直分带,以中生代和古生代侵入岩与古生代、中生代地层相接触的外接触带较为发育。主要的岩石类型有角岩化岩石、长英质角岩、大理岩、石榴石片岩、红柱石片岩、堇青石片岩、矽线石片岩等,变质时代与侵入岩时代相同。

4.1.4.3　接触交代变质岩

区内接触变质作用在华北陆块南缘和秦祁昆造山系内部均较发育,主要为矽卡岩,主要由中酸性侵入岩与灰岩和钙镁质碳酸盐类岩石经接触交代作用而成,见于侵入体的内外接触带,可以形成接触交代型钼、钨、铁等矿产。

4.1.4.4　动力变质岩

动力变质岩根据其变形变质行为的不同,可以分为脆性系列和韧性系列两大系列,它们分别产于测区的脆性断裂带和韧性变形带中,随产出部位及原岩岩性不同,而具有不同的结构和成分特征。河南省韧性和脆性断裂均较发育,有十余条区域性大断裂带通过,动力变质岩也相应十分发育,形成各种类型的动力变质岩。

4.1.5　沉积建造特征

4.1.5.1　华北陆块南缘沉积建造

基底建造由太古界太华群、登封群和古元古界嵩山群构成。太华群主要由两大套岩层组成,下部以 TTG 岩套长英质混合片麻杂岩为主体,以深成杂岩和深熔混合杂岩为主夹铁镁质和超铁镁质岩块或包体,成层性极差。上部主要为表壳岩系,由长英质片麻岩、矽线石石榴石片麻岩、石墨片麻岩、石墨大理岩、石英岩、磁铁石英岩(BIF)、斜长角闪岩夹有镁铁质和超镁铁质岩块组成。本群变质程度高达角闪岩相,局部达麻粒岩相,具有孔兹岩建造特征。原岩主要为富铝碎屑岩、碳酸盐岩与含铁建造和基性、酸性火山岩。太华群杂岩的时代以其不整合上覆古元古界铁洞沟群和中元古界熊耳群为上限,同位素年龄测定为新太古代(2.9~2.6 Ga,Sm—Nd,U—Pb,孙枢等,1985;胡受奚等,1988)。登封群主要分布在嵩箕地区和豫北地区,共分两个亚群,下亚群主要为黑云变粒岩、黑云斜长片麻岩,条纹状及变斑状混合岩和均质混合岩、斜长角闪片岩(变基性火山岩)、角闪变粒岩、斜长角闪岩,局部夹赤铁—磁铁石英岩、钙质绢云绿泥片岩、薄层大理岩。上亚群主要为绢云千枚岩、绢云石英片岩、绢云片岩夹绿泥片岩和条带状磁铁石英岩或铁矿,与上覆古元古界嵩山群为角度不整合接触。古元古界嵩山群出露于嵩箕地区、禹州市荟萃山—新郑市风后岭地区和济源市林山地区。分布于太行山地层小区林山地区的嵩山群,以往称为银鱼沟群和铁山河群。主要岩性有石英岩、条带状磁铁石英岩、千枚岩、绢云石英片岩、绢云片岩、混合岩、脉石英、变质长石石英砂岩、绿泥白云片岩,白云岩、大理岩夹磁铁石英岩或铁矿层。本群与中元古界长城系熊耳群火山岩或中元古界汝阳群呈角度不整合接触,盖层建造表现如下:

(1)中元古界长城系熊耳群火山沉积建造为华北陆块南缘的第一盖层,分布于豫、陕、晋三省交界地区,面积5 300 km^2,呈三叉裂谷形。火山中心在豫西熊耳山地区,岩系最大厚度为7 000~8 000 m。形成时代底界和顶界年龄分别为1 850 Ma、1 400 Ma(孙枢等,1981;乔秀夫等,1983;孙大中等,1993;刘鸿允等,1999)。在豫西熊耳山地区马家河组顶部的流纹岩和侵入鸡蛋坪组的辉石闪长岩获得单颗粒锆石U—Pb和激光探针离子体质谱(LG—ICPM)年龄表明其形成时代在1 750~1 950 Ma(赵太平等,2001)。该群自下而上划分为大古石组、许山组、鸡蛋坪组、马家河组和龙脖组。早期以陆相喷发为主,晚期为海相喷发,岩石组合为玄武安山岩、安山岩、流纹岩以及火山碎屑岩和陆源碎屑岩。火山岩化学成分属钙碱性和碱钙性系列。对熊耳群形成的构造背景有两种代表性观点,即裂谷双峰式火山岩(孙枢等,1985;张本仁等,1982;张国伟等,1988;夏林圻等,1990,1991)和安第斯型陆缘安山岩(贾承造等,1988;胡受奚等,1988),认识的分歧焦点在于拉张和岛弧。初步研究认为,熊耳群火山岩形成于大陆裂谷和张性构造环境。

(2)中元古界官道口群河流相—滨浅海相陆源碎屑—碳酸盐岩或含叠层石碳酸盐岩沉积建造为华北陆块南缘的第二盖层,分布于熊耳群火山岩南侧,并不整合覆盖其上,普遍含燧石条带、条纹和团块以及蜂窝状燧石层(其硅质主要来自火山喷发)。自下而上划分为高山河组、龙家园组、巡检司组、杜关组、冯家湾组和白术沟组。据《陕西地质志》,高山河组下部泥质板岩Rb—Sr等时线年龄为1 394 Ma±43 Ma,白术沟组碳质板岩中获Rb—Sr等时线年龄为902 Ma±48 Ma。中元古界汝阳群为一套滨海—浅海相陆源碎屑岩—碳酸盐岩建造,分布于熊耳群火山岩系北侧,自下而上划分为兵马沟组、云梦山组、白草坪组和北大尖组。孙枢(1978)在云梦山组下部夹层火山岩中测得 Rb—Sr 等时线年龄为1 283 Ma ±37.8 Ma。据其下部云梦山组、高山河组和龙家园组所含碱性火山岩夹层对比,两群同属裂谷构造环境下的沉积产物。

(3)新元古界栾川群滨浅海相陆源碎屑—碳酸盐岩—碱性火山岩沉积建造为华北陆块南缘的第三盖层,具陆缘裂陷深水海湾滞流环境沉积特点。与下伏官道口群为整合接触,自下而上划分为三川组、南泥湖组、煤窑沟组、大红口组和鱼库组。在大红口组获得 Rb—Sr 等时线年龄为660 Ma ±27 Ma ~682 Ma ±60 Ma、单颗粒锆石 Pb—Pb 年龄为800 Ma(张宗清等,1994),基本上可以作为栾川群形成时代的上限。栾川群的火山杂岩(辉长岩类、粗面岩类及正长斑岩类)具有两个不同的岩浆来源和演化趋势,辉长岩类是裂谷早期的岩浆活动产物;而粗面岩—正长斑岩可能是碱性玄武岩浆上升到壳—幔界面,融化了下地壳物质形成的壳—幔混合岩浆所成。新元古界洛峪群覆盖于中元古界汝阳群之上,自下而上分为崔庄组、三教堂组和洛峪口组,以浅海相碎屑岩—碳酸盐岩沉积为主。三教堂组海绿石 K—Ar 年龄为1 025 ~1 124 Ma(关保德等,1996)。

(4)元古界—早古生界浅海相泥质碳酸盐岩及钙泥质岩,局部夹中基性火山岩建造为华北陆块南缘的第四盖层,自下而上分为三岔口组、风脉庙组和秋木沟组,平行不整合覆于栾川群之上,代表了华北地块南缘弧后盆地的陆缘沉积。另一相应时代的建造为豫西中元古上部黄莲垛组、董家组和罗圈组滨海—浅海相和冰积相沉积。而在豫北、豫中地区早古生界主要为一套地台型砾岩、砂岩、页岩、灰岩、鲕粒灰岩及白云岩等,属滨海氧化环境中的沉积产物。

(5)石炭系是一套海陆交互相沉积的燧石灰岩和铝土质岩石,在古风化面形成了“山西式”鸡窝状铁矿。

(6)从二叠系开始华北地区转为陆相沉积。

4.1.5.2　北秦岭沉积建造

(1)早元古代秦岭群火山—沉积建造,分布于西峡—镇平—桐柏地区,自下而上分为石槽沟岩组和雁岭沟岩组。石槽沟岩组是一套中深变质的长英质陆源碎屑岩—碳酸盐岩夹基性火山岩建造,经恢复长英质及富铝质片麻岩的原岩绝大部分为副变质的杂砂岩及黏土质岩石。其杂砂岩成分复杂,成熟度低,具近源快速沉积的特点。微量元素 Ba、Zr 含量较高,Sr 含量低,稀土元素总量高($143.09\times10^{-6}\sim197.74\times10^{-6}$),属轻稀土富集型,具明显负 Eu 异常。雁岭沟岩组为碳酸盐岩加碎屑岩沉积建造。该岩群应为活动大陆边缘构造环境下形成的陆缘碎屑岩—碳酸盐岩加基性火山岩建造。张本仁等

(1998)研究认为,秦岭群中的中基性火山岩的 Pb 同位素比值很高,与华北陆块属性差异很大而接近扬子陆块特点,并表明其主要来自地幔热柱源区,和松树沟蛇绿岩地球化学特征相接近,具有洋岛成因特征,而其上部大量碎屑岩则主要是陆缘裂谷环境产物。同位素年代为 Sm—Nd,1 987 Ma;Pb—Pb,2 172 Ma;一致曲线上交年龄 2 226 Ma(张宗清等,1994)。

(2)中元古代宽坪群裂谷—洋盆环境火山—沉积建造,夹于黑沟—栾川—维摩寺—羊册断裂和瓦穴子—乔端断裂之间,自下而上分为广东坪组、四岔口组和谢湾组。据不同方法测年数据统计分析,其形成时代在 1 800 ~ 1 000 Ma 期间,并经历晋宁期(1 000 Ma ±)变形变质改造。Th/Co、Sc/Ti 和 La/Co 图解及其他地球化学特征显示,宽坪岩群中部分变碎屑岩具有分别来自南侧的秦岭岩群和北侧的太华岩群的双源性,而其中的基性火山岩从下部具大陆拉斑玄武岩的显著地球化学特点向上渐变为类似洋脊玄武岩特征,部分基性火山岩 ΓEE 为平坦—亏损型图式,Ta 丰度较低(0.4 ~ 0.49 μg/g),Th/Ta 比值低(0.4 ~ 1.7),$\varepsilon_{Nd}(t)$ = +4.0 ~ 6.6(t = 1 142 Ma ± 18 Ma ~ 986 Ma ± 169 Ma,Sm—Nd),被确定为小洋盆蛇绿岩的组成部分。

(3)早古生代二郎坪群分布于瓦穴子—乔端断裂和朱阳关—夏馆断裂之间,在南阳盆地以西,自下而上分为大庙组、火神庙组、小寨组和抱树坪组。大庙组主要为一套变质碎屑岩和碳酸盐岩沉积建造,火神庙组主要为一套变细碧—石英角斑岩建造,小寨组为一套变质碎屑岩系,抱树坪组为一套碎屑岩石组合,夹少量基性火山岩和火山碎屑岩。从岩浆演化特征、岩石组合及构造特征等分析,该群应形成于大陆边缘岛弧—弧后裂谷环境,同位素年代为 Rb—Sr,471 Ma ± 6 Ma(张宗清等,1994)和 Rb—Sr,681 Ma(河南地调四队,1987)。南阳盆地以东,二郎坪群由下而上划为歪头山组、大栗树组、张家大庄组、刘山岩组。目前,二郎坪群的层序划分与对比仍存在较大分歧。

4.1.6 构造

河南省处于中国南北和东西构造域结合的枢纽地带,跨华北陆块、秦岭造山带两个大地构造单元,在漫长的地质演化史中,经历多期构造变动,使地质构造极为复杂,发展演化历程独特,并具不均衡、多旋回发展特点。

4.1.6.1 华北陆块构造特征

华北陆块的南部以洛南—栾川断裂为界,出露地层自太古代、元古代至中新生代均有发育。在长期的地质历史中,经历了多期复杂的构造运动,特别是随中生代碰撞造山作用,使区内地层向北逆冲,形成一系列由南向北的推覆体,构成了秦岭造山带北缘推覆构造带。该推覆构造带西起陕西蓝田，东至河南确山，向东被第四系覆盖。与推覆构造相伴出现了一系列近东西向展布的逆冲断裂及相应的次级断裂，推覆体的前缘部位发育一系列垂直于运动方向的倒转褶皱。在豫北王屋山和太行山地区由于受前寒武系中条山“人”字形三叉裂谷和中新生代太行山伸展抬升隆起带的相互影响褶皱和断裂构造也很发育。

4.1.6.2　秦岭造山带构造特征

秦岭造山带是长期分隔中国华北与扬子两大陆块的界线，多数研究者普遍认为它主要是华北与扬子两大陆块的碰撞造山带，它具有复杂的物质组成和结构构造，经历了长期的演化历史，并在不同构造演化阶段以不同构造体制发展演化而最终形成复合型大陆造山带。近年的研究成果表明，秦岭造山带是在晚太古代—中元古代“多岛洋”构造背景下，于晚元古代—中三叠世经历板块构造体制的主造山期，华北、秦岭、扬子三大陆块依次沿商—丹和勉—略两条缝合带由南向北俯冲碰撞造山，从而奠定了秦岭造山带基本格局。依其构造、岩浆活动的差异，可划分为北秦岭造山带和南秦岭造山带两部分。

（1）北秦岭造山带：北秦岭造山带北界为洛南—栾川断裂，南界为商—丹缝合带，呈东西向展布，其内分布有宽坪岩群、二郎坪群、秦岭岩群等岩石地层单元，以瓦穴子断裂和朱—夏断裂为界，可进一步分为：纸房—宽坪逆冲构造带；二郎坪古生代断陷盆地；北秦岭南部逆冲断裂带三个次级构造单元。但总体上使碰撞造山作用影响整个北秦岭造山带，呈一由北向南逆冲的迭瓦状推覆构造带。与之相应，区内构造形迹也主要以逆冲推覆作用过程形成的不同级别、近东西向次级断裂和伴随推覆构造形成紧闭线性构造为主。

（2）南秦岭造山带：介于商—丹和勉—略两缝合带之间，也称为秦岭微板块，是秦岭造山带现今主要的组成部分。原来曾是一独立的岩石圈微板块（地体），晚古生代以来有别于扬子板块与华北板块而独具特色，其内突出有众多古老基底抬升的穹形构造，控制着其内的沉积古地理环境与构造变形。

4.2　区域矿产特征

4.2.1　铁矿的分布特征

河南铁矿产地、矿点已发现 185 处，其中大型矿床 3 处，中型 10 处，小型 69 处。主要产地有安阳林州市、济源—焦作、渑池、卢氏、许昌、鲁山—舞阳及泌阳—桐柏—信阳等地区。

河南省铁矿资源丰富,主要分布在豫北、豫中、豫西、豫南和豫东等几大地区。截至2008年底,探明的资源储量中豫南所占比例最大,约44.93%;其次是豫中,约36.44%;豫东占的最少(见表4-2)。

河南省铁矿以火山沉积变质型铁矿为主,主要产在太古界太华群变质岩系中,该岩系分布范围大,层位稳定,成矿条件最好,是河南省沉积变质型铁矿的主要赋存层位;其次是与早古生代加里东期中、基性岩浆的侵入活动有关的接触交代型(条山式)和岩浆分异型(大庙式)铁矿;再次是与中生代燕山期中、酸性岩浆侵入活动有关的接触交代型(豫北、豫东为安林式,豫西为八宝山式)及热液型铁矿。

表4-2　河南省铁矿资源分区统计

地区名称	储量($\times10^3$t)类型		相对比例(探明%)
	探明储量	保有储量	
豫北	121 557.00	77 101.00	9.53
豫西	103 911.00	96 352.00	8.15
豫中	464 803.00	461 880.00	36.44
豫南	573 127.00	549 314.00	44.93
豫东	12 120.00	12 120.00	0.95
合计	1 275 518.00	1 196 767.00	100

河南省铁矿成矿地质条件好、产地多、成因类型齐全,其中沉积变质型和矽卡岩型铁矿属于河南省主要开采利用铁矿。河南省各类型铁矿探明的资源储量统计结果见表4-3。

表4-3　河南省不同成因类型铁矿探明资源储量统计

成矿类型	资源量类别		
	探明储量($\times10^3$t)	保有储量($\times10^3$t)	相对比例(探明,%)
沉积变质(鞍山式)铁矿	943 770.00	928 331.00	74.00
接触交代式铁矿	166 107.00	105 894.00	13.02
宣龙式型	24 538.00	22 918.00	1.92
山西式沉积型	48 755.00	48 207.00	3.82
岩浆型铁矿	92 348.00	91 417.00	7.24
合计	1 275 518.00	1 196 767.00	100

据河南省 82 个铁矿区的资料统计，产于太古界变质岩系内的沉积变质型铁矿分布范围大，层位稳定，含铁层位多，且成矿条件好，矿床规模大，产地多，探明储量所占比例最大。因此，在河南省太古界地层中寻找有潜力铁矿资源具有良好找矿前景(见图 4-2)。

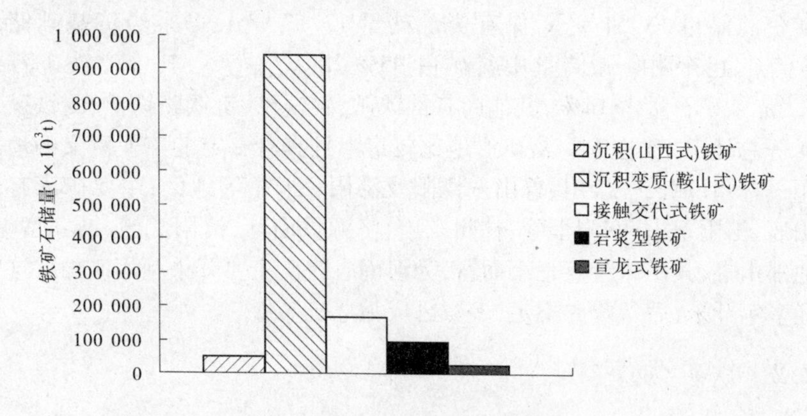

图 4-2　不同类型铁矿探明储量图

沉积变质铁矿的主要铁矿床有：舞阳铁山庙式铁矿，为海相—火山沉积型铁矿床，矿体赋存于太古界太华群(Arth)铁山庙组(Art)地层中，矿石类型为磁铁矿、赤铁矿型(王贵成等，2006)。舞阳赵案庄式铁矿由超基性岩浆侵入太古代地层中形成的晚期岩浆矿床，是已知地史上最早的岩浆分异铁矿类型之一，矿体赋存于太古界太华群(Arth)赵案庄组(Art)地层中，为深部盲矿体(文启富等，2005)。另外，还有许昌铁矿、泌阳行口铁矿及登封井湾铁矿等。

矽卡岩(接触交代)型铁矿仅次于沉积变质型，主要赋存于中酸性—中基性侵入岩类与碳酸盐类岩石(含钙镁质岩石)的接触带或其附近，这类矿床一般都具有典型的矽卡岩矿物组合(钙铝—钙铁榴石系列、透辉石—钙铁辉石系列)，而在成因和空间分布上，都与矽卡岩有一定的关系。接触交代型铁矿赋存层位主要在奥陶系中统(安林式)、古元古界堡子组，还有中元古界汝阳群、古元古界铁山河群、下古生界二郎坪群等。

该类型铁矿分布区有：安林地区的李珍、东冶，济源铁山河，卢氏的八宝山，泌阳的条山，永城的大王庄铁矿等。近年又发现的安林铁矿位于安林—武安矿化带的南部，被称为邯邢式铁矿床，是河南省接触交代型铁矿的典型代表(吴进甫，2004)。

河南铁矿产地多，分布广，据不完全统计，铁矿床(点)185 余处，截至 2006 年底上资源储量表(矿产平衡表，下同)产地 82 处，在上表产地中有大型矿床2处(许昌武庄铁矿和武钢铁山铁矿),中型20处,小型60处。未上表产地中也有小型矿床,其余为矿(化)点,主要分布于京广铁路线以西,另外豫东及豫东南也有少量分布。产地较集中的地区有安阳—林州市、济源—焦作、渑池—新县、卢氏—栾川、鲁山—舞阳及泌阳—桐柏—信阳等地区。全省已查明铁矿资源储量13.51亿t,保有资源储量12.52亿t,可采经济基础储量约1.4亿t。已探明资源储量中贫矿占95%,富矿占5%,其中磁铁矿石量占84%,赤铁矿石量占14%,其他尚有褐铁矿、磁铁矿、钒钛磁铁矿、菱铁矿及镜铁矿等总计占2%左右。富矿产地比较集中且具有一定的工业意义的地区有安阳—林州、卢氏—栾川、鲁山—舞阳及泌阳—桐柏等地区;主要矿床有桐柏铁山庙、泌阳条山、安阳李珍、林州东冶、济源铁山河、汝阳武湾、新安岱嵋寨、渑池部山等,其矿床特点是小而富,为河南省铁矿主要开采利用矿山。这些矿山经多年开采,后备资源不足,多数已成为危机矿山。

4.2.2 铁矿类型

河南省铁矿资源及类型复杂,成矿时代几乎贯穿了整个地质年代表,预测类型主要为鞍山式、赵案庄式沉积变质型铁矿,占储量表中铁矿资源储量的76%,是当前利用的主要铁矿类型。条山式海相火山岩型铁矿占铁矿探明储量的2.5%,邯邢式接触交代型铁矿占9.7%,是以往利用的主要铁矿类型,目前面临闭坑的危机。其他类型矿床规模小、资源储量少的有宣龙式海相沉积铁矿、山西式陆相沉积铁矿、岩浆型铁矿及铁帽型铁矿等。

基于含矿地质建造对铁矿的成因分类如表4-4所示。

表4-4 河南省铁矿类型划分

大地构造环境	含矿地质建造	矿床成因	矿产类型	矿产实例
新太古代陆核	铁山岭岩组、常窑岩组林山岩群火山碎屑岩—碳酸盐岩建造	海底火山喷流—变质改造	鞍山式沉积变质型	舞阳铁矿田
新太古代陆核	基性—超基性侵入岩	岩浆分凝—变质改造	赵案庄式沉积变质型	舞阳铁矿田
古元古代中条山活动陆缘	碎屑岩—泥岩—碳酸盐岩沉积建造,闪长岩墙(席)	接触交代	铁山河式接触交代型	铁山河

续表4-4

大地构造环境	含矿地质建造	矿床成因	矿产类型	矿产实例
中元古代蓟县纪稳定陆块边缘	石英砂岩建造	浅海沉积	宣龙式海相沉积型	岱嵋寨铁矿
中—新元古代裂谷	宽坪群四岔口组碎屑岩夹拉斑玄武岩	海底沉积喷流	层状赤铁矿	南召一带铁矿化点
	宽坪群谢湾组泥质碳酸盐岩夹凝灰岩	海底沉积喷流	层状(镜)铁锰矿	红石洞矿化点
早古生代古秦岭洋	丹凤岩群蛇绿岩及俯冲杂岩	岩浆分凝	浸染状铬铁矿	洋淇沟小型铬铁矿
早古生代秦岭弧后盆地	二郎坪群蛇绿岩及构造混杂岩	岩浆分凝	豆荚状铬铁矿 浸染状铬铁矿	老龙泉铬铁矿点 碾盘山铬铁矿点
			镍(钴)硫化物	柳树庄镍(钴)矿
	二郎坪群细碧(角斑)岩—层状矽卡岩	火山喷流	条山式海相火山岩型	条山小型铁矿、童老庄铁铜矿点
震旦纪—早古生代扬子陆缘弧后盆地	周进沟组、定远组双峰火山岩—基性岩墙	岩浆分凝	黄岗式钒钛磁铁矿	黄岗小型铁矿
晚古生代华北古陆	晚石炭—早二叠世煤—铝土岩	古风化壳搬运沉积,沉积黄铁矿—风化	山西式陆相沉积型	焦作上刘庄铁矿
侏罗纪华北陆块南缘岩浆弧	陶湾群碳酸盐岩—钾长花岗斑岩墙	接触交代	曲里式接触交代型	曲里铁锌矿
	栾川群碳酸盐岩—钾长花岗斑岩体	接触交代	上房式接触交代型	上房钼铁矿
白垩纪华北陆块南缘岩浆弧	官道口群碳酸盐岩—钾长花岗斑岩体	接触交代硫铁矿—风化	八宝山式铁帽型	八宝山铁矿

4.2.3 成矿特征

截至2008年底,河南省上表铁矿矿产地主要特征见表4-5。

表 4-5　河南省上表铁矿矿产地特征

矿产地名称	矿石质量（TFe）	储量（万 t）	勘查阶段	共伴生矿	地理经度（° ′ ″）	地理纬度（° ′ ″）	成矿时代	矿床规模	矿产预测类型	矿石自然类型	矿体埋深（m）	矿体长度（m）	大地构造位置
登封市庄头耐火黏土矿区		178	详细勘探	铝土矿	113 10 37	34 25 00	C_2	小型	山西式陆相沉积	赤铁矿矿石	0 ~ 80	600	$Ⅱ_3^{4-5}$孟州—许昌晚古生代—早中生代陆表盆地（C—T）
巩义市铁矿矿区	28.59%	177.21					C_2	小型	山西式陆相沉积	赤铁矿矿石			$Ⅱ_3^{4-5}$孟州—许昌晚古生代—早中生代陆表盆地（C—T）
新安县岱嵋寨铁矿区	46.47%	1 631.2	初步勘探		111 48 00	34 51 04	Pt_2	中型	宣龙式海相沉积	赤铁矿矿石	70 ~ 160	1 200	$Ⅱ_2^{4-3}$华北陆块南缘陆缘裂谷盆地（Pt_2—Pt_3）
新安县老银洞铁矿区		428.5	初步勘探		111 59 08	35 01 00	Pt_2	小型	宣龙式海相沉积	赤铁矿矿石	100 ~ 200	650	$Ⅱ_2^{4-3}$华北陆块南缘陆缘裂谷盆地（Pt_2—Pt_3）
新安县马行沟铝土矿		61.8	详查	铝土矿	111 55 45	34 43 01	C_2	小型	山西式陆相沉积	赤铁矿矿石	0 ~ 30	1 400	$Ⅱ_3^{4-5}$孟州—许昌晚古生代—早中生代陆表盆地（C—T）
栾川县上房沟钼矿	30.14%	267.2	详查	钼矿	111 27 30	33 54 35	J—K	小型	接触交代	磁铁矿石	1 000	1 120	$Ⅰ_2^{3-3}$小秦岭—伏牛山碰撞造山岩浆弧
栾川县茄沟铁矿区	7.66% ~ 23%	1 351.97	普查					中型	接触交代	磁铁矿矿石			$Ⅰ_2^{3-3}$小秦岭—伏牛山碰撞造山岩浆弧

续表 4-5

矿产地名称	矿石质量(TFe)	储量(万 t)	勘查阶段	共伴生矿	地理经度(° ′ ″)	地理纬度(° ′ ″)	成矿时代	矿床规模	矿产预测类型	矿石自然类型	矿体埋深(m)	矿体长度(m)	大地构造位置
栾川县仓房铁矿区	12.00%	70.635	普查					小型	接触交代	磁铁矿矿石			I_2^{3-3} 小秦岭—伏牛山碰撞造山岩浆弧
栾川县摩天岭滑石矿区	20.00%	13.7	详查	滑石				小型	接触交代	磁铁矿矿石			I_2^{3-3} 小秦岭—伏牛山碰撞造山岩浆弧
栾川县老虎沟铅锌矿区	20.00%	188.3	普查	铅锌				小型	接触交代	磁铁矿矿石			I_2^{3-3} 小秦岭—伏牛山碰撞造山岩浆弧
栾川县对角沟铜、钼、铁矿区	31.84%	101.72	详查					小型	接触交代	磁铁矿矿石			I_2^{3-3} 小秦岭—伏牛山碰撞造山岩浆弧
嵩县草房寺铁矿区	23.50%	555.207	普查					小型	接触交代	磁铁矿矿石			I_2^{3-3} 小秦岭—伏牛山碰撞造山岩浆弧
汝阳县虎寨铁矿	50.00%	218.91			112 24 00	34 10 00	Pt_2	小型	宣龙式海相沉积	赤铁矿矿石	200	640	I_2^{4-3} 华北陆块南缘陆缘裂谷盆地(Pt_2—Pt_3)
宜阳县张午铁矿	35.00%	48.1						小型					
洛宁县小池沟金矿区	23.79%	11.38	普查	金	111 37 15	34 14 45	K	小型	热液矿床			612	I_2^{3-3} 小秦岭—伏牛山碰撞造山岩浆弧
舞钢市铁山铁矿	28.93% ~ 29.15%	27 099.4	详细勘探		113 30 00	33 18 20	Ar_3	大型	鞍山式沉积变质	磁铁矿矿石	0 ~ 616.35	1 100	I_3^2 太华—登封新太古代岩浆弧
舞钢市赵案庄铁矿区	36.67%	8 904.5			113 30 00	33 22 20	Ar_3	中型	赵案庄式岩浆型	磁铁矿矿石	186 ~ 695	1 840	I_3^2 太华—登封新太古代岩浆弧

续表 4-5

矿产地名称	矿石质量（TFe）	储量（万 t）	勘查阶段	共伴生矿	地理经度（°　′　″）	地理纬度（°　′　″）	成矿时代	矿床规模	矿产预测类型	矿石自然类型	矿体埋深（m）	矿体长度（m）	大地构造位置
舞钢市王道行铁矿	35.03%	3 099.1	详细勘探		113 30 00	33 23 20	Ar_3	中型	鞍山式沉积变质	磁铁矿矿石	85 ~ 520	950	I_3^2 太华—登封新太古代岩浆弧
舞钢市经山寺铁矿	20.78%	4 452.19	初步勘探		113 31 15	33 21 40	Ar_3	中型	鞍山式沉积变质	磁铁矿矿石	132.64	1 400	I_3^2 太华—登封新太古代岩浆弧
舞钢市下曹矿区	38.50%	1 715.01			113 31 00	33 22 30	Ar_3	中型	鞍山式沉积变质	磁铁矿矿石	152 ~ 340	960	I_3^2 太华—登封新太古代岩浆弧
舞钢市余庄铁矿	38.74%	679.3	详细普查		113 32 00	33 23 00	Ar_3	小型	鞍山式沉积变质	磁铁矿矿石	211 ~ 257	800	I_3^2 太华—登封新太古代岩浆弧
舞钢市石门廓铁矿	30.75%	3 081	初步勘探		113 31 15	33 17 40	Ar_3	中型	鞍山式沉积变质	磁铁矿矿石	245 ~ 435	650	I_3^2 太华—登封新太古代岩浆弧
舞钢市岗庙刘铁矿	37.14%	131.8	初步勘探		113 35 06	33 18 59	Ar_3	小型	鞍山式沉积变质	赤铁矿矿石	9 ~ 112	300	I_3^2 太华—登封新太古代岩浆弧
舞钢市梁岗铁矿	20%	644.4	详细普查		113 31 30	33 22 00	Ar_3	小型	鞍山式沉积变质	磁铁矿矿石	216.6	1 200	I_3^2 太华—登封新太古代岩浆弧

续表 4-5

矿产地名称	矿石质量（TFe）	储量（万 t）	勘查阶段	共伴生矿	地理经度（° ′ ″）	地理纬度（° ′ ″）	成矿时代	矿床规模	矿产预测类型	矿石自然类型	矿体埋深（m）	矿体长度（m）	大地构造位置
舞钢市姚庄铁矿	25.95%	202.1	详细普查		113 29 48	33 21 48	Ar_3	小型	鞍山式沉积变质	磁铁矿矿石	80 ~ 142	410	I_3^2 太华—登封新太古代岩浆弧
舞钢市前鲁铁矿	26.78%	97.8	详细普查		113 31 00	33 22 00	Ar_3	小型	鞍山式沉积变质	磁铁矿矿石	100	400	I_3^2 太华—登封新太古代岩浆弧
舞钢市苗庄铁矿	25.94%	232	详细普查		113 32 00	33 22 00	Ar_3	小型	鞍山式沉积变质	磁铁矿矿石	125 ~ 200	220	I_3^2 太华—登封新太古代岩浆弧
舞钢市铁山二铁露天矿	29.00%	6 518.5	详勘		113 30 31	33 19 52	Ar_3	中型	鞍山式沉积变质	磁铁矿矿石	0 ~ 160	1 175	I_3^2 太华—登封新太古代岩浆弧
宝丰县边庄高铝黏土矿区	28.98%	77	详细勘探	高铝黏土	112 49 06	33 54 05	C_2	小型	山西式陆相沉积	赤铁矿矿石	0 ~ 75	1 500	I_3^2 太华—登封新太古代岩浆弧
叶县老金山东石包至舞钢市铁矿	15.31%	248.86					Ar_3	小型	鞍山式沉积变质	磁铁矿矿石			I_3^2 太华—登封新太古代岩浆弧
鲁山县西马楼铁矿	19.09%	1 392.6	详细勘探		112 43 20	33 48 40	Ar_3	中型	鞍山式沉积变质	磁铁矿矿石	5 ~ 430	530	I_3^2 太华—登封新太古代岩浆弧
鲁山县铁山岭铁矿区	34.62%	401.46	初步勘探		112 44 11	33 50 38	Ar_3	小型	鞍山式沉积变质	磁铁矿矿石	0 ~ 120	600	I_3^2 太华—登封新太古代岩浆弧

续表 4-5

矿产地名称	矿石质量(TFe)	储量(万 t)	勘查阶段	共伴生矿	地理经度(° ′ ″)	地理纬度(° ′ ″)	成矿时代	矿床规模	矿产预测类型	矿石自然类型	矿体埋深(m)	矿体长度(m)	大地构造位置
鲁山县下汤石园磷铁矿	18.27%	382	初步勘探		112 38 00	33 41 00	Ar_3	小型	鞍山式沉积变质		0~95	600	I_3^2 太华—登封新太古代岩浆弧
鲁山县柿园铁矿区	30.00%	289.8	普查					小型	鞍山式沉积变质	磁铁矿矿石			I_3^2 太华—登封新太古代岩浆弧
鲁山县窑场铁矿区	23.00%	255.6	详查					小型	鞍山式沉积变质	磁铁矿矿石			I_3^2 太华—登封新太古代岩浆弧
鲁山县李村铁矿	23.00%	799.4	普查					小型	鞍山式沉积变质	磁铁矿矿石			I_3^2 太华—登封新太古代岩浆弧
林州市东冶铁矿区	44.77%	778.4	详细勘探		113 53 00	36 11 00	$\frac{J}{K}$	小型	邯邢式接触交代	磁铁矿矿石	11~42	900	I_2^{2-3} 太行山(中段)陆缘岩浆弧(J—K,中基性)
林州市石村—栗家沟铁矿区	41.70%	756	详细勘探		113 52 52	36 08 45	$\frac{J}{K}$	小型	邯邢式接触交代	磁铁矿矿石	91~177	800	I_2^{2-3} 太行山(中段)陆缘岩浆弧(J—K,中基性)
林州市东街铁矿区	40.59%	420.9	详细勘探		113 51 52	36 02 55	$\frac{J}{K}$	小型	邯邢式接触交代	磁铁矿矿石	40~240	620	I_2^{2-3} 太行山(中段)陆缘岩浆弧(J—K,中基性)
林州市杨家庄吴家井汞西岭北铁矿区	37.63%	682.165	详细勘探		113 56 52	36 05 16	$\frac{J}{K}$	小型	邯邢式接触交代	磁铁矿矿石	30~200	790	I_2^{2-3} 太行山(中段)陆缘岩浆弧(J—K,中基性)

续表 4-5

矿产地名称	矿石质量(TFe)	储量(万 t)	勘查阶段	共伴生矿	地理经度(° ′ ″)	地理纬度(° ′ ″)	成矿时代	矿床规模	矿产预测类型	矿石自然类型	矿体埋深(m)	矿体长度(m)	大地构造位置
林州市杨家庄铁矿区双石脑矿段	41.11%	31.9	详细勘探		113 56 52	36 05 16	$\frac{J}{K}$	小型	邯邢式接触交代	磁铁矿矿石	150 ~ 250	400	I_2^{2-3}太行山(中段)陆缘岩浆弧(J—K,中基性)
林州市晋家庄铁矿区	39.09%	188.497	详细勘探		113 55 00	36 03 00	$\frac{J}{K}$	小型	邯邢式接触交代	磁铁矿矿石	10 ~ 140	300	I_2^{2-3}太行山(中段)陆缘岩浆弧(J—K,中基性)
安阳县李珍铁矿区	38.80%	1 942.62	详细勘探		114 02 00	36 13 00	$\frac{J}{K}$	中型	邯邢式接触交代	磁铁矿矿石	20 ~ 50	700	I_2^{2-3}太行山(中段)陆缘岩浆弧(J—K,中基性)
安阳县泉门铁矿区	36.88%	457.26	初步勘探		114 02 00	36 10 00	$\frac{J}{K}$	小型	邯邢式接触交代	磁铁矿矿石	200	150	I_2^{2-3}太行山(中段)陆缘岩浆弧(J—K,中基性)
安阳县都里铁矿区	44%	315.6	详细普查		114 02 00	36 16 00	$\frac{J}{K}$	小型	邯邢式接触交代	磁铁矿矿石	227 ~ 407	426	I_2^{2-3}太行山(中段)陆缘岩浆弧(J—K,中基性)
安阳县下庄东坡十字岭铁矿区	40.00%	309.9	详细勘探		114 01 00	36 08 00	$\frac{J}{K}$	小型	邯邢式接触交代	磁铁矿矿石	3 ~ 84	440	I_2^{2-3}太行山(中段)陆缘岩浆弧(J—K,中基性)
鹤壁市姬家山—黄二寨铁矿区	31.62%	83	初步勘探		114 06 40	35 56 40	C_2	小型	山西式陆相沉积	赤铁矿矿石	50 ~ 100	800	I_2^{2-3}太行山(中段)陆缘岩浆弧(J—K,中基性)

续表 4-5

矿产地名称	矿石质量（TFe）	储量（万 t）	勘查阶段	共伴生矿	地理经度（° ′ ″）	地理纬度（° ′ ″）	成矿时代	矿床规模	矿产预测类型	矿石自然类型	矿体埋深（m）	矿体长度（m）	大地构造位置
焦作市王窑铁矿区	37.45%	714.7	初步勘探		113 18 07	35 18 20	C_2	小型	山西式陆相沉积	赤铁矿矿石	0～108	3 400	$Ⅱ_3^{4-5}$孟州—许昌晚古生代—早中生代陆表盆地（C—T）
焦作九里山铁矿区	34.62%	377	详细勘探		113 22 30	35 18 30	C_2	小型	山西式陆相沉积	赤铁矿矿石	4～108	1 450	$Ⅱ_3^{4-5}$孟州—许昌晚古生代—早中生代陆表盆地（C—T）
博爱县茶棚铁矿区	35.70%	933	初步勘探		113 05 45	35 15 35	C_2	小型	山西式陆相沉积	赤铁矿矿石	30～75		$Ⅱ_3^{4-5}$孟州—许昌晚古生代—早中生代陆表盆地（C—T）
博爱县玄坛庙铁矿区	35.40%	334.1	初步勘探		113 01 30	35 19 00	C_2	小型	山西式陆相沉积	赤铁矿矿石	20～50	450	$Ⅱ_3^{4-5}$孟州—许昌晚古生代—早中生代陆表盆地（C—T）
沁阳市行口铁矿区	32.91%	2 222	详细普查		112 48 45	35 11 40	Ar_3	中型	鞍山式沉积变质	磁铁矿矿石	115～709	1 128	$Ⅰ_4^2$ 登封新太古代岩浆弧
济源市铁山河铁矿区	42.28%	663.1	详细勘探		112 13 10	35 10 00	Pt_1	小型	铁山河式接触交代	磁铁矿矿石	14～320	480	$Ⅰ_3^1$ 中条山古元古代活动陆缘
济源市小铁矿区		446.601	普查					小型					
许昌铁矿	29.42%	6 917.5	初步普查		113 41 00	34 07 00	Ar_3	中型	鞍山式沉积变质	磁铁矿矿石	150～300	1 700	$Ⅰ_3^2$ 太华—登封新太古代岩浆弧

续表 4-5

矿产地名称	矿石质量（TFe）	储量（万 t）	勘查阶段	共伴生矿	地理经度（°　′　″）	地理纬度（°　′　″）	成矿时代	矿床规模	矿产预测类型	矿石自然类型	矿体埋深（m）	矿体长度（m）	大地构造位置
许昌县武庄铁矿	30%	35 033.1	详细普查		113 41 00	34 08 00	Ar_3	大型	鞍山式沉积变质	磁铁矿矿石	150～300	5 000	$Ⅰ_3^2$ 太华—登封新太古代岩浆弧
三门峡市七里沟铁矿区	35.34%	228	初步勘探	铝土矿	111 21 25	34 48 45	C_2	小型	山西式陆相沉积	赤铁矿矿石	11～81	1 600	$Ⅱ_3^{4-5}$ 孟州—许昌晚古生代—早中生代陆表盆地（C—T）
三门峡市湖滨区七里沟铝土矿区	23.00%	303.5	普查	铝土矿				小型	山西式陆相沉积	赤铁矿矿石			$Ⅱ_3^{4-5}$ 孟州—许昌晚古生代—早中生代陆表盆地（C—T）
三门峡市湖滨区于家岭矿区铁矿		45.7						小型					$Ⅱ_3^{4-5}$ 孟州—许昌晚古生代—早中生代陆表盆地（C—T）
渑池县焦地铁矿区	34.97%	148.8	初步勘探	铝土矿	111 37 15	34 52 00	$\frac{C_2}{C_3}$	小型	山西式陆相沉积	赤铁矿矿石	20～150	2 800	$Ⅱ_3^{4-5}$ 孟州—许昌晚古生代—早中生代陆表盆地（C—T）
渑池县段村铁矿区	34.29%	320.7	详细普查	铝土矿	111 53 54	34 48 13	C_2	小型	山西式陆相沉积	赤铁矿矿石	0～100	8 000	$Ⅱ_3^{4-5}$ 孟州—许昌晚古生代—早中生代陆表盆地（C—T）
渑池县邵山铁矿区	45.73%	236.2	详细勘探		111 47 00	34 55 00	Pt_2	小型	宣龙式海相沉积	褐铁矿石	380	330	$Ⅱ_2^{4-3}$ 华北陆块南缘陆缘裂谷盆地（Pt_2—Pt_3）

续表 4-5

矿产地名称	矿石质量（TFe）	储量（万 t）	勘查阶段	共伴生矿	地理经度（° ′ ″）	地理纬度（° ′ ″）	成矿时代	矿床规模	矿产预测类型	矿石自然类型	矿体埋深（m）	矿体长度（m）	大地构造位置
渑池县曹瑶铝土矿区	36.70%	370.03	详细勘探	铝土矿	111 35 00	34 47 55	$\frac{C_2}{C_3}$	小型	山西式陆相沉积	一水型铝土矿矿石	3～118	1 950	$Ⅱ_3^{4-5}$孟州—许昌晚古生代—早中生代陆表盆地（C—T）
渑池县凯发矿业有限公司东峪凹铁矿		25.49						小型					$Ⅱ_3^{4-5}$孟州—许昌晚古生代—早中生代陆表盆地（C—T）
陕县瓦查坡铁矿区	39.35%	140.8	详细普查	铝土矿	111 25 37	34 47 37	C_2	小型	山西式陆相沉积		30～100	3 600	$Ⅱ_3^{4-5}$孟州—许昌晚古生代—早中生代陆表盆地（C—T）
陕县杜家沟铝土矿	33.94%	108.5	详查	铝土矿	111 30 00	34 43 00	$\frac{C_2}{C_3}$	小型	山西式陆相沉积	一水型铝土矿矿石	0～50.33	1 250	$Ⅱ_3^{4-5}$孟州—许昌晚古生代—早中生代陆表盆地（C—T）
灵宝市故县镇马家岔金矿区	48.5%～50%	55.516	详查	单一矿产				小型					$Ⅰ_2^{3-3}$小秦岭—伏牛山碰撞造山岩浆弧
卢氏县曲里铁锌铜矿区	32.40%	4 294.12	初步勘探	锌、铜	110 52 25	33 57 50	$\frac{J}{K}$	中型	接触交代	磁铁矿矿石	100～500	650	$Ⅲ_1^{1}$东秦岭碰撞岩浆带
卢氏县三角城铁矿区	35.81%	148.35	详细普查		110 55 00	34 04 00	Pt_2	小型	宣龙式海相沉积	赤铁矿矿石	80～100	450	$Ⅱ_2^{4-3}$华北陆块南缘陆缘裂谷盆地（Pt_2—Pt_3）

续表 4-5

矿产地名称	矿石质量（TFe）	储量（万 t）	勘查阶段	共伴生矿	地理经度（°　′　″）	地理纬度（°　′　″）	成矿时代	矿床规模	矿产预测类型	矿石自然类型	矿体埋深（m）	矿体长度（m）	大地构造位置
卢氏县八宝山铁矿区	42.12%	1 791.96	初步勘探		110 53 06	34 00 37	$\frac{J}{K}$	中型	接触交代	磁铁矿矿石	300	900	$Ⅲ_1^1$ 东秦岭碰撞岩浆带
卢氏县后瑶峪铅锌矿区	388% ~ 42%	50	初步勘探		111 01 00	34 11 00	$\frac{J}{K}$	小型	接触交代	磁铁矿矿石	150	600	$Ⅲ_1^1$ 东秦岭碰撞岩浆带
卢氏县乱石岭铁多金属矿	24.78%	874.4	详查	多金属				小型					
卢氏县中黄叶铁矿	39.20%	27.61	普查					小型					
卢氏县王家驼铁矿区	32.88%	116.642	详查					小型					
卢氏县肖家沟铁矿区		33.4	详查					小型					
卢氏县范里镇庄课铁矿区		20.321	普查					小型					
卢氏县庄沟铁矿区		2.7						小型					
卢氏县瓦房院铁矿区		124.3						小型					

续表 4-5

矿产地名称	矿石质量（TFe）	储量（万 t）	勘查阶段	共伴生矿	地理经度（°　′　″）	地理纬度（°　′　″）	成矿时代	矿床规模	矿产预测类型	矿石自然类型	矿体埋深（m）	矿体长度（m）	大地构造位置
信阳市平桥区清凉寺铁矿		228.62						小型					
信阳市韩庄铁矿	16.51%	182			113 54 00 ~ 113 55 00	32 27 45 ~ 32 28 45	Pz_1	小型	海相火山岩	磁铁矿矿石			$Ⅲ_2^2$ 二郎坪—信阳岛弧带（Pz_1）
信阳市平桥区高梁店矿区铁矿	20.12%	37.58	普查		113 45 00 ~ 113 51 00	32 23 00 ~ 32 24 00	Pz_1	小型	海相火山岩	磁铁矿矿石			$Ⅲ_2^2$ 二郎坪—信阳岛弧带（Pz_1）
泌阳县泰油谷矿业有限公司罗山县长生河铁矿	22.7% ~ 23%	120.866						小型					
罗山县罗家庄铁矿区		486.1						小型					
泌阳腾达矿业有限责任公司新县河西湾铁矿	20.04%	100.22						小型					
息县洪庄铁矿区	27.60%	1 789.32	普查					中型					

续表 4-5

矿产地名称	矿石质量（TFe）	储量（万 t）	勘查阶段	共伴生矿	地理经度（° ′ ″）	地理纬度（° ′ ″）	成矿时代	矿床规模	矿产预测类型	矿石自然类型	矿体埋深（m）	矿体长度（m）	大地构造位置
泌阳县沙河店矿区		88.5	普查					小型					
永城县大王庄铁矿	40.10%	807.8	详细勘探		116 23 15	33 52 45	K_1	小型	邯邢式接触交代	磁铁矿矿石	97～360	1 800	$Ⅱ_4^1$ 鲁西火山岩浆带（J—K，中基性）
永城县大王庄铁矿外围	39.57%	404.2	详细普查		116 24 00	33 54 00	K_1	小型	邯邢式接触交代	磁铁矿矿石	170～450	950	$Ⅱ_4^1$—鲁西火山岩浆带（J—K，中基性）
泌阳县条山铁矿区	27.73%	396	详细勘探		113 26 43	32 38 10	Pz_1	小型	海相火山	磁铁矿矿石	30～320	700	$Ⅲ_2^2$ 二郎坪—信阳岛弧带（Pz_1）
泌阳县马道铁矿		159.086	详细普查		113 28 20	32 38 00	Pz_1	小型	海相火山岩	磁铁矿矿石	0～40	100	$Ⅲ_2^2$ 二郎坪—信阳岛弧带（Pz_1）
河南省南召县杨树沟铁矿	34.77%	2 417.09	详细勘探		112 37 54	33 31 07	Pz_1	中型	海相火山岩	磁铁矿矿石	0～200	770	$Ⅲ_2^2$ 二郎坪—信阳岛弧带（Pz_1）
方城县张行庄铁矿区		1 064.3	勘探		113 21 30	33 13 04		中型					
西峡县断树崖铜铁矿区	23.0%～60.0%	3.996	初步普查		111 45 30	33 36 30	Pz_1	小型	海相火山岩	硫化矿石	200	150	$Ⅲ_2^2$ 二郎坪—信阳岛弧带（Pz_1）
桐柏县铁山庙铁矿	57.07%	380.5	初步勘探		113 37 50	32 31 46	Pz_1	小型	海相火山岩	磁铁矿矿石	160	220	$Ⅲ_2^2$ 二郎坪—信阳岛弧带（Pz_1）

续表 4-5

矿产地名称	矿石质量(TFe)	储量(万t)	勘查阶段	共伴生矿	地理经度(° ′ ″)	地理纬度(° ′ ″)	成矿时代	矿床规模	矿产预测类型	矿石自然类型	矿体埋深(m)	矿体长度(m)	大地构造位置
桐柏县固县镇蓝晶石矿区	43.19%	3	普查					小型					
信阳市金牛山铁矿	36.40%	102.765	初步勘探		114 02 25	32 10 36	Pz_1	小型	海相火山岩	磁铁矿矿石	27~70	178	$Ⅲ_2{}^2$ 二郎坪—信阳岛弧带(Pz_1)
信阳县红石洞锰铁矿		12.2	详细勘探	锰	113 53 06	32 32 02	Pt	矿点	海相沉积	镜铁矿矿石	0~88	280	$Ⅲ_2{}^2$ 二郎坪—信阳岛弧带(Pz_1)
信阳县双沟铁矿	33.17%	91.36	详细普查		113 59 22	32 12 05	Pz_1	小型	海相火山岩	磁铁矿矿石	48~105	153	$Ⅲ_2{}^2$ 二郎坪—信阳岛弧带(Pz_1)
新县黄岗钛磁铁矿	36.40%	227.3	详细普查		114 39 00	31 45 00	Pt	小型	岩浆型	钛磁铁矿矿石	0~100	310	$Ⅲ_5{}^1$ 大别高压—超高压变质杂岩带
舞钢市小韩庄铁矿	27.74%	2 643.5	详细普查		113 28 00	33 22 30	Ar	中型	鞍山式沉积变质	磁铁矿矿石	35~118	1 400	$Ⅰ_4{}^2$ 登封新太古代岩浆弧
焦作市干骨掌铁矿区	32.00%	364.9	初步勘探		113 07 30	35 15 10	C_2	小型	山西式陆相沉积	赤铁矿矿石	15~40	3 000	$Ⅱ_3{}^{4-5}$孟州—许昌晚古生代—早中生代陆表盆地(C—T)
博爱县瓦窑沟铁矿区	32.00%	298	初步勘探		113 05 10	35 14 10	C_2	小型	山西式陆相沉积	赤铁矿矿石	25~40	2 000	$Ⅱ_3{}^{4-5}$孟州—许昌晚古生代—早中生代陆表盆地(C—T)
遂平县张庄铁矿区		91.3	普查					小型					
登封市井湾铁矿区		913.7	初步勘探		113 09 00	34 33 00	Ar	小型	沉积变质	赤铁矿矿石		1 640	$Ⅰ_4{}^2$ 登封新太古代岩浆弧

4.2.3.1 鞍山式铁矿

鞍山式铁矿主要分布于许昌地区、鲁山—舞阳—新蔡地区。沈保丰、翟安民、苗培森等认为,河南省(火山)沉积变质型铁矿应以条带状铁建造(BIF)阿尔戈马型铁矿床为主。主要特征是该类型铁矿体都产在火山喷发间歇期的沉积岩(或火山沉积岩)中,但不同矿床不完全一样。铁矿体与含铁岩系的关系大致有4种类型:①斜长角闪岩(或麻粒岩)—磁铁石英岩岩石组合,原岩建造为火山岩—铁建造,矿体顶、底板均为斜长角闪岩,矿体厚度小,常多层矿,规模不大。②二辉麻粒岩(或斜长角闪岩)—矽线石榴片麻岩(或黑云角闪斜长片麻岩)—磁铁石英岩岩石组合,原岩建造为含沉积岩的火山岩—铁建造,矿体多呈层状、透镜状,形态变化大,以中、小规模为多,亦有大型。③斜长角闪岩(或绿泥片岩)—黑云变粒岩—云母石英片岩—磁铁石英岩岩石组合,原岩建造为火山岩—中酸性火山碎屑岩—沉积岩—铁建造。此类型分布广泛,常形成大型、超大型铁矿床。④绢云千枚岩—黑云变粒岩—云母石英片岩夹斜长角闪岩—铁建造,原岩建造为含火山岩的沉积岩—铁建造。此类型在鞍本地区均为大型、超大型矿床。

4.2.3.2 邯邢式铁矿

河南省邯邢式接触交代型铁矿床产于中性、中酸性或酸性中浅成侵入体和碳酸盐岩的接触带(矽卡岩)中,以中性(偏基性、偏碱性)侵入体与中奥陶统碳酸盐岩的接触带居多,本省称安林式。其主要特征是:①与成矿有关的侵入体以闪长岩—二长岩系列为主体,包括一部分的铁质基性岩、碱性正长岩和酸性岩等组成的中性侵入岩系列,它们是岩浆长期演化、多次侵入活动的结果。②中性侵入岩系列形成时代为燕山期(同位素年龄为89~177 Ma),可分为早、中、晚三期,但以早、中期为主。③赋矿围岩以中奥陶统含泥质较低的岩溶角砾状碳酸盐岩为主。④侵入岩体为具一定层位,但不严格受层位控制的复杂似层状体,其产状受断裂构造和层间构造的联合控制。似层状岩体产状复杂性表现为岩体在水平方向常向围岩顺层分叉或合拢侵入,从而形成垂直方向上多层接触带,造成矿体在空间上下重叠。另外,似层状岩体顶面形状复杂多变,岩体底板相对简单、平坦。矿体主要产在上部接触带内。⑤铁矿床的规模多数为中、小型。⑥围岩蚀变发育,并明显呈带状分布。蚀变作用可划分为前期气液交代和后期热液交代,气液交代作用的早期阶段为钠长石化,晚期阶段为矽卡岩磁铁矿化。热液交代作用早期阶段为金云母化、透闪—阳起石化、绿帘石化等,晚期阶段为绿泥石化、蛇纹石化、碳酸盐化。钠长石化不仅是重要的找矿蚀变标志,而且与铁矿形成具有密切成因关系。⑦矿石成分简单,选矿性能好,回收率高,主要的有益伴生元素有钴、硫、铜、镍、硒、碲等。

4.2.3.3 海相火山岩型铁矿

海相火山岩型铁矿少量分布在卢氏南部—南召地区,主要集中分布在泌阳县—信阳市一带。矿产赋存在早古生代二郎坪群的火神庙组、刘山岩组中的层状矽卡岩中,普遍有下列成矿特征:①容矿岩层(系)主要为变细碧岩—基性火山碎屑岩,其间夹少量变角斑岩,矿层(尤其顶部)或含矿层位中分布(硅质条带)大理岩。变细碧岩中火山碎屑、假气孔及气孔的分布明显普遍于南北两侧和南部的 VMS 型矿带,反映较小的静水压力,结合大理岩的分布表明相对 VMS 型矿带处于浅水环境。稍晚侵位的花岗闪长岩等岩浆杂岩带与层状矽卡岩型矿带形影不离,指示矿带形成时为近陆脊状火山隆起。②具与围岩同步的褶皱和变质程度,但含矿较差,发育剪切透镜体。③可具明显的上弱下强的不对称蚀变现象,铁(铜)矿体底板时常发育纹层—条带状矽卡岩,矽卡岩常具较单一的矿物组成,总体由下向上为透辉石矽卡岩、石榴石岩及绿帘(绿泥)石岩,铁矿体紧邻绿泥石层,大理岩中仅具有弥散状磁铁矿化,相邻多层矿化时仍有这种现象。锌矿层则直接产于绿帘石矽卡岩,矿层下部或下盘出现石榴石,顶部大理岩常无蚀变。④缺少重晶石层,但发育 Ba 异常。⑤矿体(层)在走向上可相变为铁锰矿或含锰大理岩。⑥铁(铜)矿体呈似层状、透镜状、盆状或周围不发育矽卡岩的孤立囊状,下盘透辉石矽卡岩、石榴石岩及绿帘石岩仅出现浸染状磁铁矿矿化。矿体与围岩的接触界线明显。厚富矿体中可见透辉石矽卡岩、石榴石岩及绿帘石岩的同生角砾。⑦由黄铁矿、黄铜矿或少量方铅矿组成的块状硫化物矿体规模甚小,出现在磁铁矿层的顶、底或包含其中,局部可见磁铁矿层中的黄铁矿—黄铜矿纹理。以上符合 VMS 型矿产的特征,以热核模式可以很好地解释火山喷流成矿作用。

4.2.3.4 宣龙式铁矿

河南宣龙式铁矿床主要产于中元古界蓟县纪汝阳群云梦山组中下部的砂页岩、砾岩层中。目前除已发现矿点外,地表极少有矿化地段出现,个别地质填图点见红色含铁砂岩。唯岱嵋寨矿区含矿性较好,含矿层中一般有 1 ~ 5 层赤铁矿,主要为页片状、鲕状、肾状赤铁矿矿石,TFe 品位 27% ~ 55%。

4.2.3.5 山西式铁矿

山西式铁矿赋存于本溪组铝土岩系,据最新研究,河南的本溪组由北向南穿时分布,时代属晚石炭世—早二叠世。山西式铁矿有两个层位:一是寒武系—奥陶系顶部沉积改造古风化壳,赤铁矿呈砾石状、豆荚状、囊状、团块状等无规律、无工业矿体分布;二是铝土矿层(铝土岩)下部,处在硫铁矿层上部氧化带，为多孔褐铁矿—赤铁矿混合矿石。山西式铁矿的出现往往与含铝岩系上部二$_1$煤的发育程度正相关，与铝土矿的质量负相关。原因是：上部泥炭环境酸性溶液向下淋滤含铝岩系中的铁质，在脱硅去铁的含铝岩系（铝土矿层）下方还原形成黄铁矿层，二$_1$煤的出现表明有利于黄铁矿生成的条件存在，间接有利于后期氧化的褐铁矿—赤铁矿存在。另外，当质量很好的铝土矿床存在时，处于其下部的黄铁矿层没有处在氧化界面之上；当优质铝土矿床剥蚀后，黄铁矿层才暴露，方能氧化形成褐铁矿—赤铁矿。这即是豫北焦作地区基本无铝土矿，而相对分布较多黄铁矿及山西式铁矿的原因。严格来讲，河南山西式铁矿的形成时代可能在白垩纪之后开始，主要氧化成矿时期为新生代。

4.2.4 铁矿的分类

中国铁矿主要分为七大类型，即沉积变质型、晚期基性岩浆型、沉积型、矽卡岩型、火山岩型、多因复合型、残积型（即风化壳型）。

河南省主要铁矿类型有五类（见表4-6）：

表4-6 河南省铁矿不同成因类型统计

矿床类型	矿床规模及数量					主要特征	典型矿床
	大	中	小	矿点	合计		
沉积变质型	2	8	14			大而贫	舞阳铁山、石门廓、经山寺、小韩庄、岗庙刘，鲁山铁山岭，许昌铁矿、行口铁矿等
变质岩浆型		2	3			小而富	赵案庄、王道行、黄岗、洪庄等
山西式			17			多而贫	焦作王窑、九里山，博爱茶棚、瓦窑沟、玄坛庙，三门峡七里沟，渑池段村、焦地，新安马行沟，宝丰边庄等
宣龙式		1	3				新安岱嵋寨，汝阳武湾等
接触交代型		9	23			小而富	安阳李珍、东冶、都里，济源铁山河，卢氏八宝山、曲里，永城大王庄，泌阳条山，桐柏铁山庙，信阳金牛山等
合计	2	20	60		82		

(1)沉积变质铁矿：该类型矿床主要产于太古代及早元古代沉积变质岩系中，是河南省铁矿的主要类型，虽然品位低，但规模大，产地多，有着良好找

矿前景。主要铁矿床有舞阳铁山、石门廓、经山寺、小韩庄、岗庙刘，鲁山铁山岭，许昌铁矿、行口铁矿等。

(2)变质岩浆铁矿：指与太古代基性、超基性岩浆作用有关的铁矿床，后期又受变质作用影响，主要有舞阳赵案庄、王道行、黄岗、洪庄等。

(3)接触交代—热液(矽卡岩)型铁矿：矽卡岩(接触交代)型铁矿仅次于沉积变质型，矿床产于中—酸性侵入体与碳酸盐类岩石接触带。铁矿主要分布区有安阳的李珍、东冶、都里，济源的铁山河，卢氏八宝山及曲里，永城大王庄，泌阳条山，桐柏铁山庙，信阳金牛山等。这种类型其特点是小而富。目前仍有找矿空间。

(4)宣龙式铁矿：主要包括中元古界的宣龙式铁矿和泥盆系的宁乡式铁矿。该类铁矿在河南省分布于新安岱嵋寨、汝阳武湾等。

(5)山西式：该类铁矿主要分布于焦作王窑、九里山，博爱茶棚、瓦窑沟、玄坛庙，三门峡七里沟，渑池段村、焦地，新安马行沟，宝丰边庄等。

4.2.5　其他类型铁矿

此处所提出的其他类型铁矿是指不同时期(富含铁质)的火成岩、变质岩经强烈风化后所形成的超贫磁铁矿和河流沉积形成的砂铁矿，是一类非传统意义的铁矿类型。

河南省西部、南部山区分布着大量的各类火成岩和变质岩，这些岩石中富含铁质的暗色矿物风化后析出的磁铁矿形成风化壳型超贫磁铁矿床。如：嵩县的车村乡西部的黑云母花岗岩中，含磁铁矿，由于花岗岩风化强烈，风化厚度最大可达50 m，一般20 m左右，岩石结构疏松，无须爆破便可机械化大规模露天采挖，并且岩石易粉碎，可选性强为其主要特点，当地称其为“牛皮砂”。虽然磁铁矿含量较低，TFe在10%左右，但其储量大，而且矿石易采、易碎、易选，综合成本低廉。在淅川县的毛堂乡西北部的(老坟岗一带)古元古界大沟组地层中，斜长角闪片麻岩中含磁铁矿，由于时代较老，遭受多期地壳运动，变质作用强烈，断裂活动多方向多期性，造成岩石破碎，风化作用普遍而强烈，全铁、磁性铁品位均较低，全铁一般在15%，磁性铁在8.5%左右，达不到一般工业要求，但由于风化作用，形成风化矿床，岩石松软，有用矿物磁铁矿，变得易选易采，成本降低，使这一超贫磁铁矿床具有一定的经济价值。以上两例充分说明这类贫铁矿具有相当的资源量和潜在的经济价值。

随着我国国民经济的高速发展，对钢铁的需求量将持续增长，而我国现有铁矿资源储量已经远不能满足钢铁企业的生产需要，供需严重失衡。铁矿资源的严重缺乏已经成为制约我国钢铁企业发展的瓶颈,并且威胁到国家的经济安全。河南省铁矿资源形势更加严峻,目前可以利用的铁矿资源储量仅有62 224万t,绝大部分为贫矿并埋藏于500 m以深,致使开采成本高、难度大、资源利用率低下。铁矿资源非常紧缺,对河南省国民经济平稳快速发展缺乏资源保障能力。低品位火成岩矿石、变质岩矿石、砂铁矿的发现在当前严峻条件下,如何充分利用这类铁矿资源,对我们来说显得尤为重要。这种资源如能得到科学的利用,将会起到很好的社会效益和经济效益,能有效缓解铁矿资源的紧张局面。

4.3　铁矿成矿期

河南省隶属两个大地构造单元,以栾川—维摩寺—明港断裂为界,北部属于华北陆块,南部属于秦岭造山带,在区域上有着良好的铁矿成矿地质条件。根据以往勘查资料分析,河南省铁矿主要有五个成矿期:一是太古代—早元古代成矿期,二是中、晚元古代成矿期,三是下古生代加里东成矿期,四是上古生代华力西成矿期,五为中生代燕山成矿期。

太古代—早元古代成矿期:本期为省内主要成矿期,以栾川—确山—固始深断裂为界分为两个不同成矿区(域),当时南北部的基底形成时代和活动方式不同,因此成矿作用和过程也有各自的特点。华北陆块太古代基底的形成主要受嵩阳运动所影响,当时古地壳刚刚形成,薄而不稳,并有由大量来自上地幔的基性—中酸性岩浆喷发活动而形成一套“优地槽型”火山—沉积建造及含铁建造。经嵩阳期区域变质作用而形成一套中深成变质岩系,其中夹有变质岩浆型、变质火山—沉积型。因此,嵩阳期为太古代沉积变质铁矿主要成矿期。至早元古代,嵩箕地区相对较为稳定,接受了一套浅海相陆源碎屑沉积—碳酸盐沉积建造及含铁建造,经中条期区域变质作用而形成一套浅变质岩系,其中夹有沉积变质铁矿,为早元古代成矿期,因二者成矿时代比较接近,成矿作用和成矿过程也大体相似,且均经过区域变质作用,故合称为一个成矿期。其中以太古界太华群变质岩系在区内分布范围大,层位稳定,成矿条件最好,应是河南省勘查铁矿的主攻方向。

中、晚元古代成矿期:自中条运动以后华北陆块相对比较稳定,中元古代晚期—晚元古代早期接受了一套陆源碎屑沉积(砂砾岩、砂岩、页岩)建造夹含铁建造,该阶段形成的宣龙式沉积铁矿床为河南省外生铁矿主要成矿期;另外,王屋山期和晋宁期在济源北部铁山河、西峡—内乡等局部地区尚有中基性岩浆侵入,并形成接触交代型(铁山河式)和岩浆分异型(大庙式)铁矿床。该成矿期内仍有一定的找矿潜力。

下古生代加里东成矿期:在秦岭造山带内部地带有加里东期中、基性岩浆侵入活动,有接触交代型(条山式)和岩浆分异型(大庙式)铁矿产出,条山式具有一定规模(小型),大庙式为矿(化)点。就目前掌握的资料来看,这一时期的成矿规模不及前二期。

上古生代华力西成矿期:晚加里东运动以后,华北陆块上升为陆地,经过长期风化剥蚀,至上石炭世早期接受了一套碎屑岩—碳酸盐夹铁铝煤沉积建造,其中有山西式沉积铁矿,为河南省外生铁矿主要成矿期之一。

中生代燕山成矿期:在华北陆块和秦岭造山带的局部地区及二者的接界地带中有中、酸性岩浆侵入活动,并有接触交代型(豫北、豫东为安林式,豫西为八宝山式)及热液型铁矿等,为河南省内生铁矿主要成矿期。

总之,河南省经历了多期次的构造运动和伴随岩浆活动,为铁矿床的形成提供了丰富的物源,而且创造了较好的成矿环境,因此找矿前景十分广阔。

第5章　河南省铁矿类型地质特征及成矿规律研究

河南省铁矿类型主要为鞍山式、赵案庄式沉积变质型铁矿，占储量表中铁矿资源储量的76%，是当前利用的主要铁矿类型。条山式海相火山岩型铁矿占铁矿探明储量的2.5%，邯邢式接触交代铁矿占9.7%，是以往利用的主要铁矿类型，目前面临闭坑的危机。其他有储量几乎可忽略的宣龙式海相沉积铁矿、山西式陆相沉积铁矿、岩浆型铁矿及铁帽型铁矿等。

本书主要对河南省铁矿各种类型具有代表性的典型矿床开展研究，经过筛选重点对鞍山式—赵案庄式沉积变质型的舞阳铁山铁矿、舞阳赵案庄铁矿、许昌武庄铁矿、鲁山西马楼铁矿、泌阳行口铁矿等五个典型矿床地质特征进行总结；对邯邢式接触交代型铁矿的安阳市李珍铁矿、永城县大王庄铁矿等两个典型矿床地质特征进行总结；对接触交代型铁矿的济源市铁山河铁矿典型矿床地质特征进行总结；对条山式海相火山岩型铁矿的泌阳县条山铁矿、桐柏县宝石崖铁矿等两个典型矿床地质特征进行总结；对宣龙式海相沉积型铁矿的新安县岱嵋寨铁矿典型矿床地质特征进行总结；对山西式陆相沉积型铁矿的焦作市上刘庄铁矿典型矿床地质特征进行总结。

5.1　鞍山式—赵案庄式沉积变质型铁矿的地质特征及成矿规律

5.1.1　舞阳铁山铁矿

铁山铁矿位于河南省舞钢市武功乡境内。矿区有专用铁路、公路相通，交通便利。地理坐标为东经 113°20′00″ ~ 113°32′30″，北纬 35°18′22″ ~ 35°19′35″。矿床控制垂深约600 m，勘探标高 -500 m，截至2008年底累计探明资源储量19 612.6万t(见图5-1)。

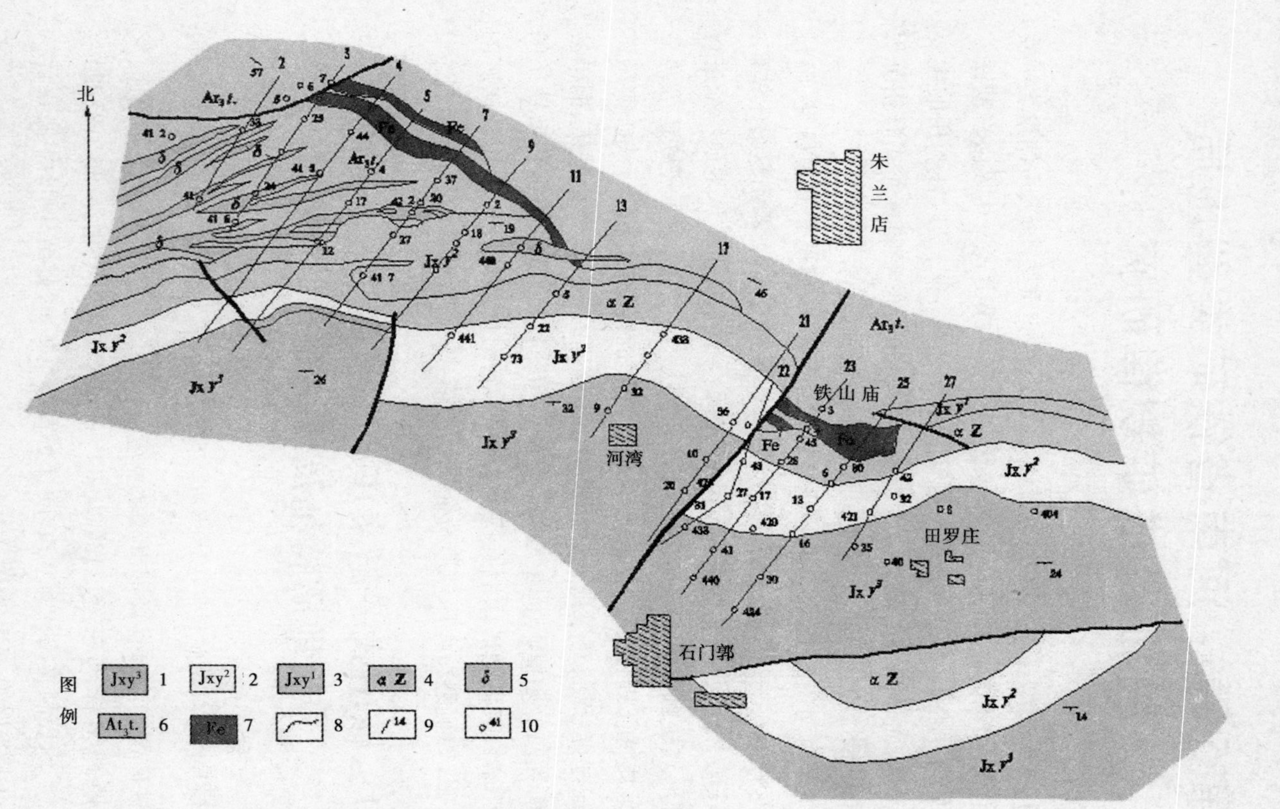

1—云梦山上段；2—云梦山中段；3—云梦山下段；4—安山玢岩；5—细粒石英闪长岩岩墙；6—混合岩、片麻岩；

7—铁矿露头；8—不整合地层界限；9—产状及倾角；10—钻孔及编号

图 5-1 舞阳铁山铁矿区地质略图

5.1.1.1　矿区地质

1. 地层

矿区出露地层主要为新太古界铁山岭岩组($Ar_3t.$),上覆蓟县系云梦山组(Jxy)地层,呈角度或推覆构造接触。矿区大面积为第四系覆盖。

新太古界铁山岭岩组:分为2个岩性段,下岩段由黑云斜长片麻岩、白云斜长片麻岩、夹花岗片麻岩和角闪片麻岩构成,厚1 200 m。上岩段为角闪花岗片麻岩、角闪斜长片麻岩、黑云母花岗片麻岩组成,厚2 500 m。铁矿层产在上部角闪花岗片麻岩中。

蓟县系云梦山组:角度不整合于铁山岭岩组之上,岩性由下而上为:①底部砾岩层,包括紫红色含铁砾岩、灰白色底砾岩及灰白色石英岩;②安山岩;③石英岩页岩互层;④页岩层;⑤紫色砂岩、石英岩层,下部为淡紫、淡黄色石英岩,上部为淡紫色砂岩;⑥紫色砂岩石英岩互层。

2. 岩浆岩

岩浆岩分布于前寒武纪角闪岩墙,白垩纪花岗岩、伟晶质花岗岩等。

3. 构造

矿区主体构造为鲁山—出山复背斜,背斜轴向北西,两翼地层倾角北陡南缓。铁矿位于背斜南翼,为单斜构造,地层倾向192°~222°,倾角27°~49°,矿层产状与铁山岭岩组一致。脆性断裂构造发育,有近东西、北东和南北走向三组。近东西向断裂属逆冲断层,倾向南,倾角65°;北东走向一组为右行平移—正断层;两组断裂将含铁建造分为若干断块,前人分别命名为不同矿床。

5.1.1.2　矿床地质

1. 矿体特征

含矿带(铁山岭岩组)保存厚11~268 m,平均厚80 m,在所处断块中长2 445 m。顶板为蓟县系云梦山组砾岩层,底板为花岗片麻岩、斜长片麻岩等一套变质深成侵入体。矿带倾向南西40°,倾角45°左右,为北偏东走向断层分割成3个矿段。

矿体似层状,在含矿带中平行、相邻的多层出现,夹层以片岩及斜长片麻岩为主。有相对稳定的4个赋矿层位,单个矿体平均厚6.47~25.58 m。除断层缺失外,矿体在倾向上连续性好,走向上稍差。矿体水平断面呈豆荚状,反映经历剪切变形。

2. 矿石特征

矿物成分:金属矿物主要有赤铁矿和磁铁矿,其次为褐铁矿;非金属矿物有碧玉、石英、玉髓,以及少量的绿泥石、黑云母等蚀变矿物。

矿石结构、构造:主要有自形粒状结构、半自形粒状结构、他形粒状结构、假象结构;条带状构造、散点状构造、网状构造。

矿石类型:条带状赤铁矿石、条带状磁铁矿石、碧玉—石英型磁铁矿石、石英型磁铁矿石、辉石角闪岩磁铁矿石。

化学组分:TFe 28.93% ~29.15%。本区铁矿属于贫矿;S、P 含量均比较低,一般都在允许范围(S 0.15%,P 1.2%)以内。

5.1.1.3 成因与成矿模式

矿带产于晚太古代条带状磁铁石英岩建造,属沉积—变质成因,成矿过程可以分为海底火山喷流和复杂区域变质改造两个阶段。

1. 含矿原岩沉积阶段

晚太古代处在地壳形成初始阶段,地壳很薄,为泛浅海沉积环境;地幔离地表很近,火山作用和岩浆侵入作用频繁,王贵成等(2006)称为超地槽活动阶段。海底火山喷发形成了火山碎屑岩与热水沉积硅铁质建造,含少量灰岩、泥沙岩沉积岩组合。

硅铁质建造的形成有两种认识,一种认为来自火山喷发的铁质经过各种沉积作用形成。如王贵成等(2006)认为,当时由于火山活动强烈,又无植物进行光合作用,使得海水中的 HCO_3^- 浓度较大,从而增加了对熔岩及火山岩的溶解能力及水体的化学搬运能力,低价铁源源不断地经过化学溶解汇入海盆。当时海水中可能已出现大量放氧的生物(如细菌),其放氧量恰好可以使水体中的低价铁氧化成高价铁而沉淀($Fe^{2+}+O_2 \rightarrow Fe^{3+}$),又可以维持生物的生存。从而使 $Fe(OH)_3$ 和胶体(蛋白石类)同时沉积,即硅铁沉积。另一种观点认为铁硅质建造是由于基性火山运动带出大量的铁、硅物质,使海水中硅、铁含量增加,同时通过热对流运动,发生类似于热水沉积的作用,直接形成铁硅质岩。

2. 区域变质作用

原始硅铁质建造形成之后,主要经历了晚太古深成侵入岩的侵蚀、复杂变形和深度埋深变质作用,但没有证据证明变质作用促使了铁的富集。在区域变质作用中,长英质岩石发生了花岗岩化;碳酸盐岩与围岩物质交换可形成石榴石;硅铁建造在封闭条件下发生重结晶,岩层的纹层状构造改变为条带状构造,而基本组构并没有本质改变。舞阳一带的混合岩化程度很低,即使完全花岗岩化也不会使硅铁建造发生物质分异,如西昆仑一带的“沉积变质铁矿”即保存在重熔型花岗岩中,在花岗岩化过程中角闪质岩石和硅铁建造被保留,许多矿体以花岗岩为顶板,以角闪质岩石为底板,钻探穿过花岗岩可见铁矿体的倾向延伸。

5.1.2 舞阳赵案庄铁矿

赵案庄铁矿位于舞钢市八台镇境内,又称八台铁矿。矿区东西长10 km,南北宽5 km,面积50 km^2。地理坐标东经113°30′00″,北纬33°22′20″。截至2008年,赵案庄铁矿累计探明资源储量8 904.5万t。

5.1.2.1 矿区地质

1.地层

矿区零星出露新太古界太华岩群铁山岭岩组含矿、中元古代汝阳群云梦山组,大面积为下第三系和第四系覆盖。

铁山岭岩组含矿岩系按照岩石建造和矿物组合特征的不同,在矿区划分为六个岩性段或含矿段,自下而上为:

(1)矿段(含磷灰石蛇纹石磁铁矿,透辉角闪更长片麻岩段):不完整厚度45.77 m,含两层磷灰石蛇纹石磁铁矿,单层厚1.55~2.32 m,TFe最高品位40.60%,但由于受断层破坏,本含矿段构成的矿床不具单独开采价值;岩性以浅灰及灰绿色中粒透辉角闪更长片麻岩、更长角闪片麻岩为主,顶部有厚度不等的花岗质条痕状混合岩和混合花岗岩,近矿围岩有磁铁蛇纹岩、磁铁角闪岩、金云母片岩,石膏脉较发育。

(2)铁铝更长角闪片麻岩段:以含镁质铁铝石榴石矿物为标志,主要分布在背斜核部及南翼,与上下含矿片麻岩岩段呈整合接触关系;主要岩性为紫红色及绿灰色的铁铝榴更长片麻岩、铁铝榴角闪片麻岩,两者交互出现,间夹金云更长片麻岩、更长角闪片麻岩及石墨片麻岩、石英片麻岩等,顶部及下部常夹薄层蛇纹白云石大理岩;此岩段一般不含矿。

(3)更长、角闪片麻岩段:为B矿段直接底板,厚1.15~115.03 m,平均厚38.90 m,由东向西变厚;岩性以灰绿及浅灰色中粒芝麻点状更长角闪片麻岩及条痕状角闪更长片麻岩为主,有时夹薄层磁铁蛇纹岩及磁铁角闪岩、金云母片岩,含少量石膏脉及磷灰石;此岩组与下伏铁铝榴更长角闪片麻岩岩组在矿物组合特征上有明显突变关系。

(4)矿段:是磷灰石蛇纹石磁铁矿主矿体富集层位,厚0.20~116.82 m,平均厚35.45 m,含可采矿层1~4层,由蛇纹石磁铁矿、磷灰石磁铁矿、白云石磁铁矿、角闪石磁铁矿和磁铁蛇纹岩、蛇纹石化斜硅镁石古铜辉石岩组成,层间夹透辉石更长片麻岩、角闪更长片麻岩、更长角闪片麻岩;近矿围岩常有金云母片岩、磁铁角闪岩,石膏脉普遍发育,磷灰石较常见,尤以矿体含量较多;

本矿段层位相当稳定,由东向西呈现波浪式膨大—窄缩—膨大变化幅度和厚度逐渐增大,延展范围长达 5 km。

(5)透辉更长片麻岩段:为 B 矿段直接顶板,厚 5.00 ~ 125.94 m,平均厚 56.20 m;主要岩性为浅灰及灰绿色中粒透辉更长片麻岩、金云更长片麻岩夹更长角闪片麻岩,上部具弱混合岩化现象,下部常夹薄层透闪石英片麻岩,中及下部常夹金云母片岩、磁铁蛇纹岩及磁铁角闪岩;近矿围岩中石膏脉发育,磷灰石也较常见;以糖粒状透辉石为本岩组矿物标志。

(6)花岗质条带状混合岩段:整合分布于 B 矿组顶盘透辉更长片麻岩岩组之上,由东向西增厚,平均厚度 131.50 m;主要岩性为肉红色、灰白色的条带状混合岩,次为均质混合岩及混合花岗岩,间夹角闪片麻岩层,由下向上“混合岩化程度”增高,底部常含透辉石矿物。

2. 中元古界汝阳群云梦山组

超覆或推覆于太古界铁山岭组含矿岩系之上,分布于矿床北部背斜北翼,由南向北增厚,不完全厚度 336.17 m,自下而上为:

(1)底砾岩、砾状石英岩、页岩:厚 0 ~ 49.76 m,平均厚度 28.40 m。

(2)安山玢岩:深灰色及紫红色,常具杏仁状构造,厚 26.85 ~ 62.86 m,平均 44.65 m。

(3)石英岩、页岩互层:厚 58.00 ~ 113.22 m,平均厚 90.32 m。

(4)安山玢岩:灰色,常具斑状结构,厚 37.04 ~ 78.00 m,平均 51.80 m。

(5)石英岩、页岩互层:厚 104.53 m。

下第三系:不完全厚度约 300 m;岩性主要为红色砾岩、砂砾岩,夹斑状安山岩;砾石成分下部以石灰岩(寒武系)为主,上部以石英岩(云梦山组)为主,次为安山玢岩、混合岩等。

第四系:厚 33.70 ~ 106.73 m,平均厚 81.66 m,由西向东渐厚;主要由黏土、亚黏土、亚沙土、沙及泥砾层组成。

3. 构造

矿区处在鲁山背斜—舞阳出山北西向复背斜构造东段核部,以及青枣岭—下槽大型走向逆掩断层上盘。矿床本身为一帚状构造,由一组近东西向分布的褶曲、断裂、破碎带及细粒闪长岩岩墙组成。东部撒开,向西部收敛,并在西部形成一“勺”形剪切向形。赵案庄、王道行两矿床分居于南、北两个背斜构造,其间以向斜构造相连。

(1)褶皱构造。褶皱构造轴迹大致东西走向,有三个背斜和两个向斜构造。由北向南为:

王道行背斜构造：位于王道行矿床，为一北陡南缓的不对称背斜构造，轴向近东西，西段急转向西南，又折向西并向西倾伏。两翼沿走向及倾向均有程度不等的波状起伏，北翼倾角30°~40°，南翼倾角20°~25°。

曾庄向斜构造：位于王道行矿床和赵案庄矿床之间，轴向近东西，由西向东有开阔之势，两翼产状北缓南陡，倾角20°~30°，局部40°以上；伴以走向。

赵案庄背斜构造：位于赵案庄矿床北部，轴向近东西，西部略偏北西，东部略偏南东，由东向西倾伏，两翼产状北陡南缓，倾角20°~40°，北翼发育走向断层。

虎狼寨向斜构造：位于赵案庄矿床中部，为一平缓向斜，轴线近东西，西部略偏南西，中部向北突出，东部略偏南东，由东向西倾伏，两翼产状相近，倾角变化在15°~30°。该向斜与矿体膨大部位大体对应。

老寨庄背斜：位于赵案庄矿床南部边缘，轴向近东西，北翼产状较陡，一般20°~30°，南翼平缓。背斜核部矿体显著变薄或尖灭。

（2）断裂构造。东西走向断裂带：西起小梁山，东至下曹以南，长达4 km以上。断裂带横跨赵案庄矿床北部和王道行矿床西南部，南北宽400~600 m，沿垂直方向上宽下窄，呈"V"字形，向下封闭，深度大约400 m。

F_6逆掩断层：是区内最大的逆掩断层，已控制范围东西长4 km，南北宽2~3 km，断层近东西走向，断面沿走向及倾向均出现波状起伏，在东部下曹、余庄矿床之间断层面呈背形，剥蚀出现构造窗。断层上盘为太古界赵案庄含矿岩系，下盘为中元古界，已控制水平断距3 km以上，垂直断距800 m左右。

F_7正断层：位于王道行矿床西北部边缘，断层面倾角，倾向北西，垂直断距30 m左右，向下与F_6断层交会。

F_{10}逆断层：位于王道行矿床中部，使该矿床错断为东、西两部分，断层局部造成同一矿体在上下位置上的重复，重叠45 m左右。

4. *岩浆岩*

岩浆岩主要分布于细粒闪长岩岩墙，常见岩性有细粒闪长岩、交织闪长岩、细粒石英闪长岩、角闪正长岩及正长斑岩等，在同一岩墙中不同岩性有时呈带状对称出现。岩墙总体呈近东西走向，与区内地层走向一致，西部收拢，向东部有撒开之势。岩墙规模由西向东变小，主要分布在赵案庄矿床，部分伸向王道行矿床西部，王道行矿床东部很少见。岩墙倾向北及北西，倾角30°~70°，一般40°左右。岩墙数目有20多条，主要岩墙5条，沿走向及倾斜均具有透镜状尖灭再现特点。岩墙切割矿体，又卷入含铁建造的变形，推断其时代在熊耳期及其之前。

5.1.2.2　矿床特征

1. 矿体特征

含矿层属舞阳铁矿 B 矿段,呈北东—南西向延伸,全长 3 300 m,宽 300～1 000 m,总面积达 2 km^2 以上。

含矿围岩主要为磁铁蛇纹岩(包括部分磁铁古铜辉石岩),约占矿化围岩的 90% 以上,次为磁铁角闪岩和磁铁金云母片岩。磁铁蛇纹岩较广泛分布于含矿带中,绝大部分构成矿体直接顶、底及夹层。矿体上盘有单独磁铁蛇纹岩分布,多数与矿体密切连生,磁铁蛇纹岩与矿体之比约为 13 的关系。通常矿体膨大部位,磁铁蛇纹岩层次增多、厚度变大。

矿体呈似层状或局部透镜状断续分布,含可采矿体 1～4 层,由东向西层次增多。厚度变大,具膨大、缩小的重复变化。沿东西方向有 5～8 个膨大中心,局部出现间断。

矿体在剖面上呈多层叠置,总体具腹厚边薄特点。矿体可采厚度 1～81.94 m,总平均厚 20 m。矿体主要分布在虎狼寨向斜、赵案庄背斜、曾庄向斜西段和王道行背斜南翼。矿体产状随褶曲而起伏变化,总体倾向南西 180°～260°,倾角 20°～25°,属缓倾斜矿床。矿体埋藏深度最浅 84.83 m,最深 694.90 m,一般 200～350 m。赵案庄矿床位于含矿带南西方向,王道行矿床位于含矿带北东方向,其间含矿带及矿体以向斜形式自然相连,可视为同一矿床。

根据矿体富集层序性及夹石厚度的稳定性,将 B 矿段自下而上划分为 B1、B2、B3、B4、B5 五层矿。其中 B2、B3、B4 为主层矿,B1 层局部可采,B5 层仅有层位意义。赵案庄矿床各层具全,各矿层在空间重叠分布,以 B2 层规模和分布范围最大,次为 B3 和 B4 层,B1 层局部存在,矿石量为 4 757 万 t。王道行矿床只有 B2、B4 两层矿。

2. 矿石特征

矿石金属矿物:主要为磁铁矿(钛磁铁矿、磁铁矿);次要是钛铁矿、镁钛铁矿;微量黄铁矿、镁铁尖晶石、硬铬尖晶石、铝铬铁矿、磁黄铁矿等。

非金属矿物:以叶蛇纹石、氟磷灰石、白云石、角闪石、古铜辉石、石膏为主,次为蛇纹石、纤维蛇纹石、胶蛇纹石等;微量锆石、独居石、磷钇矿、褐帘石、榍石、水铝石等。

矿石主要有半自形粒状镶嵌变晶结构、海绵陨铁结构、固溶体分离结构、压碎结构、包含结构、交代残余结构、交代假象结构、网环状结构、网格状结构、筛孔结构、蠕虫状结构、似文象结构,块状构造、浸染状构造、条带状构造、脉状穿插构造、孔穴(溶蚀)构造、斑杂状构造、显微环带状构造、皮壳状构造等。

赵案庄矿床、王道行矿床的平均品位分别为 TFe37.44%和 TFe35.03%。

5.1.2.3　成因与成矿模式

湖北地科研究所研究认为,赵案庄铁矿为超基性岩中晚期岩浆磷灰石—钛磁铁矿矿床,后经热液交代及区域变质作用叠加而成。王贵成等(2006)也证明了该观点。认为赵案庄铁矿成矿过程具体如下:

太古代地壳处于超地槽活动阶段(王贵成等,2006),海底火山喷发活动频繁,海相火山—沉积作用强烈发育,同时有超基性岩浆的广泛侵入(Yang Zhongbao,2004)。超基性岩浆岩顺层侵入,磁铁矿在岩体的中下层分凝成矿。

铁矿形成后经历了区域热变质混合岩化作用和动力变质作用,改造形成了混合岩、片麻岩,为超基性岩中晚期岩浆—变质矿床。

5.1.3　许昌武庄铁矿

武庄铁矿位于许昌、长葛、禹县三县交界部位,距京广线西侧 8.25 km。地理位置东经 113°41′00″,北纬 34°08′00″。面积 1 000 km^2。全被第四系覆盖,盖层厚 300 ~ 500 m,铁矿是通过低缓磁异常验证而发现的。

截至 2008 年底,许昌武庄铁矿累计探明资源储量 35 033.1 万 t,为大型铁矿。

5.1.3.1　矿区地质

1.地层

由一套太古界登封群火山—沉积变质岩系构成矿区基底,其上不整合覆盖着中元古界云梦山组、寒武系及新生界。

矿区由新太古界登封岩群一套火山—沉积变质杂岩构成矿区基底,其上不整合覆盖有中元古界云梦山组、寒武系及新生界。新太古界自下而上分为郭家窑岩组、常窑岩组、石梯沟岩组(花杨组)。

郭家窑岩组($Ar_3g.$):下段以黑云斜长变粒岩及斜长变粒岩为主,夹浅粒岩,角闪石英型贫磁铁矿;上段以斜长角闪片岩或斜长角闪岩为主,局部少量斜长变粒岩、浅粒岩、透闪石片岩、铁闪岩、角闪岩。偶夹铁闪石型贫磁铁矿薄层,未见底,厚度大于 165.50 m。

常窑岩组($Ar_3c.$):下段下部主要为角闪斜长变粒岩,黑云斜长变粒岩夹少量浅粒岩、二云斜长变粒岩及薄层角闪石英型和铁闪石英型贫磁铁矿;上部以斜长角闪片岩或斜长角闪岩为主,常见透闪片岩、磁铁蛇纹岩、透辉石岩及辉石岩等，厚176～311.80 m。上段为主要含矿段，以黑云角闪斜长变粒岩和黑云斜长变粒岩为主，并有角闪石英型贫磁铁矿、铁闪石型贫磁铁矿，夹少量浅粒岩、角闪片岩、斜长角闪片岩。按岩性特征可分为五个岩带：

底部变粒岩带：以各种变粒岩类为主，夹斜长角闪片岩、斜长角闪岩、角闪片岩、铁闪片岩、绿泥片岩，局部夹1～3层薄角闪石英型或铁闪石型贫磁铁矿，多呈透镜状，平均厚46.23 m。

下矿带：一般由1～3层角闪石英型贫磁铁矿组成，部分由4层角闪石英型及铁闪石型贫磁铁矿组成。局部见石英角闪石型贫磁铁矿。夹石主要为磁铁矿化角闪斜长变粒岩、黑云斜长变粒岩，局部为铁闪片岩、斜长角闪片岩、浅粒岩，斜长角闪岩、角闪片岩、绿泥片岩，厚1～66.84 m，平均厚16.50 m。

中部变粒岩带：为上下矿带之间的夹层，一般稳定，局部矿体呈多层状产出时则不易划分出来。以角闪斜长变粒岩为主，黑云斜长变粒岩次之，局部夹斜长角闪片岩，斜长角闪铁闪片岩及薄层角闪石英型贫磁铁矿，偶夹绿泥或角闪片岩类，浅粒岩及磁铁矿化黑云石英片岩。平均厚17.22 m。

上矿带：一般由1～2层，局部3～4层角闪石英型磁铁矿组成，并见少量黑云石英型、铁闪石型和角闪石型贫磁铁矿。夹石主要为各种变粒岩，局部为斜长角闪片岩、斜长角闪岩、石英铁闪片岩、绿泥片岩、角闪片岩等。厚1～65.80 m，平均厚17.74 m。

顶部变粒岩带：以角闪斜长变粒岩为主，次为黑云斜长变粒岩，局部夹角闪岩，浅粒岩及薄层角闪石英型贫磁铁矿。偶见磁铁矿化黑云石英片岩及角闪片岩、铁闪片岩、二云斜长变粒岩。厚0～112.76 m，沿走向及倾向厚度变化较大。

石梯沟岩组（$Ar_3st.$）：以斜长角闪片岩或斜长角闪岩为主，夹少量斜长变粒岩、透辉石岩等。钻孔揭示最大厚度大于313 m。

云梦山组：岩性单一，下部为紫红色石英砂岩，底部有砂砾岩；上部为紫红色厚层状石英砂岩，夹紫红色薄层状硅质页岩及蓝灰色钙质页岩。厚146.60 m。

寒武系：为一套灰岩，其中辛集组厚72～103 m，馒头组厚64～82 m，毛庄组厚108.9 m，徐庄组未见顶，厚度大于56.4 m。

新生界：分布全区，一般厚150～300 m，局部大于807 m。

2. 构造

矿田构造均为轴近南北的小褶皱，幅度由西向东逐渐变小，而相对位置西高东低，轴面倾向东，两翼产状一般西陡东缓。已知和推断的有草庙张背斜，长约4 km，轴向155°，略呈“S”形弯曲。两翼诸矿床含矿岩系组成两个近乎平行的异常带，产状南西翼较陡，倾角45°，北东翼较缓，倾角15°～35°，北部尚有小的波状起伏的似箱状褶皱。

断裂主要有三组，分别为近东西向、北东向、北西向，大部分为正断层。部分北东、北西向的平推断层，断裂对晚太古界岩层及矿层具有一定的改造和破坏作用。

3. 岩浆岩

晚太古变质超基性岩多侵入花杨组、草庙张组及武庄组下段地层中。尤其草庙张组和花杨组最为发育，以层状、似层状、透镜状顺层侵入。岩体大小不一，岩体内部常有围岩捕掳体，较大的岩体（如东张岩体）从岩体中心至两侧，由橄榄岩—辉石岩—角闪岩构成。酸性岩仅在草庙张背斜南西翼武庄组下段地层中见及，厚5～30 m，岩性有石英正长斑岩、长英岩脉和石英脉。伟晶岩脉侵入无一定层位，不甚发育，厚度小于5 m，产状不清。

5.1.3.2　矿床地质

1. 矿体特征

许昌铁矿由武庄矿床、磨河矿床、翟庄矿床、校尉张矿床组成，赋存于太古界登封群变质岩中，属于火山—沉积变质铁矿。含矿岩层主要为黑云角闪斜长变粒岩、黑云斜长变粒岩及斜长角闪片岩等。各矿床均由上下两个近乎平行矿带组成，矿层形态为缓倾斜的层状、似层状、透镜状，层数较多，夹石厚度变化不大。上矿带一般由1～3层可采矿层组成，最多为6层，累计厚度一般5～15 m，最厚48.88 m；下矿带可采矿层一般为1～4层，最多可达8层，累计厚度一般5～10 m，最厚达28.88 m。上下两矿带相比，以上矿带的矿层较为稳定。矿体产状呈缓倾斜，一般在15°～30°，总的走向约340°，但因局部后期构造影响使矿体大致为"S"形。矿体深一般在300 m以下，最浅150 m，最大控制斜深2 000 m，长500 m，宽400～1 500 m。围岩蚀变有硅化、钠化，蚀变与矿体界线不太明显，呈过渡关系。

武庄矿床：走向长5 000 m，倾向延伸南部400 m，北部1 500 m，最大控制斜深2 000 m，总走向约340°，倾向105°，倾角15°～30°。矿层呈多层状，形态为层状、似层状或透镜状，并有分岔、复合现象。上矿带累计厚1.04～48.88 m，一般厚5～15 m；下矿带累计厚一般5～10 m，最厚28.88 m。

磨李矿床：长1 200 m，宽350 m。走向南北，倾向东，倾角10°左右。上矿带厚7～43.57 m，变化较大；下矿带厚10.55～37.33 m，有南厚北薄、西厚东薄的特点。北部有逐渐尖灭的趋势。

翟庄矿床：长1 700 m，控制倾向延伸450～600 m，走向330°，倾向240°～

260°,倾角:北部约30°,南部45°。只有上矿带厚1.79~9.22 m。矿带向深部延伸有尖灭的趋势。

岗河矿床:控制长200 m,斜深320 m,上矿带厚2.02~3.23 m,下矿带厚4.40~11.56 m,上下矿带向深部均有尖灭的趋势。

以上四个矿床位于武庄组上段地层中。

校尉张矿床:矿体长500 m,倾向延伸400 m。为似层状,并具明显分岔、复合现象,累计视厚2.99~9.71 m。产状:倾向200°,倾角40°,向南有变薄趋势。该矿床位于武庄组下段地层中。

2. *矿石特征*

矿石结构构造:磁铁矿多呈自形—半自形粒状结构,少数为不规则粒状结构。磁铁矿多呈条带状聚集或不均匀稀疏浸染于脉石矿物中。磁铁矿与角闪石、绿泥石、石英连生。局部见磁铁矿交代角闪石而形成港湾状,或见磁铁矿中有他形粒状磁黄铁矿。个别见他形粒状黄铁矿交代磁铁矿。

矿石自然类型有原生角闪石石英型磁铁矿、角闪石型磁铁矿、铁闪石型磁铁矿和次生赤磁铁矿、赤铁矿。以角闪石英型磁铁矿占比例最大,且分布普遍,次为铁闪石型、角闪石型。次生氧化半氧化矿石在各种矿床中较少见。

工业类型分为单一弱磁选矿石和联合流程选矿石两种。

矿石矿物成分:矿石中主要金属矿物为磁铁矿,次为黄铁矿、赤铁矿、褐铁矿,微量黄铜矿、钛铁矿、黄铁矿;脉石矿物主要有普通角闪石、石英、铁闪石、黑云母、绿泥石,次有绿帘石、钠长石、微量磷灰石、榍石等。

各类矿石品位变化特点:各自然矿石类型TFe30%左右;SFe在角闪石型磁铁矿中一般20%~30%;硅酸铁在角闪石英型磁铁矿中为20%~23%;在铁闪石型磁铁矿中一般为15%~18%,在角闪石型磁铁矿中变化较大,最高24%,低者10%,可见各种矿石中TFe含量变化较大,S 0.074%~0.13%,P 0.91%~0.492%,SiO_2 49.92%~52.68%,Al_2O_3 3.47%~6.94%,CaO 2.40%~6.63%,MgO 1.6%~3.42%,属酸性贫铁矿石。

矿石可选性:矿石品位较低,平均含铁21.18%~28.02%,硅酸铁17.55%~21.92%。矿石易选且精矿质量较好。但由于各矿石类型硅酸铁含量较高,虽然用可溶铁20%圈定矿体边界能限制部分硅酸铁混入矿石,硅酸铁仍不同程度地被溶解。因此,以混合型矿石为代表的铁精矿回收率不高,全铁和可熔铁回收率较低,全铁回收率67.36%,可熔铁回收率76.10%,硅酸铁与可熔铁之比为79.52%。

5.1.3.3 矿床成因与成矿模式

矿床自然类型介于鞍山式—赵案庄式之间,属火山—沉积变质铁矿。基性—超基性岩浆分凝与海底火山喷流成矿作用兼有,下段磁铁蛇纹岩不如赵案庄矿床发育,上段热水沉积硅质组分较铁山矿床少,更多的是基性火山岩。

5.1.4 鲁山西马楼铁矿

位于鲁山县城西北部马楼,与铁山岭铁矿毗邻。矿区距焦枝铁路鲁山车站25 km,有公路相通,交通便利。地理坐标:东经112°43′54″~112°44′11″,北纬33°48′34″~33°49′03″。探明资源储量1 392.6万t,规模达中型(见图5-2)。

5.1.4.1 矿区地质

1.地层

矿区出露地层主要为新太古界荡泽河组和铁山岭岩组,各层均受不同程度混合岩化,以含石墨岩石夹层为特征。按岩性自下而上为:

荡泽河岩组($Ar_3d.$):主要岩性为斜长角闪岩、斜长角闪片麻岩、含石榴黑云斜长角闪片麻岩,夹黑云斜长片麻岩、矽线蓝晶片麻岩及大理岩等,原岩为一套基性火山岩夹富铁泥砂质碎屑岩、碳酸盐岩建造。

铁山岭岩组($Ar_3t.$):下部为磁铁石英岩、磁铁变粒岩、透辉大理岩夹石榴斜长角闪岩;中部为条带状黑云斜长片麻岩夹斜长角闪岩、石榴斜长角闪岩;上部为斜长角闪岩、条纹状石榴斜长角闪岩为主,夹石榴矽线片麻岩。原岩为浅海相碎屑岩夹硅铁质岩、碳酸盐岩—中酸性火山岩建造。该组下部含铁岩系为区内重要的含铁层位。

2.构造

褶皱构造为主体,铁山岭岩组围绕荡泽河岩组呈弧形展布,接近背形转折部位。断裂以东西向、北西—南东向两组为主,均为倾角50°~70°或近似直立的高角度正断层,一般断距不大。

5.1.4.2 矿床地质

1.矿体特征

矿床为新生界覆盖,埋深5~400 m。由上、下两个矿带组成,由3~5层黑云斜长石型磁铁矿及角闪斜长石型磁铁矿体所组成,赋存于铁山岭岩组上段黑云角闪斜长片麻岩、黑云斜长片麻岩、黑云斜长角闪片麻岩及含铁混合岩中,构成厚达50~110 m的含矿岩系。矿体呈似层状、透镜状。

上部矿带为本区主要含矿层,层位稳定,延展全区,由1~2层矿组成;矿体长650 m,厚2.47~20.85 m,累计平均厚27.52 m,约占总储量的76.4%。

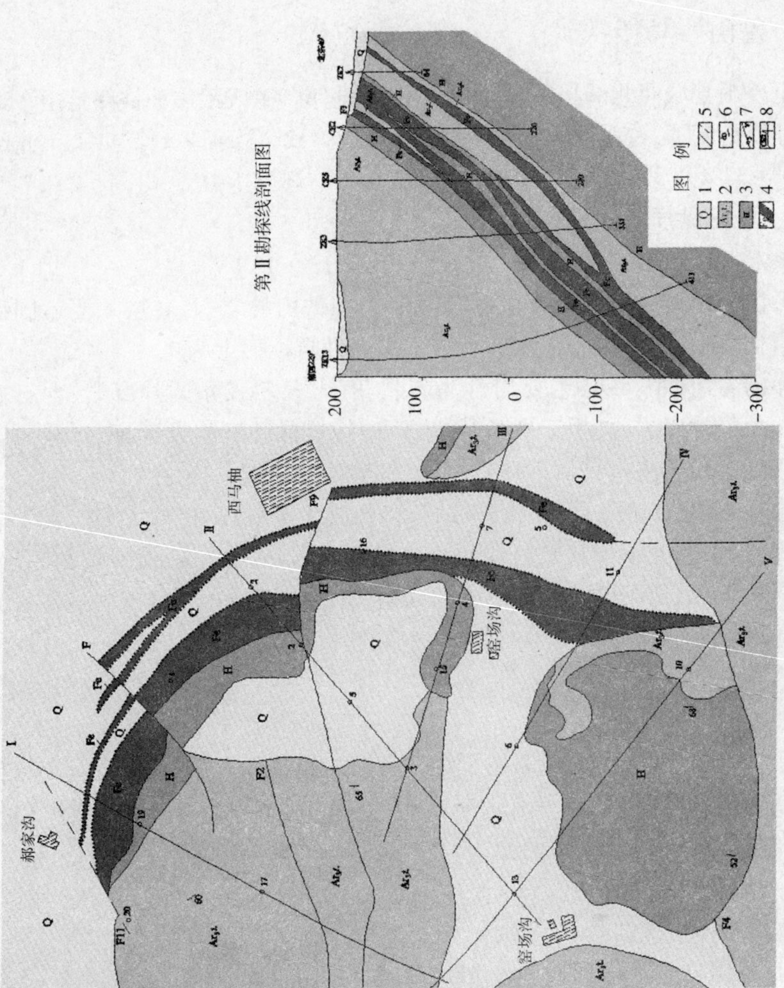

1—黄土；2—片麻岩；3—混合岩；4—投影铁矿体边界线；5—实测、推测断层；6—地层产状；7—勘探线钻孔及编号；8—钻孔及编号

图 5-2　鲁山西马楼铁矿地质图

下部矿带仅有一个含矿层位，平均厚7.69 m。两矿带相距7～45 m，其间夹1～2层薄矿体。

矿层与围岩呈整合接触，一般界线清晰。矿体产状：中段倾向230°～250°，倾角45°～60°；北西段倾向190°～220°，倾角50°～55°；南段倾向近于西，倾角50°～60°。

2. 矿石特征

矿物成分：主要金属矿物为磁铁矿，还有微量黄铁矿、黄铜矿、钛铁矿等；非金属矿物为斜长石、角闪石、黑云母，其次为绿泥石、单斜辉石、绢云母、磷灰石、石英、锆石等。

矿石结构构造：鳞片花岗变晶结构，次为粒状变晶结构；片麻状构造、条带状构造，次为块状构造。

矿石类型：主要为黑云斜长石型磁铁矿，次为角闪斜长石型磁铁矿。

矿石品位：一般TFe为20%～25%，个别达到40.15%。

5.1.4.3　矿床成因

与铁山铁矿相比，矿床处于铁山岭岩组下部层位，紧邻晚太古界变质深成侵入杂岩（片麻杂岩），含铁建造混合岩化程度高，特别是经历了复杂的区域动力变质作用，因而未保留典型的条带状磁铁石英岩。

5.1.5　沁阳行口铁矿

矿区位于东经112°49′48″、北纬35°12′8″，位于沁阳县西行乡行口村。矿区东西长2.85 km，南北宽2.25 km，面积6.41 km^2。矿区南1.5 km有焦枝铁路捏掌车站，并有公路通矿区。探明矿石资源储量2 222万t，达中型规模，矿山已基本闭坑。

5.1.5.1　矿区地质

1. 地层

矿区大面积出露地层为古生界盖层沉积，主要为寒武系和中奥陶世灰岩。并且南侧紧邻新生界断陷盆地。赋矿地层晚太古界林山岩群仅零星出露在盘古寺断层北侧的河口、山口及仙神口等地。

依据零星露头和钻孔资料，林山岩群（杂岩）由片岩类和角闪岩类组成的绿色岩系，以及混合岩、混合花岗岩两类岩石组成。

片岩类：为赋矿岩系，主要有黑云母片岩、角闪片岩、绿泥片岩和少量白云岩、二云片岩、石英片麻岩、透闪石片岩等，普遍经受了不同程度的蚀变作用，其中角闪片岩受碳酸岩化、硅化较强烈。已知铁矿床都赋存于片岩中。

角闪岩类:主要为角闪岩、榴石角闪岩、黑云角闪岩、斜长角闪岩,普遍经受不同程度的蚀变,如绿泥石化、绿帘石化、碳酸盐化、硅化,其中硅化最强烈,角闪岩中含有条带状磁铁石英岩。角闪岩类与矿化关系十分密切,常为矿体的顶底板。

混合岩:包括混合片麻岩、眼球状混合片麻岩、条带状混合岩、条痕状混合岩。条带状混合岩分布于绿色岩系中及下部,与矿化的关系视原岩成分而定,原岩为角闪岩类则可见矿化,或为矿体的顶底板。

混合花岗岩:主要分布于绿色岩系的下部,基体与脉体的界限不清楚,与混合片麻岩、均质混合岩呈过渡关系,一般无矿化。

除上述两套岩石外,区内还分布斜长片麻岩、浅粒岩、变粒岩及后期侵入的基性岩体,这些岩石与矿化无关。

2. 构造

盖层构造以断裂为主,发育一组走向近东西、南倾的正断层,断距几米到几十米,基本平行南侧的盘古寺断裂。

基底表现为复杂的变形构造,并有轴迹北西—南东向(早期)和南东东—北西西向(晚期)两期褶皱,含矿岩系的剖面形态为一倒转向形构造,核部为绿色岩系,两翼为混合岩;轴面北东倾,倾角45°左右。

5.1.5.2　矿床特征

1. 矿体特征

铁矿赋存于新太古界林山岩群变质岩系的绿色片岩中,顶底板围岩主要是蚀变的斜长角闪岩和黑云片岩。

矿体呈似层状、透镜状分布,共有81个,分为Ⅰ、Ⅱ、Ⅲ个矿体群,Ⅰ、Ⅱ矿体群间隔较近,从几米至百米。Ⅱ、Ⅲ矿体群间距较远,为几十米至百余米。

Ⅰ号矿体群:共23个矿体,长度最大573 m,最小92 m,一般为200 m左右,厚度1~9 m,平均3.17 m。矿体倾向50°,倾角36°~45°。

Ⅱ号矿体群:共有23个矿体,长度83~769 m,厚度1~16 m,平均厚度4.45 m。矿体倾向50°左右,倾角38°~48°。

Ⅲ号矿体群:共31个矿体,长度154~942 m,厚度1~22 m,平均厚度6.08 m。矿体倾向50°,倾角38°~41°。

2. 矿石特征

矿石成分:矿石矿物以磁铁矿为主,赤铁矿次之,偶尔可见褐铁矿。脉石矿物主要为石英、角闪石,其次为绿泥石、黑云母、方解石。

矿石结构:他形、半自形粒状变晶结构,交代结构、叶片状结构。

矿石构造：片状构造、片麻状构造。

矿石类型：按矿石构造分为条带状矿石和浸染状矿石。按脉石矿物可分为石英型矿石、角闪岩型矿石。

矿石品位：TFe 最高 38.33%，最低 21.95%，平均为 32.91%。

5.1.5.3　矿床成因

行口铁矿为强烈变质、变形改造的鞍山式沉积变质型铁矿。

5.2　安林邯邢式接触交代型铁矿的地质特征及成矿规律

该区位于豫北安阳县西部和林县东部地区。北临漳河，南到安林公路。东起安李铁路，西止林县至任村公路。南北长 28 km，东西宽 21 km，面积约 600 km^2。

该区处于太行山复背斜东翼南段。由西而东，依次出露由老至新的震旦系、寒武系、奥陶系、石炭系、二叠系、三叠系等。区内主要由中奥陶统组成。而震旦系、寒武系及下奥陶统和石炭系，二叠系、三叠系分别在本区西东两侧外围分布。与成矿关系不大。中奥陶统马家沟灰岩，自下而上分七小层，其中第一层为白云质、泥质灰岩和钙质页岩及紫红色页岩外，其余各小层皆为碳酸盐地层。但其中二、四、六的偶数地层，皆为角砾状灰岩和泥质白云质灰岩，厚度较薄，变化较大。角砾均为同生角砾，胶结疏松，易被溶蚀破碎，这种岩性特征构成有利于岩浆作层间侵入同化的层位；三、五、七的奇数地层，皆为质纯致密灰岩，厚度大，其中都夹有泥质白云质灰岩和角砾状灰岩。整个中奥陶统，以第三层与矿关系最为密切，第五层次之。

该区地层倾斜平缓，反复出现舒缓波状褶曲，使奥陶系、石灰系、二叠系广泛出露，然后才倾没于东部平原之下。从构造形态上可见，粟家沟横断裂以北是以地堑、地垒式出现，以南则为煤田盆地分布其间。区内断裂，皆以正断层形式出现，大致相互平行。主要断裂有林县断层、清沙江断层、芦家寨断层、教场断层、下冶断层

5.2.1　安阳市李珍铁矿

李珍铁矿位于安阳市西北 35 km 李珍村。矿区长 3 km，宽 1.3 km，矿区面积 3.77 km^2。地理坐标东经 114°2′，北纬 36°13′。查明铁矿石资源储量 1 942.62万 t(见图 5-3)。

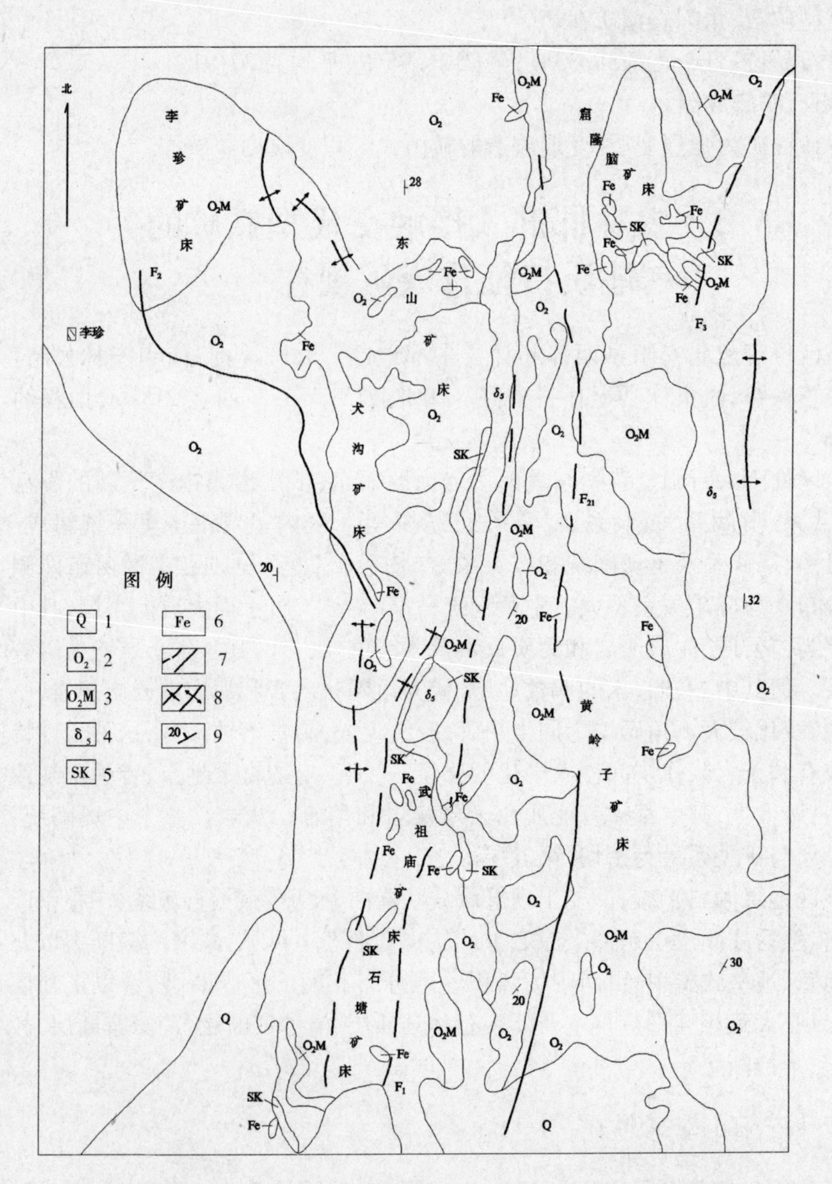

1—黄土;2—灰岩;3—大理岩;4—闪长岩;5—矽卡岩;6—磁铁矿;

7—断层;8—向斜背斜;9—地层产状

图 5-3　安阳县李珍铁矿地质略图

5.2.1.1　矿区地质

1. 地层

中奥陶统马家沟组灰岩：出露广泛，出露厚度较为稳定，含珠角石化石极为丰富，以假整合覆盖于角砾状石灰岩之上，该层厚度约250 m。岩石灰黑色，致密块状、中厚层状构造，贝壳状断口，具沥青味，含少量黄铁矿。

角砾状灰岩：较普遍出露于矿区中，砾岩层中常夹有薄层状泥质灰岩及含泥质厚层灰岩和石灰岩；靠近闪长斑岩具有褐黄色"大理岩化"，层厚度约170 m。岩石深灰色块状，砾石多为致密状的石灰岩和泥质灰岩棱角状的碎块。岩石比较坚硬，风化后表面多具有砾石形状的小孔，其中充填有少量氢氧化铁，风化后为团块状。

大理岩类：与成矿的关系较为密切，可分为结晶灰岩、大理岩、粉状（或薄层状）大理岩、褐铁矿化大理岩四种。

结晶灰岩：灰色变晶质细粒结构，中厚层构造，多组成矿体围岩的上部；常与大理岩互层，相互过渡，常与薄层铁矿互层，厚约30 m。

大理岩：往往组成矿体顶板。浅白色，结构致密，薄层—中厚层构造；近矿处岩层含有黄铁矿、磁铁矿的颗粒及细脉，局部有绿泥石、白云母和方解石细脉；层中往往夹有数层可采铁矿，上部一般多为交代大理岩型铁矿，下部多为矽卡岩型铁矿；远离矿体的岩层中部分方解石结晶比较粗大。

粉状（或薄层状）大理岩：白色、疏松、粉状并夹有薄层的大理岩块，为风化产物，该层厚约13 m。

褐铁矿化大理岩：岩石呈黄褐色、致密、结晶细粒，坚硬、性脆，薄层至块状构造，岩层中含有少量的黄铁矿及磁铁矿颗粒。具铁染，岩层中多具有5～20 cm的小矿脉，层厚约30 m。

2. 岩浆岩

矿区内主要的岩浆岩是燕山期的闪长斑岩，分布于公光背斜轴部及黄岑子背斜轴部，呈近南北向狭长带状分布。前者长达2 000 m，宽40～80 m；后者长1 500 m，在窟窿脑矿体南东大片出露。

3. 构造

褶皱构造发育，与成矿关系密切的褶皱为公光大背斜和李珍—犬沟背斜。

公光大背斜：是贯穿整个矿区的主要背斜，轴向近于南北，长约3 000 m，由李珍—犬沟背斜、东山—犬沟向斜、黄岑子背斜等组成。背斜东翼为角砾状石灰岩及马家沟灰岩，上为石炭二叠系地层，含可采煤层数层，岩层倾向近东，倾角在30°～40°；背斜西翼亦有角砾状石灰岩及灰岩组成，产状平缓，倾角在

20°左右,为一不对称的背斜。南北两端收敛较为显著,产状极为平缓。在南北部背斜轴部倾没处,形成了石塘的平缓褶皱和窟窿脑北部褶皱带。

李珍—犬沟背斜:轴向350°左右,轴向稍有弯曲,长达2 000 m。背斜北东翼倾角在45°以上,向东逐渐平缓;南西翼倾向南西,倾角在20°左右。

纵横向断裂构造发育,其中近南北走向一组断裂控制了闪长岩的展布。

公关大背斜轴部正断层($F_{1\sim5}$):走向近南北,长约2 000 m,断面向东倾斜,断距50 m左右。上盘岩石多为大理岩类岩石及蚀变角砾灰岩,在地形上形成低矮的山丘;下盘岩层多为蚀变石灰岩,在矿窟山南北一带拖引形成背斜,山势高大。沿断裂带侵入闪长斑岩体。

石塘西北正断层(F_2):位于公光大背斜的西翼,走向近南北,长达1 000 m以上,断面向西倾斜,断距30 m左右。上盘岩石多为灰岩、部分角砾状石灰岩及底部结晶灰岩,下盘多为大理岩类岩石。南端有岩体侵入。

窟窿脑东逆断层(F_3):该断层走向10°,长达1 500 m,倾向西,破碎带为闪长斑岩侵入,仅在窟窿脑东北闪长斑岩倾伏端比较明显,水平断距约5 m。

矿窟山北正断层(F_4):北起矿窟山北,直达古井,长达500 m以上,断面向西倾斜,倾角较陡。

李珍村西南逆断层(F_5):断层走向180°,断裂带宽20 ~50 m,长560 m,向北东倾斜,倾角45°以上。

5.2.1.2 矿床地质

闪长斑岩由公关大背斜轴部侵入,呈蘑菇状顺层向两翼贯入。7个矿体近南北走向分布于背斜的鞍部和倾没端。

李珍矿体:位于矿区西北部,矿体南北长550 m,东西平均宽200 ~300 m,平均厚度11.7 m;南部厚层似层状,向北逐渐分为多层或者尖灭,局部胀缩形成扁豆状或囊状矿体。

东山矿体:位于矿区西北部,长300 m,宽100 m,平均厚度1.56 m,从断裂破碎带向两侧逐渐变薄或突然尖灭。

犬沟矿体:位于矿区东北部,南北长450 m,东西平均宽80 m,平均厚度7.0 m。

窟窿脑矿体:位于矿区大背斜东翼,为东翼矿带之北部矿体;矿体作NW30°方向伸长,长约500 m,平均宽150 m。

黄岑子矿体:位于矿区东南部,矿体绝大部分赋存在外接触带的围岩中,厚度最大为5.39 m,最小为0.73 m,一般为2 ~3.5 m。

武祖洞矿体:位于F1断层上盘破碎带,矿体NW30°方向延伸,长约150

m,倾向南东,倾角30°~40°。

石塘矿体:位于矿区西南部,仅有零星的小矿体。

矿石主要金属矿物为磁铁矿,其次为赤铁矿、黄铁矿、褐铁矿;微量镜铁矿、黄铜矿、斑铜矿、磁黄铁矿等。非金属矿物以透辉石、透闪石、阳起石为主,次为方解石、绿泥石,微量的蛇纹石、金云母、黑云母、石棉、堇青石、滑石、石英、长石、磷灰石、白云母、叶蜡石、重晶石等。呈自形晶粒状结构、自形—半自形、他形晶粒状结构、交代及格状结构,块状构造、浸染状构造、条带状构造、角砾状构造。

平均TFe含量35%~45%,有益组分为微量Ni、Co、Ti、Mn,有害组分为S、P。李珍、东山矿体为高硫低磷矿石,其他各矿体硫含量较低,全区磷含量大部分低于0.15%,符合工业要求。

根据矿化围岩的性质和矿石的矿物成分,分为两种成因类型的矿石:①交代大理岩型磁铁矿矿石;②矽卡岩型磁铁矿矿石。

5.2.1.3 矿床成因

矿床产于燕山期闪长斑岩与中奥陶统碳酸盐岩的外接触带,或近接触带的围岩中,属邯邢式矽卡岩型铁矿床。矿床有两个成矿期,四个成矿阶段。

1. 气化热液期

矽卡岩阶段:在接触带和岩顶围岩中,透辉石大量形成,多为细粒集合体,少量粗大的晶粒形成较晚;极微量自形—半自形磁铁矿浸染在矽卡岩矿物的间隙。

磁铁矿阶段:早期形成的矽卡岩被大量矿液上升交代,形成细—中粒、自形—他形磁铁矿,呈浸染状、致密状、条带状分布,为主要的成矿阶段;晚期细粒他形晶磁铁矿呈细脉穿插交代先成的矿石。

石英—硫化物阶段:黄铁矿等硫化物沿磁铁矿石间隙和裂隙穿插交代;黄铜矿多分布于黄铁矿中,尚有少量赤铁矿交代磁铁矿。

镜铁矿—碳酸盐阶段:方解石和重晶石细脉穿插在矿石或围岩中,时伴有镜铁矿。

2. 表生期

金属矿物氧化,形成褐铁矿(赤铁矿);含铁硅酸盐氧化亦可形成褐铁矿。

依据上述成矿阶段研究,李珍铁矿成矿模式如图5-4所示。

5.2.2 永城县大王庄铁矿

大王庄铁矿矿区位于永城县南东约7 km,距陇海铁路商丘站95 km、夏邑

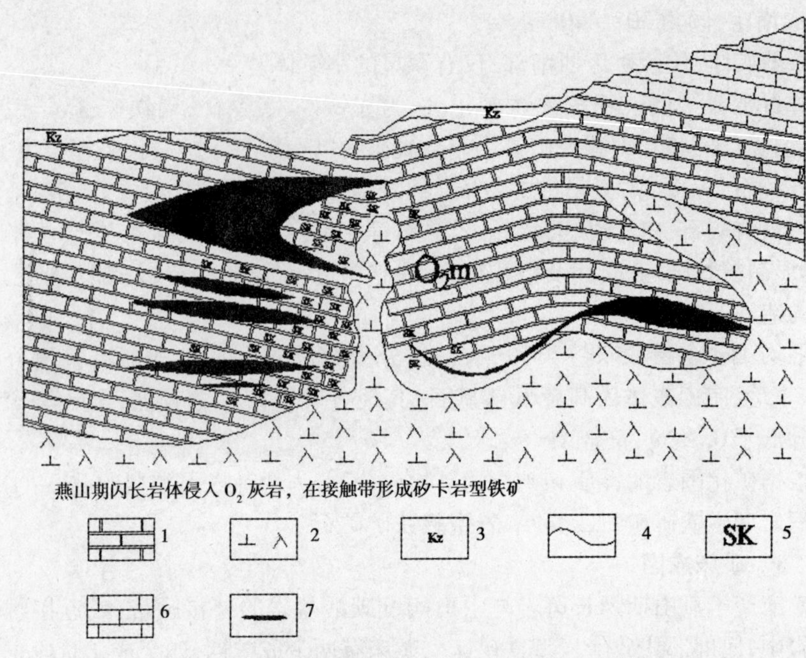

1—大理岩；2—燕山期闪长岩；3—后期覆盖物；4—地层界限；
5—矽卡岩或矽卡岩化大理岩；6—灰岩；7—磁铁矿体

图 5-4　李珍铁矿成矿模式图

站 62 km，有公路相通，交通便利。地理坐标东经 116°22′46″ ~ 116°23′45″，北纬 33°52′54″ ~ 33°52′09″。查明资源储量为 807.8 万 t。

5.2.2.1　矿区地质

大王庄铁矿区新生界覆盖深 100 ~ 174 m。处于掩盖的永城背斜的轴部南端，区内矿区地质情况由钻孔揭露控制。

1. 地层

中奥陶统马家沟组（O_2m）：为一套碳酸盐类岩层，层位揭露不全，最大厚度 233 m，据岩性特征，可分为以下四段：

灰岩段（O_2m^d）：为灰色、致密块状、质较纯的厚层灰岩，该段在北部见到，控制最大厚度 52 m。

泥灰岩段（O_2m^c）：为黄灰色、灰色、含泥质高的碳酸盐岩层，由中—薄层的泥灰岩、泥质灰岩组成。部分地段热变质为泥质大理岩。该段较稳定，仅中部的部分地段未见到，一般厚度 40 ~ 60 m，最大厚度 65 m。

灰岩夹泥灰岩段（O_2m^b）：主要为灰色厚层灰岩，夹黄色、灰色泥灰岩、泥质灰岩、角砾状泥灰岩等,部分为白色大理岩或黄色泥质大理岩、角砾状大理岩,分布较稳定,一般厚度50~60 m,最大厚度87 m。

结晶灰岩段($O_2 m^a$):为青灰色—深灰色巨厚层结晶灰岩及白云质灰岩,大部分重结晶,由颗粒粗大的方解石集合体组成,分布普遍,仅个别地段未见到,一般厚度40~70 m,最大厚度84 m。该段为大王庄铁矿之直接顶板。

寒武系:在两个深孔见到,为浅灰—深灰色,中—厚层白云质灰岩、鲕状白云质灰岩及白云岩等,控制最大厚度226 m。

2. 岩浆岩

花岗岩:沿奥陶系灰岩顺层侵入,遍布矿区,顶界面形态较复杂,具有分枝现象。花岗岩体直接控制着地层和矿体的起伏。在矿区东西两个次级背斜的轴部花岗岩直接与第四系接触。花岗岩的边缘相,同化混染作用特别强烈,致使原岩成分和结构已发生强烈改变,成为透辉石花岗岩、透辉钠长岩、角闪钠长岩和钠长斑岩等。围岩钠长石化、透辉石化,次有高岭土化、绿帘石化、绿泥石化等。

岩石呈肉红色—灰白色,中—细粒花岗岩结构,少数文象结构或斑状结构。矿物成分以斜长石、钾长石、石英为主,角闪石、绿泥石、方解石次之,榍石、磷灰石、锆石等微量。

闪长岩:仅在矿区部分地段的钻孔中见到,呈灰绿色,半自形粒状结构—斑状结构,块状构造;主要矿物成分为中性斜长石、普通角闪石,次为绿泥石、阳起石、方解石、磁铁矿、磷灰石等;具绿泥石化、阳起石化等蚀变现象;与奥陶系灰岩接触接线清楚,与花岗岩体之间为断层相隔。

闪斜煌斑岩:三个钻孔中均可见到,钻孔穿见厚度为9~20 m,侵入于寒武系白云质灰岩之中。呈暗灰色,粒状结构;主要矿物成分为斜长石、角闪石,次为黑云母、单斜辉石、绿帘石、黝帘石、绢云母、方解石等,含微量的磁铁矿和黄铁矿。

3. 构造

根据钻探控制的地层展布情况,推测矿区基本构造为以寒武系为核部,两翼奥陶系、二叠系地层的背斜构造。轴向近东西,南翼倾角35°~40°,北翼倾角15°~25°。根据重磁场推断,矿区处于北北东向断裂带。钻孔揭露的断层产状有各种倾向,处于成矿后断裂发育的断块地带。

F_1 断层:位于东部矿体的南缘,走向近东西,向南倾斜,倾角70°左右。断裂带宽度6~19 m,构造角砾岩角砾成分较复杂,为灰岩、大理岩及泥灰岩等,并有少量的花岗岩、矽卡岩碎块,偶见贫铁矿角砾,角砾棱角不明显,且见小的挤压透镜体。

F_2 断层:位于东矿体的西部,走向为北西—南东,倾向北东,倾角 80°左右。断裂带宽 5 ~ 10 m,钻孔最大视厚度为 95 m。角砾成分复杂,为灰岩、大理岩、泥灰岩、矽卡岩、花岗岩和磁铁矿碎块,棱角较清楚;胶结物为泥质或钙质,胶结疏松。

5.2.2.2　矿床地质

共圈出 7 个矿体,赋存于花岗岩与灰岩的接触带上。矿体呈透镜状或似层状,具分枝复合现象,形状不规则,倾角较缓,厚度不大,规模较小。

Ⅰ号矿体:为主矿体,北东—南西走向;总长 1 800 m,东西宽 1 375 m,水平投影面积 0.532 km^2;平均厚度 4.68 m,形状较复杂。

西部矿体($Ⅰ_1$):位于Ⅰ号矿体之西南部,矿体埋深 120 ~ 290 m。矿体平均厚度 5.41 m,单层最大厚度 22.80 m,水平投影面积 0.226 km^2。

东部矿体($Ⅰ_2$):位于Ⅰ号矿体之东南部,矿体埋深 97 ~ 277 m。矿体平均厚度 4.77 m,单层最大厚度 12.41 m,水平投影面积 0.119 km^2。

北部矿体($Ⅰ_3$):位于Ⅰ号矿体之中部偏北,埋深 220 ~ 360 m。矿体平均厚度 3.45 m,单层最大厚度 8.83 m,水平投影面积 0.149 km^2。

北端矿体($Ⅰ_4$):位于Ⅰ号矿体之最北端,埋深 350 ~ 360 m。矿体平均厚度 4.59 m,单层最大厚度 16.25 m,水平投影面积 0.045 km^2。

矿体的顶板主要为结晶灰岩及白云质灰岩,少数为大理岩,个别地方为泥质灰岩或泥质大理岩,矿体顶界线清楚;矿体底板主要为矽卡岩,少数为蚀变花岗岩及蚀变大理岩等。主要的围岩蚀变有大理岩化、透辉石化、钠长石化,次要的有阳起石化、绿泥石化、绿帘石化、高岭土化等;大理岩化多在矿体顶板出现,蚀变范围较广;其余蚀变均出现在矿体及其底板矽卡岩或花岗岩中,透辉石化、绿泥石化、绿帘石化、钠长石化分布很广。

矿石矿物以磁铁矿为主,赤铁矿、磁赤铁矿、假象赤铁矿次之,褐铁矿、黄铁矿、黄铜矿等少量;平均占 45% ~60%。脉石矿物以透辉石、阳起石、透闪石、方解石、石英为主,斜长石、绿泥石次之,磷灰石、榍石、褐帘石等微量;平均占 40% ~55%。

矿石以自形—半自形晶粒结构为主,交代结构、环带结构及胶状结构次之;浸染状构造为主,块状构造和条带状构造次之。

矿石伴生有益组分主要为 Co,含钴黄铁矿可以回收利用;S 的含量较高,可以回收利用。

5.2.2.3 矿床成因及成因模式

永城大王庄铁矿成因与李珍铁矿一致,为邯邢式矽卡岩型铁矿。成矿模式见图5-5。

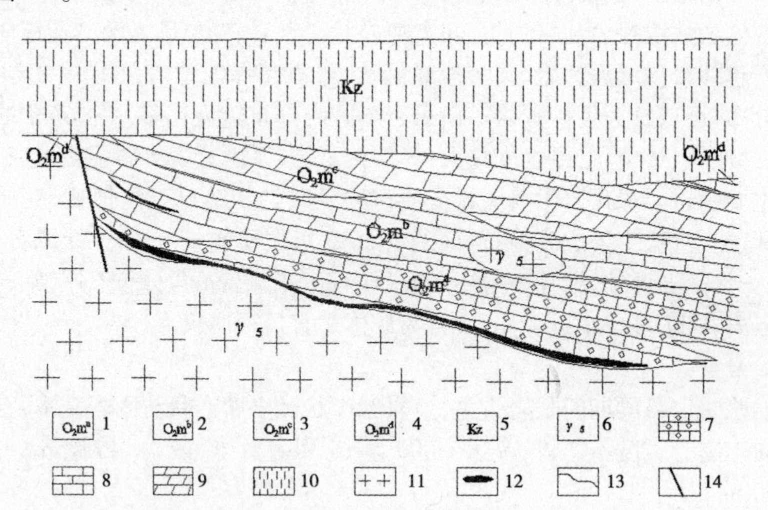

1—马家沟组结晶灰岩段;2—马家沟组灰岩夹泥灰岩段;3—马家沟组泥灰岩段;
4—马家沟组灰岩段;5—新生界;6—燕山期花岗岩;7—结晶灰岩;
8—灰岩夹泥灰岩;9—泥灰岩;10—黏土岩;11—花岗岩;12—磁铁矿;
13—地层界限;14—断层

图5-5 永城大王庄铁矿成矿模式图

5.2.3 济源铁山河铁矿

铁山河铁矿区位于济源市西部,东至济源市区40 km。济(源)—邵(原)公路途经王屋镇,由王屋镇至矿区有专用公路连通。地理坐标为东经112°13′10″~112°14′10″,北纬35°10′00″~35°11′30″。探明资源储量663.1万t,为一小型矿床。

5.2.3.1 矿区地质

1.地层

矿区出露地层主要为下元古界银鱼沟群白崖山组变质岩系:

白崖山组下段(Pt_1b_1):遍布于矿区西部及铁山河两岸。地层岩性以变质砂岩为主,间夹少量厚数米、长数十米的白云石大理岩及绿片岩透镜体,由下而上暗色矿物逐渐增加,颗粒由粗变细;变质砂岩呈肉红—灰白色,矿物成分主要为石英(占95%以上),其次为长石、绢云母、绿泥石、方解石等,具变余砂状结构，块状构造。变质砂岩致密坚硬、性脆，节理十分发育，分布稳定，可作确定构造、对比岩矿层的依据。

白崖山组上段(Pt_1b_2)：出露于矿区中部，整合于 Pt_1b_1 之上，为矿区的含矿层位。岩性以绿色片岩为主，间夹薄层状白云岩、变质砂岩及其透镜体。绿色片岩包括云母绿泥片岩、碳酸盐绿泥片岩、石英绿泥片岩及绢云片岩等，在矿区分布较广，常为近矿围岩。白云岩于区内分布较为普遍，主要产于绿片岩中，呈薄层状、透镜状，厚度变化大；厚层白云岩，系由紧密等斜褶皱形成，为矿体的主要围岩。绿片岩中薄层状变质砂岩及其透镜体已强烈蚀变，变质砂岩呈灰绿、肉红色，主要成分为石英(约占50%)，次要成分为长石、绿泥石、方解石、绢云母等。此外，绿片岩中还产有透闪石—阳起石岩，分布不广，常与矿体及白云岩共生，多成小透镜体状，常为矿体之直接顶底板。

2. 岩浆岩

岩浆岩以吕梁期闪长岩为主，呈岩席产状。岩席产状与围岩基本一致，近南北向出露。长度不一，长者达 1 000 余 m，短者数米，最宽 140 余 m，一般在 40 ~ 60 m。

闪长岩一般为暗绿色、草绿色，粒状结构，块状构造。矿物成分主要为斜长石、角闪石，次为绿帘石、黝帘石、石英、磁铁矿、黄铁矿等。黄铁矿、钛磁铁矿、磁铁矿等呈不规则的粒状分布。纤闪石一般占 40% ~ 60%，斜长石一般占 30% ~ 45%，微量矿物有钛磁铁矿、磁铁矿、黄铁矿、榍石、磷灰石等。据岩石化学的研究属中偏基性岩类，其中 $FeO + Fe_2O_3$ 含量很高，平均为 18.1%。

3. 构造

矿区位于天台山背斜南西翼近倾伏端处，为一倒转的等斜向斜构造，次级褶皱非常发育。向斜轴面南西倾斜，倾角一般为 45°左右。Pt_1b_1 变质砂岩组成等斜复式向斜的两翼，Pt_1b_2 片岩系为其核心。该向斜控制了矿体的空间赋存格局，次级背斜构造控制了矿体的空间分布。

5.2.3.2　矿床地质

1. 矿体特征

由 100 个规模不等的矿体构成 6 个矿体群，平面上呈反“S”形分布。

Ⅰ号矿体群：位于矿区最南端，南部为封门口断层切割。矿体产于闪长岩体上部之外接触带中。以透镜状为主，似层状次之。矿体走向 330°，倾向南西，倾角 20° ~ 60°，一般 35° ~ 45°，埋深 14 ~ 170 m，一般 50 ~ 80 m。

Ⅱ号矿体群：为主要矿体群之一，赋存于闪长岩席底部接触带上，以 Pt_1b_1 变质砂岩为底板，闪长岩为顶板，是区内埋藏最深的矿体群，长 950 m，最宽处

375 m,走向南北,倾向西,倾角4°~32°。

Ⅲ号矿体群:埋藏较浅,走向南北,倾向正西,倾角15°~45°,一般25°左右。位于Ⅱ号矿体群之上,为闪长岩席中的包体。矿体呈似层状或透镜状。长480 m,宽300 m,厚度30 m左右。

Ⅳ号矿体群:位于闪长岩体的顶部接触带中。长1 100 m,宽150 m。主要有1~3层,分布在20~30 m之内,走向南北,一般向西倾斜,产状平缓或呈向形。矿体群由大小30个矿体组成,规模较大$Ⅳ_2$似层状,其余为透镜状。$Ⅳ_2$矿体全长500 m,呈中部宽南部窄,最宽处约145 m。

Ⅴ号矿体群:矿体走向南北,向西倾斜,倾角15°~35°不等。规模小,多呈薄板状快速尖灭,共有17个矿体,地表出露的矿体最长200 m,短者15 m,连续性差,但品位相对稳定。

Ⅵ号矿体群:走向北西,倾向南东,倾角一般30°,由大小不等的16个矿体组成,其中$Ⅵ_3$出露较为规整,长350 m,其余矿体规模甚小。

围岩蚀变较为发育。在白云岩中有透闪石—阳起石化、碳酸盐化、滑石化、硅化;蚀变闪长岩中发育钠黝帘石化、黄铁矿化;变质砂岩中有电气石化及绢云母化。其中透闪石—阳起石化、碳酸盐化、滑石化及黄铁矿化与矿床关系密切。

2. *矿石特征*

金属矿物有磁铁矿、赤铁矿、褐铁矿、黄铁矿、黄铜矿、白铁矿等;非金属矿物有绿泥石、黑云母、角闪石、绿帘石、阳起石、透闪石、方解石、白云石、石英及微量磷灰石。

矿石结构主要有:自形—半自形粒状结构、半自形—他形粒状结构、假象结构、边缘交代结构等;块状构造、条带状构造、浸染状构造等。

矿石TFe含量最高达69.05%,最低为20.60%,平均为42.28%;有害组分主要为S;伴生有益组分主要为Co。

矿石类型可分为高硫富矿(TFe平均≥45%、边界品位≥40%,S>0.3%)、低硫富矿(TFe平均≥45%、边界品位≥40%,S<0.3%)和贫矿(TFe平均≥30%、边界品位≥20%)三种工业类型。

3. *矿床成因和成矿模式*

铁山河一带处于中条山古元古代活动陆缘,赋矿地层为银鱼沟群赤山沟组和白崖山组变质岩系。以往研究认为(济源县、沁阳县北部地区区调报告,1981),中条运动早期形成厚层状的夹含铁硅质岩的复式建造(赤山沟组)和含砂砾岩、泥岩的碳酸盐岩建造(白崖山组),中条运动后期,铁山河地区急剧下降,形成大规模的基性火山喷发和中基性岩浆侵入活动。中基性岩浆侵入到赤山沟组和白崖山组,与碳酸盐岩地层发生接触交代,形成接触交代型铁矿。

属接触交代型矿床,依据如下:①矿体空间分布与基性岩体密切相关;②可见到磁铁矿交代白云石大理岩的现象;③矿体层较多,延展范围小;④与矿体密切相关的斜长角闪岩含铁量很高,为成矿铁质来源;⑤围岩有明显的热液蚀变,但缺少典型的矽卡岩矿物。成矿模式见图5-6。

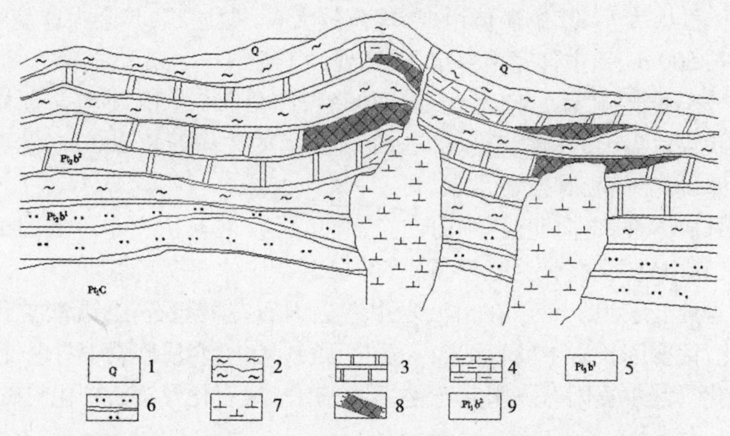

1—第四系;2—绿泥片岩;3—白云岩;4—透闪石—阳起石化白云岩;5—白崖山组下段;6—变质砂岩;7—斜长角闪岩;8—铁矿体;9—白崖山组上段

图5-6　济源铁山河铁矿成矿模式图

5.3　条山式海相火山岩型铁矿的地质特征及成矿规律

5.3.1　泌阳县条山铁矿

条山铁矿位于泌阳县城东南22 km,属于泌阳县马谷田镇辖区。矿区至明港有地方铁路相连,至泌阳县城和桐柏县城均有公路相通,已建宁(南京)西(西安)高速公路位于矿区东侧,交通较为便利。坐标东经113°26′43″,北纬32°38′10″。查明资源储量396万t,为一小型铁矿。

5.3.1.1　区域地质背景

工作区位于秦岭褶皱带北缘,泌阳羊册韧性剪切带以南。

出露的地层有中元古界毛集群左老庄组(Pt_2z)、回龙寺组(Pt_2h)与下古生界二郎坪群张家大庄组(Pz_1z)、刘山岩组(Pz_1l)。该区内变质作用复杂,岩浆岩活动频繁,区内广泛出露一套海相火山喷发的基性细碧岩、细碧玢岩到偏酸性的石英角斑岩的火山岩系及少量碳酸盐岩,经变质而成的斜长角闪(片)岩,黑云斜长片麻岩夹大理岩透镜体。

区内分布的褶皱构造北部主要是位于泌阳堡子—桐柏毛集一带的堡子复式向斜,南部为河前庄背斜北翼的次级褶皱—条山背斜。呈北西—南东向展布。区内断裂构造发育,可分为加里东、燕山两期,燕山期构造尤为发育,与铁矿形成有密切关系。燕山期断裂一般具平推性质,沿断层线有各种酸性岩脉侵入及矿液活动,形成有价值的矽卡岩型铁矿床。

区内岩浆活动十分频繁,岩性从超基性—基性—中性—酸性—碱性岩类均有产出。其中又以加里东期、海西期的中酸性侵入岩及古生界变质火山岩系分布最广。与区内铁矿的形成有密切的内在联系,是重要的控矿因素。

5.3.1.2　区域地球物理特征

据河南省1:50万航磁资料,区内分布一类异常两个:第一个位于泌阳县条山沟,异常分布于下古生界二郎坪群之角闪片岩、角闪岩及大理岩地层之上,异常强度1 450 nT,曲线形状圆滑对称,根部宽,两翼逐渐过渡为正磁场。异常范围2.3 km×1.7 km,其内分布中型条山铁矿;第二个位于韩老庄东西一带,范围3.6 km×1.4 km,异常强度850 nT,异常中部为下古生界二郎坪群角闪片岩、角闪岩及大理岩地层之上,南部为海西期斜长花岗岩岩体。异常为近椭圆形正负异常交替出现。该异常经1:1万物探地面检查和钻探验证,为多个小铁矿体引起。

5.3.1.3　区域矿产分布及成矿规律

区域内已发现的矿产主要为铁矿、萤石矿和熔剂灰岩,尤其是铁矿在该区成群成带出现,现已发现的铁矿有条山、马道、大堰、坡头山、大洪山、宝石崖、毛集、铁山庙、窑沟、银山沟、罗棚、北郭庄等一大批铁矿床(点)。

区内矿产种类较多,目前已知可供工业利用的矿产如下:

(1)矽卡岩型铁矿:该类铁矿自泌阳凤凰山马道经条山至桐柏宝石崖、铁山再到信阳黑土、孔家畈一带,在长60 km、宽30 km范围内矿点较多,大部分规模较小,储量数万吨到数十万吨。已评价的矿点有11处,总储量900余万t。其中大于百万吨的有泌阳条山、桐柏宝石崖及铁山3处。

(2)萤石:多产于燕山期花岗岩体外接触带,为受裂隙控制的低温热液型萤石矿脉。信阳尖山、乱马山及潘庄等处规模较大、质量较好。其中尖山已探明储量为113.59万t,其他矿点多为地方开采,有一定的成矿远景。

(3)熔剂灰岩:主要为条山背斜两翼刘山岩组大理岩,多为透镜状。主要分布于条山和铁山庙坡头山,已探明储量629万t。

5.3.1.4 矿区地质

1. 地层

矿区出露地层为下古生界二郎坪群刘山岩组(Pz_1l)。按岩性组合特征可划出四个岩性带,从老至新依次为:

(1)变细碧角斑岩带(Pz_1l^1):分布于条山沟—大堰条山背斜鞍部。主要岩性为斜长角闪片岩、变细碧岩和变细碧玢岩,厚度大于300 m。靠近上部层位常可见由暗色矿物和浅色矿物相间组成的条带状角闪斜长变粒岩或角闪斜长片麻岩(厚度一般20~80 m),夹有厚度2~40 m斜长角闪片岩残体。在条山背斜鞍部的几层斜长角闪岩残体内,分布透镜状的贫磁铁矿体(即B矿带层位),各矿体沿倾向依次呈雁行排列。

(2)斜长角闪片岩夹大理岩带(Pz_1l^2):分布在条山背斜两翼均有出露,岩性以斜长角闪片岩夹大理岩为主,并夹有条痕状变细碧岩,厚度为8~178 m。北东翼斜长角闪片岩2~8层,单层厚度1.54 m;大理岩2~16层,一般8层,单层厚度3~34 m。底部常见绿帘石榴透辉矽卡岩及似层状或透镜状富磁铁矿体,为A矿带的赋存层位,厚度一般为2~10 m,最大约20 m,向深部有厚度变薄尖灭的趋势。

南西翼的斜长角闪片岩厚度较大,并夹有较多的条痕状混合岩,部分含有硅质条带,硅化较强烈,底部与细碧岩接触带上出露的矽卡岩(即C矿带层位)厚度及规模较小,且未发现工业矿体。

(3)变细碧岩(Pz_1l^3)。该岩带分布于条山背斜两翼,夹有较多的斜长角闪片岩残体,在条山断层以南拐子沟尚夹有厚度较大的黑云绿泥片岩和白云片岩。北东翼以细碧角斑岩为主,而斜长角闪片岩残体也较少,厚度180 m。

(4)角闪斜长片麻岩带(Pz_1l^4)。该岩带分布于矿区东南部拐子沟,厚度达数百米,主要岩性为角闪斜长片麻岩,岩石多受不同程度的混合岩化作用,常夹有薄层的斜长角闪片岩及条痕状混合岩。

2. 岩浆岩

矿区岩浆活动不甚发育,仅见有燕山期英安玢岩和伟晶岩两种脉岩。

3. 构造

矿区褶皱主要为条山背斜,轴向南东—北西,自东向西,两翼逐渐开阔。南西翼产状较陡,倾向210°~250°,倾角50°~70°;北东翼倾向40°~60°,倾角30°~50°,局部地段倾向近90°。

区内断裂严格受区域构造控制,主要表现为北东向及近东西向两组成矿后的平移或正平移断裂,规模大小不等,断距数米至数十米。倾向北或北西,倾角50°~80°。两组断裂交角一般为50°~70°,对矿体起一定的破坏作用,特别是北东方向的一组,较密集平行发育。

5.3.1.5 矿床地质

矿区由三个成矿带组成。A矿带位于背斜东北翼,以富铁矿为主。B矿带位于背斜轴部偏东翼,以贫铁矿为主。C矿带位于B矿带以南,无工业矿体。

A矿带矿体产于条痕状混合岩、斜长角闪岩与大理岩接触带上,受条山背斜控制,长约2 000 m。矿带内有大小矿体7个,矿带顶板为大理岩,底板为斜长角闪岩、条带状混合岩。矿体多为似层状、透镜状。倾向40°~60°,倾角30°~60°。在7个矿体中,Ⅰ号矿体规模最大,长400 m,倾向延深200~250 m。其余长数十至百米,各矿体平均真厚度0.87~9.30 m,最大真厚度16.96 m。该矿带主要为富铁矿,矿体埋藏浅。矿石金属矿物主要为磁铁矿、少量赤铁矿、黄铁矿、黄铜矿、方铅矿、闪锌矿等。脉石矿物有透辉石、透闪石、绿帘石、石英等,块状构造,次有条痕状构造。平均品位TFe52.15%~63.05%。

B矿带矿体产于条痕状混合岩或混合花岗岩中,长约1 500 m。矿带由大小13个矿体组成,矿体呈条带状或透镜状,沿倾向呈雁行排列。矿体顶底板围岩为钾长角闪片岩,局部为混合岩、矽卡岩。矿石金属矿物主要有磁铁矿,少量赤铁矿。矿石以浸染及条带状构造为主,平均品位TFe29.23%~49.8%,多为酸性贫铁矿石。

层状矽卡岩为赋矿围岩,根据不同的矿物组分大致可分为如下三种:

(1)角闪绿帘矽卡岩、绿帘石矽卡岩:分布比较普遍,形成时期较早(分布于铁矿层位下部)。矿物成分大部分由绿帘石组成,少量斜长石和角闪石。该类矽卡岩为海底热水交代的产物,普遍具锌矿化。

(2)角闪绿帘透辉石矽卡岩:多分布于条山沟贫矿带及条山背斜南西翼C矿带,A矿带分布较少。岩石主要由透辉石、绿帘石组成,少量石英长石、角闪石、黄铁矿等。

(3)透辉石石榴子石矽卡岩:多分布于A矿带。主要由透辉石及石榴子石组成,两种矿物相互增减,并含少量的石英、绿帘石、磁铁矿、方解石等。为磁铁矿体的围岩,是寻找富矿的主要标志。

铁矿围岩无明显蚀变,与矿体密切共生的透辉石榴矽卡岩形成于铁矿体之前,是一种海底高温热水交代岩。成矿后期绿泥石化、碳酸盐化及硅化为区域退变质的产物,常形成细小的碳酸盐脉和石英脉。矿体顶板大理岩常矽卡岩化,蚀变成含少量石榴石的角闪绿帘矽卡岩、角闪绿帘透辉矽卡岩及透辉矽卡岩。富矿体大多直接与围岩接触,局部隔有1~3 m厚的矽卡岩。矿体与矽卡岩接触呈迅速过渡关系,界线清楚,呈波状、港湾状和锯齿状,在矿体中常有一定流向的塑性矽卡岩角砾。

矿石特征:金属矿物主要为磁铁矿、赤铁矿和黄铁矿,黄铜矿、方铅矿,闪锌矿含量甚微,星散分布于脉石中。脉石矿物为透辉石、普通角闪石(包括绿帘石、黑云母及绿泥石)、斜长石,以及微量的磷灰石、方解石、石榴石、榍石等。矿石呈自形—半自形粒状结构,局部呈他形粒状结构,浸染状和条带状构造。

矿石类型大致分为两类,即块状及浸染状磁铁矿矿石。

矿石化学成分TFe含量20%~64.40%,平均27.73%;SiO_2含量富矿小于10%,贫矿高达40%;S含量一般小于2%;P含量一般小于0.02%;其他微量元素Cu、Pb、Zn、Mn、Ti、V、Ga,平均含量均不超过有害元素允许含量,亦达不到综合利用指标,均无工业价值。

5.3.1.6　矿床成因和成矿模式

泌阳县—信阳市预测区大地构造位置为早古生代二郎坪—信阳岛弧带(Pz_1),南阳盆地东侧部分。该区基本构造为上部二郎坪群与下部歪头山组构成的褶皱构造,并与次级褶皱共同组成复式褶皱,总体作两凹夹一凸的W形态,自北而南分别是堡子向斜、歪头山背斜和刘山岩向斜。该成矿亚带主要矿床、点严格受二郎坪群地层控制,受制于复式褶皱,在空间上呈平行带状展布。赋矿地层为二郎坪群刘山岩组。

5.3.2　桐柏县宝石崖铁矿

宝石崖铁矿隶属河南省桐柏县黄岗乡管辖。矿区面积约1 km^2,地理坐标为东经113°33′21″,北纬32°34′39″。探明资源储量392万t。

5.3.2.1　区域地质背景

宝石崖铁矿大地构造处于秦岭褶皱带东段(桐柏—大别山褶皱带)。而在东经113°30′~113°44′、北纬32°22′~32°37′,大约有700 km^2的范围内,发育着已被地质上确认的矽卡岩带。该矽卡岩带从信阳以东,向西北经桐柏县东北部及北部,一直延伸至泌阳县而没入南阳盆地。宝石崖铁矿区就位于这个矽卡岩铁矿带的中东部。

区域上出露的地层主要为北部中元古界毛集群:下部的左老庄组(Pt_2z),主要由黑云斜长片岩、白云石大理岩、黑云斜长角闪片岩、白云石英片岩组成。上部的回龙寺组(Pt_2h)主要由石榴二云石英片岩、斜长角闪片岩、石英大理岩透镜体、黑云母大理岩、白云石英片岩组成。

中南部出露地层主要为上元古界歪头山组(Pt_3w),主要岩性为黑云斜长变粒岩夹斜长角闪片岩及大理岩透镜体。

中部地区出露地层为下古生界二郎坪群地层,由下而上依次出露:大栗树组(Pz_1d)角闪变粒岩、角闪片岩;张家大庄组(Pz_1z)条带状白云斜长变粒岩、钠长浅粒岩;刘山岩组(Pz_1l)斜长角闪片岩,夹钠长变粒岩及大理岩透镜体。整个中部地区受燕山期酸性岩的影响,形成各自范围内的矽卡岩。

矿区内出露的岩浆岩主要有加里东构造旋回的闪长岩,花岗闪长岩、斜长花岗岩、角闪石岩、辉石岩、辉长岩等,主要分布于中部地区。海西期构造旋回主要发育斜长花岗岩,分布于矿区南部。燕山期构造旋回,主要发育石英正长斑岩、石英斑岩、花岗岩、石英脉等脉体。

区内构造主要为泌阳—毛集背斜和北部泌阳—明港大断裂,受其影响,区内发育一系列小型褶皱和断裂、节理、劈理。

区内矿产十分丰富。泌阳—毛集矽卡岩带是河南省重要的铁矿带,区内已进行普查、勘查、开采的有:铁山庙铁矿、条山铁矿、宝石崖铁矿、铁驴洞铁矿、祖师店铁矿。除此之外,还有萤石矿:罗汉山萤石矿、乱马山萤石矿、朱庄萤石矿以及熔剂灰岩,其中熔剂灰岩在铁山庙矿区分布较广。

5.3.2.2 矿区地质

1. 构造

矿区位于条山背斜的南西翼,由于背斜及区域性明港大断裂的影响,区内发育一系列规模较小的断裂构造和一些小的褶皱。较明显的断层有:

苍房沟断层(F1):位于苍房沟一带,断层走向60°~70°,断层将矽卡岩带由北东向南西平移500余m。使宝石崖矽卡岩带至苍房沟突然中断。该断层为一平推断层。

宝石崖断层(F2):位于宝石崖矿段与八母地矿段之间,依据矽卡岩带走向的错动,推测断层线的走向60°~70°,断距为80 m。断层性质为一平推断层。

八亩地断层(F3):位于K21与K20之间,在大理岩和绿帘石矽卡岩之间有一组平移断层,断层走向60°,断距一般2~8 m。断层性质为平推断层。

尖山断层(F4):位于K35与K36之间,由于断层作用,矽卡岩带向南东延至K34线突然消失。断层走向60°~70°,断距一般80 m。断层性质为平推断层。

褶皱在角闪石片麻岩、花岗片麻岩、斜长石片麻岩较为发育,一般规模较小。

2. 岩浆岩

区内岩浆岩主要以酸性花岗岩为主,有片麻状花岗岩、浅灰色花岗岩。

片麻状花岗岩(r_{3-1}):分布于矿区北部苍房沟一带。岩石为浅红色或黄白色,中粒花岗结构,块状构造。主要矿物成分为长石、石英,含少量云母。石英颗粒呈压扁状,与长石定向排列构成片麻状构造。露头常呈球状风化。

浅灰色花岗岩(r_3):为大小不等的岩体分布于矿体的中部,岩石呈浅灰色或黄白色,花岗结构,块状构造。主要矿物成分为石英、斜长石等。其中石英有挤压破碎现象,具波状消光,长石呈柱状,局部定向排列。

3. 变质作用

区内岩石除加里东期的区域变质作用外,海西期和燕山期岩体的侵入,使区内岩石普遍具次闪石化、绿帘石化、绿泥石化、绢云母化。

4. 围岩蚀变及矿化特征

矿体的近矿围岩,由于受后期热液作用的影响,具多种围岩蚀变,并形成了各种矽卡岩,其蚀变带宽度一般达 30 m。

矽卡岩化:是矿区内分布最广、强度最大的蚀变类型,分布于近矿围岩,主要发生在花岗岩和大理岩接触带。

绿帘石化:为矿区内主要热液蚀变类型之一。蚀变程度在矿体边部最为强烈,远离矿体则逐渐减弱,蚀变强烈时形成绿帘石矽卡岩,被蚀变的岩石有角闪片麻岩、花岗片麻岩、大理岩。绿帘石化与成矿关系较为密切。

绿泥石化:常见于矿体内及近矿围岩的节理、裂隙内。

绢云母化:主要分布在矽卡岩化外接触带。

磁铁矿化;呈星点状、浸染状、团块状分布于矿体边部围岩(矽卡岩)中。

黄铁矿化:呈浸染状分布于围岩中。

5. 地球物理异常特征及其意义

(1)放射性测量工作:通过对地表岩石放射性剖面测量和部分地表及深部钻孔测量除角闪片岩、大理岩伽玛强度(Y)为 5 ~ 8 外,其他岩石均在 10 ~ 18,说明矿区内无放射性异常存在。

(2)地面磁测工作:根据 1:1万区域地面磁测发现了宝石崖异常,通过对矿区 1:2 000 地磁详测,发现矿区内存在三个异常,Y 等值线一般 500 ~ 2 000 Y,最高 3 000 Y。苍房沟—宝石崖异常:长约 400 m,宽约 80 m,Y 等值线东段比较规则,西段极不规则,并出现负异常;八亩地异常长 200 m,宽 50 ~ 60 m,异常等值曲线北东紧凑,南西宽阔;尖山异常大致呈等轴形,直径 50 ~ 70 m。

整个异常出现和宝石崖矽卡岩带一致。

上述三个磁异常在 500 ~ 900 Y 曲线范围接近矿体边部或贫矿分布区,900 Y 以上都有矿体存在,异常等值曲线变化较大地段矿体厚度变化较大。经过对磁异常与钻探控制矿体部位对比,矿体形态和产状与异常曲线形态和梯度变化基本一致,为研究和勘查预测铁矿体特别是深部矿体提供了指导作用。

5.3.2.3　矿床地质

矿体特征:4 个主矿体似层状、透镜状产于酸性次火山岩体南接触带附近磁铁透辉矽卡岩层中。Fe1 号矿体:似层状分布在矽卡岩的底部,倾角在 47°左右;长 800 m,最大延深 570 m;平均厚度 3.61 m,最大厚度 9.36 ~ 22.60 m。Fe2 号矿体:不规则似层状、透镜状分布在 Fe1 的上部,与 Fe1 相距 5 ~ 15 m,其间为矽卡岩层相隔,局部与 Fe1 上下叠合。矿体走向长 600 m,倾斜宽150 ~ 450 m,平均厚度 3.60 m,最厚 10.52 m。Fe3 号矿体:透镜状及似层状,位于 Fe2 矿体之上 10 ~ 20 m,长宽数十米至百余米,厚度 0.8 ~ 2 m。Fe4 号矿体:位于 Fe3 之上 20 ~ 30 m,处在变细碧岩层下的矽卡岩中,长宽延伸数十米,厚 1 ~ 3 m 不等,局部达 6 m 以上。

铁矿上部层位绿帘石矽卡岩中分布一铜锌矿化体,长 170 m,出露宽 5 ~ 20 m。单工程平均含锌 0.63% ~ 1.87%。ZK2/0 钻孔见视厚度 4.36 m 的浸染状、稠密浸染状铜锌矿石,平均含铜 0.89%、锌 0.94%,最高含铜 1.84%、含锌 4.13%,相邻钻孔不见矿或仅见矿化。

赋矿围岩:磁铁矿体总体产于透辉石矽卡岩、石榴子石矽卡岩和绿帘石矽卡岩组成的薄层韵律状矽卡岩的顶或底部,并透辉石矽卡岩含浸染状贫磁铁矿,矽卡岩化与成矿关系密切。黄铁矿化时常发育,常覆盖在磁铁矿层之下或包裹其中。然而条带状富磁铁矿层(体)与层状矽卡岩呈冷接触关系,时常并非与层状矽卡岩直接接触,而与大理岩关系更为密切,在富磁铁矿层中尚可见不同矽卡岩的原生角砾。贫、富磁铁矿的这种异位关系分别指示海底热水交代及喷流沉积成矿作用。尽管尚未发现具工业规模的与黄铁矿共生的铜多金属矿体,但上铁下铜的相位关系符合块状硫化物矿床特征,铜多金属矿囊的出露部位指示海底火山喷流中心。

矿石特征:分为浸染状及块状两类矿石。浸染状矿石中磁铁矿呈细粒(0.05 ~ 0.1 mm)浸染状均匀分布在透辉石或石榴石矽卡岩中,TFe <35%;块状矿石中磁铁矿为细—中粒结构(0.1 ~ 0.2 mm),条带状构造,TFe >35%。矿石金属矿物为磁铁矿,微量黄铁矿、黄铜矿;脉石矿物透辉石、石榴石、绿帘石、角闪石及石英、方解石等。黄铁矿为他形粒状,粒径 0.05 ~0.6 mm,少数呈微粒状包裹在磁铁矿中,一般分布在磁铁矿晶体之间。黄铜矿含量仅局部较高。

矿区 TFe 平均品位 27.73%,高者达 40% 以上。个别工程硫含量高达 0.523%,一般 0.1% ~0.2%。矿石 SiO_2 含量高,平均 34.63%。

5.3.2.4　矿床成因和成矿模式

宝石崖铁矿大地构造位置为早古生代二郎坪—信阳岛弧带(Pz_1),南阳盆地东侧部分。该区基本构造为上部二郎坪群与下部歪头山组构成的褶皱构造,并与次级褶皱共同组成复式褶皱,总体作两凹夹一凸的 W 形态,自北而南分别是堡子向斜、歪头山背斜和刘山岩向斜。该成矿亚带主要矿床、点严格受二郎坪群地层控制,受制于复式褶皱,在空间上呈平行带状展布。赋矿地层为二郎坪群刘山岩组,成矿时代与卢氏南部—南召预测区成矿时代一致,为早古生代。

5.4　宣龙式海相沉积型铁矿的地质特征及成矿规律

该类型铁矿在河南主要赋存于中元古界汝阳群和上元古界洛峪群,主要有三个含铁层位。目前已找到矿床 8 个,矿点 8 处。探明储量 3 541 万 t,约占全省铁矿探明储量的 2.63%。

第一铁矿层位:形成于中元古界熊耳群马家河组古侵蚀面上至汝阳群云梦山组中下部。矿体一般呈似层状或透镜状,品位较富,矿床规模也较大,主要分布于新安、渑池、临汝、登封、偃师、辉县、济源、鲁山等地。以往工作证明,该层是宣龙式铁矿最有工业价值的矿层。渑池岱嵋寨铁矿、汝阳武湾铁矿工业矿体主要形成于该层位。

第二铁矿层位:产于中元古界汝阳群北大尖组上部。主要分布在卢氏—灵宝—洛宁、汝阳、临汝及嵩县、三门峡、济源等地。该铁矿层位比较稳定,但品位较低,仅局部可被工业利用。

第三铁矿层位:产于上元古界洛峪群崔庄组底部,为薄层状赤铁矿或含豆状鲕状赤铁矿的石英砂岩,主要分布在汝阳、宜阳、舞阳、遂平、叶县、方城等地。铁矿为单层,厚度薄,仅局部可被地方工业利用。

宣龙式铁矿属河口和滨海交替的河口三角洲相沉积铁矿,其分布严格受岩相古地理环境控制。已知矿床矿点多分布于古陆边部的滨海、浅海小海洼中,在海注靠近古陆一侧或海岸线曲度较大的部位最为有利。

河南宣龙式铁矿产出层位、分布特点、品位等均与河北宣龙式铁矿类似,不同点是二者所处大地构造环境位置不同。河北宣龙式铁矿沉积环境稳定,属典型的海进产物:碎屑岩→铁矿→黑色页岩→灰岩。河南宣龙式铁矿沉积环境很不稳定,铁矿的上下层都为砂砾岩。因而河北宣龙式铁矿呈层状、似层状,厚度变化不大,主要矿石结构为鲕状、肾状。而河南宣龙式铁矿则以块状为主,次为砾状,而鲕状、肾状偶见。所以,从矿床规模上看,河北宣龙式铁矿为大型铁矿,河南则多为小型,仅个别达中型。

5.4.1　新安县岱嵋寨铁矿

新安县岱嵋寨铁矿位于新安、渑池县交界处,东南至陇海铁路新安站65 km处,西南距渑池火车站70 km,有简易公路相通,交通较方便。地理坐标为东经111°45′~112°05′09″,北纬34°51′04″~35°02′45″。

5.4.1.1　矿区地质

1.地层

矿区出露地层自下而上分别为熊耳群马家河组(Chm),汝阳群小沟背组(J_xx)、云梦山组、白草坪组、北大尖组及二叠系。

熊耳群马家河组(Chm):分布于岱嵋寨组的西南部,主要由紫红、黄褐、暗绿色杏仁状或致密块状鞍山岩、安山玢岩及玄武—安山岩组成,其间夹紫红色凝灰岩。杏仁体中普遍充填石英、方解石、玉髓、绿泥石、沸石等,厚度521~1 100 m。

汝阳群:

(1)小沟背组(J_xx):主要分布于岱嵋寨南部和北部。下部为紫红色、肉红色砂砾岩和含砾中—粗粒石英砂岩,中上部为紫红、肉红及灰白色细—中粒石英砂岩。该组不整合于熊耳群之上,厚度350~400 m。

(2)云梦山组(J_xy):分布于岱嵋寨南部和北部。底部为铁矿层和砾岩、砂岩、砂质页岩;中上部为石英砂岩、砂质页岩和泥质砂岩互层或夹有页岩碎块。该组厚200~260 m。

(3)白草坪组(J_xb):主要分布在岱嵋寨东部与东南部和老银洞矿区。由紫红色页岩,夹薄—中厚细、细中粒石英砂岩组成,厚度60 m。与云梦山组整合接触。

(4)北大尖组(J_xbd):主要分布在岱嵋寨北部和老银洞矿区东侧,由灰白色薄层至中厚层细、细中粒石英砂,夹紫红及灰绿色页岩、石英砂岩组成,砂岩中含海绿石、绿泥石矿物，与白草坪组整合接触。厚度 160 ~ 200 m。

二叠系(P)：分布在岱嵋寨，与南侧的汝阳群呈断层接触。该系由各种砂岩、页岩组成。互层状或呈夹层。内含煤和碳质页岩。厚度在 285 m 之上。

三叠系(T)：分布在岱嵋寨东北部位，紫红色间夹灰色、绿色页岩及砂岩。厚度 223 m。

2. 构造

矿区构造比较简单，矿区范围内为单斜构造山，北部有塔地—西山地正断层，南有老银洞—东沟正断层。除上面两大断层外，另有一系列次级断层。

3. 岩相古地理

在河南省华北板块中元古代蓟县系岩相古地理图上，矿区位于前滨海相环境，沉降中心附近。罗铭玖等(2002)对岱嵋寨铁矿的岩相古地理环境进行了详细的论述，认为宣龙式铁矿产在炎热的气候和氧化条件下的滨海海滩沉积环境下，就位于古侵蚀面的凹陷洼地处。

5.4.1.2　矿床地质

矿体产于云梦山组中、下部至熊耳群马家河组古侵蚀面之上，矿体形状严格受古地形控制，受后期冲刷作用，呈大小不等的透镜状。共有矿体 23 个，最大 1 500 m，最小几十米，一般 200 ~ 450 m，最大厚度 15. 27 m，一般 2. 5 m。间距 70 ~ 1 800 m，一般在 250 m 内。产状与岩层基本一致，沿走向尖灭缓慢，且多为含铁页岩代替；沿倾向尖灭突然，矿层在尖灭处为砾岩所代替。

矿层顶板主要为砾岩及砂质页岩。砂质页岩的厚度变化大，最厚 10. 27 m，最薄 3. 21 m，一般 6 m 以上，在矿体尖灭处可见顶板砂质页岩迅速被砾岩所代替，砾岩一般厚 1 m，最厚 2 ~ 3 m。砾石成分主要为石英砂岩，其次为乳白色或粉红色石英团块及赤铁矿，砾石胶结物为硅质及泥质。近铁矿处胶结物多为铁质，局部富集时可形成贫铁矿。矿层底板受古地形控制，多凹凸不平，岩性也不尽相同，多为紫红色页岩或薄层状灰紫红色含铁砂岩，厚度一般 0. 2 ~ 1. 27 m。铁矿夹层，大部分为紫红色页岩，厚 0. 14 ~ 1. 2 m，局部为砂岩，厚度 1 m。

主要矿石矿物为赤铁矿及针铁矿，含铁品位可达 40% ~ 60%。黏土矿物是矿石主要杂质，此外还有微量锆石、电气石、白云母、滑石、重晶石等。矿石一般呈叶片状、肾状及砂状结构，致密块状及条带状构造。属非自熔性硅质矿石。

5.4.1.3　矿床成因和成矿模式

岱嵋寨铁矿为宣龙式海相沉积型铁矿，成矿时代为中元古代(Pt_2)。成矿

铁质来源于古陆上富铁硅酸盐和硅铁建造岩。罗铭玖等(2002)总结了岱嵋寨铁矿的成矿模式:

古陆上富铁硅酸盐(玄武—安山岩、拉斑玄武岩含铁碎屑岩)经过长期的风化侵蚀、水化、生物化学作用,使得铁质从岩石中析出,Fe^{3+} 以 $Fe(OH)_3$ 的胶体溶液或细悬浮体形式,Fe^{2+} 以 $Fe(HCO_3)$ 形式或与腐殖质酸结合形式,由陆上河流搬运进入海洋,在滨浅海滩凹陷处,由于强氧化作用电解质及异性电荷等参与,铁质呈 Fe_2O_3 沉淀出来,形成铁矿层。成矿模式见图 5-7。

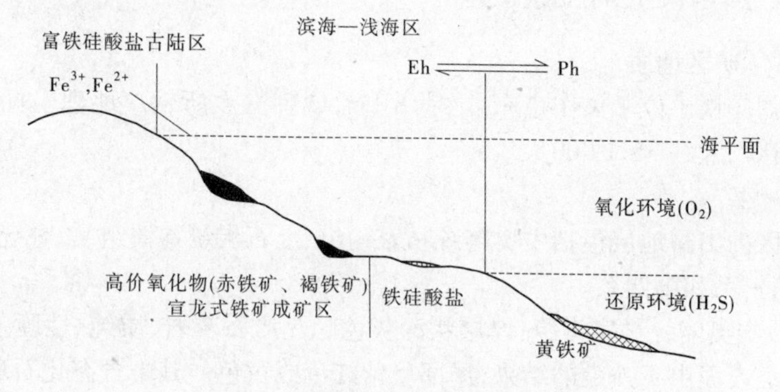

图 5-7　岱嵋寨铁矿成矿模式图

5.5　“山西式”陆相沉积型铁矿的地质特征及成矿规律

山西式铁矿为石炭系滨海、浅海沉积铁矿,共发现铁矿产地 39 处,其中中型矿床 1 处,小型矿床 19 处,矿点 18 处。主要分布于豫西三门峡、新安、渑池、巩义、登封、新密及豫北焦作、博爱、鹤壁等地。铁矿多形成于嵩县台隆和华熊台隆坳陷区内。含矿岩系为中石炭统本溪组,主要岩性为赤铁矿、褐铁矿、铝土矿、黏土页岩、页岩及砂岩等。厚 10 ~ 50 m。与上覆上石炭统太原组呈整合接触,与下伏奥陶系呈平行不整合接触。铁矿层赋存于本溪组下部至奥陶系风化侵蚀面之间。矿体不稳定,多呈鸡窝状、透镜状,少数为似层状。矿体规模小,一般长数米至数十米,少部分达 100 ~ 500 m,厚 1 ~ 5 m,个别达 10 ~ 40 m。矿石具鲕状、豆状、胶状结构,块状、蜂窝状构造。矿石主要成分为赤铁矿、褐铁矿及少部分鲕绿泥石,局部尚有菱铁矿。矿体分布一般有两个层位,下层矿一般直接位于奥陶系灰岩的风化侵蚀面上,有时产于奥陶系灰岩的溶洞和裂隙中,此时矿石呈块状、结核状、松散土状;矿体为鸡窝状、透镜状。

矿石品位较高,TFe 含量一般为 40%,最高达 60%,但矿体规模小,分布零星。上层矿产于本溪组中下部黏土矿之下,矿石为豆状赤铁矿或鲕绿泥石,局部为黄铁矿、菱铁矿;矿体为透镜状或似层状,焦作—博爱一带比较发育。矿石品位 TFe 一般为 35% ~45%。根据含矿层、含矿岩系特征,矿石物质成分及矿石结构、构造特征,该类型矿床属滨海、浅海沉积,加上后生氧化富集作用的复成因矿床。

5.5.1 焦作市上刘庄铁矿

5.5.1.1 矿区地质

上刘庄铁矿位于焦作市东北约 18 km,属韩五乡所辖。地理坐标为东经 113°21′00″,北纬 35°19′00″。

1. 地层

矿区内出露地层包括中奥陶统马家沟组、上石炭统本溪组、二叠统下统太原组、第三系和第四系。

(1)中奥陶统马家沟组:厚层状深灰色隐晶质石灰岩,质纯、性脆,富含方解石脉。表面由于铁染的结果,局部呈紫红色或黄色。其中含有化石珠角石。该岩层有时组成铁矿的底板,因其古风化壳面形状不规则,致使铁矿体形状复杂多样。

(2)上石炭统本溪组:为赋矿地层,底部直接为山西式铁矿。有时底部为灰白色或微带黄色的铝土页岩,组成铁矿的底板。矿层的上部为灰白色、灰黄色、黄色铝土页岩,砂质铝土页岩和极不稳定石英砂岩。铝土页岩具有滑感,吸水性强,易于破碎,但在铝土页岩之中存在有褐铁矿或赤铁矿的结核或透镜体。

(3)二叠系下统太原组:由砂岩、砂质页岩、页岩、燧石灰岩和煤层组成。太原组与本溪组的分界以其最低一层含燧石灰岩为标志层。

2. 构造

矿区范围内岩矿层呈向南东倾斜的单斜构造,倾角为 15° ~25°。断裂构造发育,表现为北东—南西的走向正断层,该组断层将铁矿分成几个互相平行的矿带。

5.5.1.2 矿床地质

1. 矿体特征

断裂将矿体分为三个矿带:①土门掌—黄地坡—刘庄矿带;②王荔—孤堆后—三河矿带;③大南坡—孟泉矿带。其中,土门掌—黄地坡—刘庄矿带呈北东向分布,矿体倾向南东,倾角20°~30°,最大可达40°,东西长3 500余m。矿体厚度最小0.4~0.5 m,最大8~10 m,平均4.05 m。矿层在走向上基本保持连续。其他2个矿带中矿体稳定程度差,厚度较薄。

2. *矿体形态及矿石特征*

矿体赋存在本溪组下部的铝土页岩中,或奥陶系的古风化面上。不同的矿体赋存位置、矿体形状和矿石特征存在相应的变化。

(1)赋矿层位在奥陶系的古风化面上时,矿体形状一般为透镜状或鸡窝状,矿石为致密块状赤铁矿,品位较高(40%左右),质纯但易于破碎,对冶炼不利,需要烧结后才能利用。

(2)直接赋存在灰岩的裂隙或溶洞位置,矿体形状极不规则,为裂隙状或溶洞式,矿石类型为褐铁矿,多呈土状、葡萄状、蜂窝状或致密块状。矿石品位较高。

(3)当赋矿层位在本溪组下部的铝土页岩时,矿体似层状,矿石呈豆状赤铁矿,品位在28%~35%,局部富集品位达40%以上。

5.5.1.3 成因与成矿模式

1. *矿床成因*

前人对山西式铁矿成因做了较多的探讨,其结果大致可以分为两种:一是古风化壳残积物搬运沉积;二是在上覆炭质层的酸性作用下,含铝岩系脱硅去铁,还原生成黄铁矿层,再完全氧化生成褐铁矿层(见图5-8)。上刘庄铁矿的矿体特征、矿石特征表明两种成因均存在:前者往往不具矿体意义,因而勘探提交了未被认可的储量;后者具有小型规模意义,但富矿段有限,总体尚不能利用。

2. *区域成矿模式*

以上分析表明,河南省山西式陆相沉积铁矿两种成因均在,古风化壳沉积改造形成的铁矿一般没有规模意义,硫铁矿氧化成因的有一定规模,其形成有2个过程:首先在上覆沼泽的还原条件下,含铁高铝黏土中铁质向下淋滤,于底部还原形成黄铁矿层,而后在抬升地表后风化形成赤铁矿—褐铁矿。成矿过程是伴随海进迁移的,成矿模式如图5-9所示。

5.5.2 博爱茶棚铁矿

5.5.2.1 矿区地质

矿区出露地层为中奥陶统、马家沟组上石炭统本溪组及第四系山坡堆积。中奥陶统马家沟灰岩,厚度大于10 m。上石炭统本溪组厚30~50 m,一般为

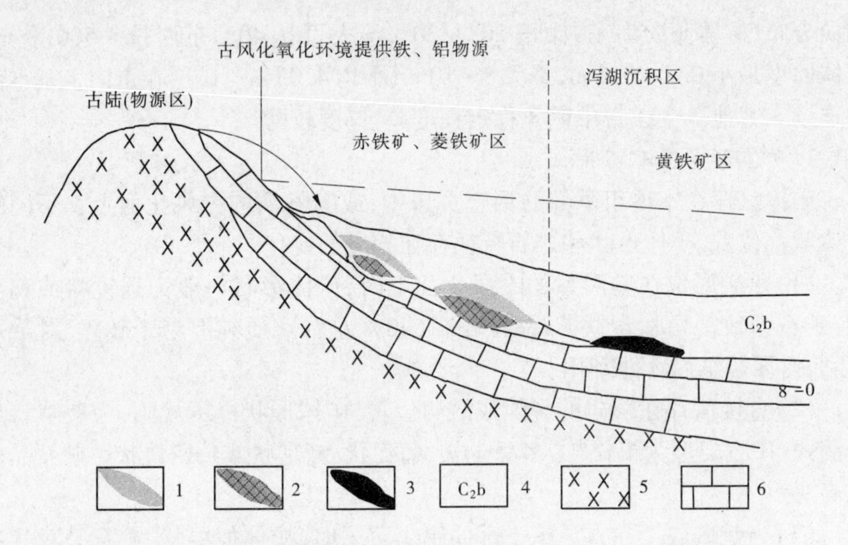

1—铝土矿;2—赤铁矿;3—黄铁矿;4—上石炭统本溪组;5—富含铁、铝的硅酸盐岩;6—寒武系—奥陶系碳酸盐岩

图 5-8 上刘庄铁矿成矿模式

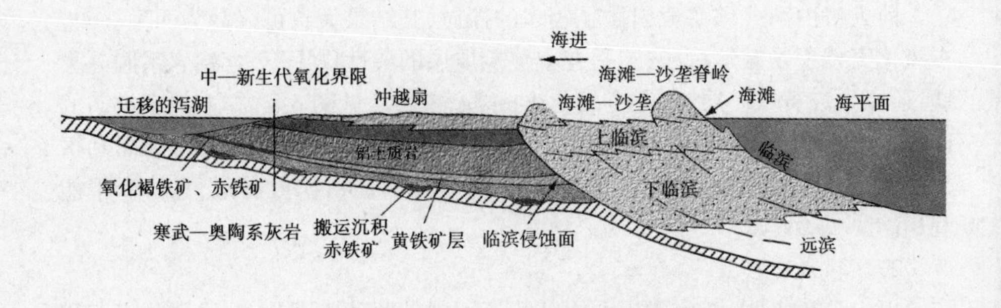

图 5-9 山西式铁矿区域成矿模式图

20 m,为主要含矿层位。依据岩性可分四段:下部含铁矿段,为铁矿与页岩互层,间或夹有砂岩和黏土岩,其上为黏土矿段主要是黏土岩或黏土岩与页岩、砂岩互层,局部夹薄层铁矿,再上为含煤段,主要为煤和页岩互层。上石炭统太原组因风化剥蚀仅见下部,厚 47 m,岩性为砂岩、砂质页岩、燧石灰岩,为海陆交互相沉积。第四系见于山坡沟谷中,最厚 16 m。

矿区为一单斜构造,地层倾向 15°,倾角 8°~15°,区内断层发育。南部有后桥沟断层,西南部有琚窑西断层和黄岭北断层,西部有火焰口断层,均分布于矿区边部。矿区内上桥沟断层和琚窑东断层,断距 15~40 m,将矿体分成两部分，对矿体有一定影响。

5.5.2.2　矿床地质

矿层位于奥陶系风化面上，本溪组的底部或下部，顶板为黏土质页岩，含砂质页岩常为矿层的顶板，个别地方顶板为细砂岩。

矿层分二组，即A组一层，B组二层（B_1与B_2）。A层铁矿常产于奥陶系风化面上或其上1 m，多呈鸡窝状，产出不稳定，厚度0～0.85 m，TFe 25.99%～52.25%，平均为35.69%。B组矿层位于A组之上0.2～1.0 m，呈层状或似层状产出，厚0.2～8 m，一般14 m，平均厚1.92 m，长800 m，沿倾向宽270～1 132 m，平均563 m。B_1与B_2之间夹石厚0.3～0.5 m，有时夹石少，两层合为一层。矿层底板为页岩，偶尔为中奥陶统石灰岩。顶板为黏土矿或黏土页岩，B层矿TFe 20.22%～57.96%，平均为35.70%。

主要矿物为致密块状、豆状、鲕状赤铁矿，土状、结核状。

第 6 章　河南省主要铁矿典型矿床的地球物理特征

随着深部找矿时代的到来,迫使矿产勘查人员必须领先依靠科学技术的进步来发展和形成新的找矿能力。因为在深部找矿中,传统的找矿方法遇到了难以克服的困难,地质找矿一方面须向地质理论预测找矿转变,另一方面须向新技术、新方法寻求帮助,其中在 20 世纪飞速发展起来的物探、化探和遥感等勘查方法对深部找矿具有较大优势。将其与地质、钻探等方法的综合运用和恰当配合已成为现代找矿的基本手段。

典型矿床研究按照矿床所在区域(一般以≤1∶20 万比例尺资料)、典型矿床所在地区(一般以 1∶5万比例尺资料)、典型矿床所在位置(大比例尺地面物探资料)进行研究。典型矿床所在区域以重磁资料作定性分析为主;典型矿床所在地区采用航磁资料进行化极及垂向一阶导数处理。因典型矿床所在位置没有进行过大比例尺的重力勘探工作,主要以利用大比例尺地面磁测资料作定量分析为主。利用前人实测的物性资料及精测剖面,结合钻探对矿体的控制资料进行正反演计算,进一步验证磁异常的形成原因或在深部是否存有深部矿体。

6.1　济源市铁山河高温热液接触交代型铁矿地球物理特征

6.1.1　矿区位置

济源市铁山河高温热液接触交代型铁矿位于济源市铁山—和平一带,地理坐标为东经 112°13′27″、北纬 35°11′42″。

6.1.2　地球物理特征

6.1.2.1　矿床所在区域磁场特征

在 1∶20 万航磁图上(豫 C－1970－0001－02),铁山河矿区处于近东西展布,幅值在 200 nT 区域升高正磁场南翼的梯级带上,局部异常没有反映。

6.1.2.2　矿床所在地区磁场特征

1∶2.5万航磁图局部异常明显，总体来看是一个叠加在高背景异常(200 nT)之上的一个强次级异常，在三条测线上反映极为明显，并以峰值高、水平梯度大、北侧伴有相对极小值的尖峰异常，ΔT_{max} = 600 ~ 1 000 nT，反映为铁山河矿区磁铁矿引起。

6.1.2.3　矿床地球物理特征及典型剖面分析

1.矿区岩(矿)石物性特征

探测的目标矿种磁铁矿具强磁性(磁化率39 400 × 10^{-6} SI、剩余磁化强度30 100 × 10^{-3} A/m)特征，围岩闪长岩、花岗岩、绿泥片岩(磁化率0 ~ 70 × 10^{-6} SI)、片麻岩(磁化率15 × 10^{-6} ~ 658 × 10^{-6} SI)、角闪片岩(磁化率1 850 × 10^{-6} SI、剩余磁化强度260 × 10^{-3} A/m)为弱磁性，它与围岩有着明显的磁性差异(见表6-1)。

表6-1　济源地区岩矿石磁参数特征

岩矿石名称	磁参数		说明
	$K(\times 10^{-6}$ SI)	$Jr(\times 10^{-3}$ A/m)	
磁铁矿	39 400	30 100	莲东钻孔
	22 700	8 630	行口钻孔
	63 000	30 400	三佛宫钻孔
闪长岩	70		
花岗岩	15		
绿泥片岩	0		
片麻岩	15 ~ 658		
角闪片岩	1 850	260	

2.矿床所在位置磁异常特征

1)平面特征分析

在铁山河矿区范围内以往开展过1∶2万 ~ 1∶2 000比例尺磁测详查，从平面图上显示出数十处，范围小，高、陡尖为主小异常，一般强度为1 000 ~ 2 000 nT，最高达数万纳特，沿着近南北方向，成群成带产出，断续分布，长约2 km，这些小异常通常由浅部铁矿引起。位于异常带最南端的铁山异常(M1)，是本区规模最大的异常，平面形态较规则，500 nT等值线圈闭范围长约800 m、宽

100～200 m。剖面图上，曲线呈双峰，梯度大，强度高（ΔZ_{max} = 5 000～10 000 nT）并有负异常伴生，向南延伸，曲线趋于平缓（见图 6-1）。

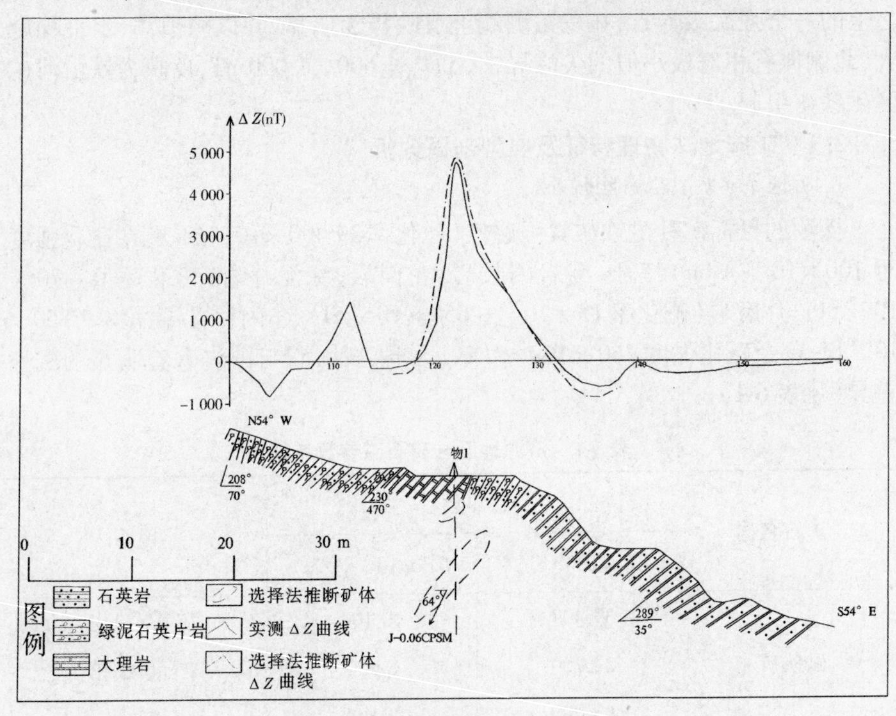

图 6-1　铁山河矿区 ΔZ 剖面图

2）剖面特征分析

铁山河Ⅱ剖面：位于异常带的南部，为一高背景异常上叠加次级异常，宽约 20 m，异常幅值为 4 700 nT，曲线 N54°W 陡，S54°E 稍缓，并有 -600 nT 伴生的负异常，反映埋藏深度不同的两个磁性体，浅部中心深为 16 m，下部中心深度约 45 m，倾向 NW，倾角 40°～50°，基本上与岩层产状一致。异常区出露大理岩、绿泥石英片岩等无磁性岩层，推断异常系铁矿引起。经钻探揭示，铁山河铁矿长 480 m，均厚 13. 5 m，矿体呈透境状，不规则状产于元古界（P_t）变质岩中，为沉积变质铁矿，资源量 562 万 t。利用选择法进行正演计算，J = 60 000 × 10^{-3} A/m，i = 64°，可获 ΔZ 理论曲线与实测异常相对比，具有很好的重合性。

3. 铁山河铁矿床物探找矿模型

铁山河铁矿床物探找矿模型见表 6-2。

表6-2 物探找矿模型

标志	分类	主要特征
地质成矿条件和标志	构造环境	中朝准地台南缘
	含矿地层	产于前震旦系片麻岩、绿片岩中和闪长岩与大理岩接触处
	含矿岩系与围岩	矽卡岩型铁矿产于前震旦系大理接触处变质铁矿围岩为绿泥片岩中
	构造	铁山河拱褶断束
	侵入岩	闪长岩、蚀变辉绿岩、花岗斑岩等
	围岩蚀变	矽卡岩化、角闪石化为主
	矿体产状和特征	矿体产状与地层产状基本一致，倾向 NW280°～289°∠35°～47°，矿体形态呈似层状、透镜状
	矿石特征	以磁铁矿为主，矿石结构半自形—他形晶粒状结构块状，侵染状构造
	地表找矿标志	与地层绿片岩系、大理岩、矽卡岩化、蚀变矿化带及其磁异常
	找矿历史标志	根据地表露头进行磁测普查发现
	区域地球物理场特征	位于磁力高值带上，局部异常明显，以高、尖、陡为特征，峰值近1 000 nT
	矿区主要物性特征	铁矿不具强磁性，与围岩有明显的磁性差异
	矿区主要异常特征	矿区系由众多的高强度为主小异常组成，单个最大异常长
	物探找矿标志	1:5万航磁高背景上叠加的尖峰异常 ΔT_{max} = 1 000 nT，地磁解体为众多强陡尖的小异常群，ΔZ_{max} = 2 000～10 000 nT

6.2 李珍高温热液交代的矽卡岩型铁矿地球物理特征

李珍铁矿位于安阳县李珍—万堂一带，地理坐标为东经 141°01′00″～114°04′00″，北纬 36°13′00″～36°15′30″。

6.2.1 物性特征

矿区进行了大量的磁标本测定，区内磁铁矿具强磁性（$\overline{K}=65\ 340\times10^{-5}$ SI、$\overline{Jr}=42\ 240\times10^{-3}$ A/m），闪长岩具中等磁性（$\overline{K}=2\ 030\times10^{-5}$ SI、$\overline{Jr}=210\times10^{-3}$ A/m）。相同岩矿石的磁性随深度增加磁性增强。古生界—中新生界无磁性（见表6-3、表6-4）。

表6-3 李珍矿区磁铁矿闪长岩磁参数特征

岩矿石名称	位置	总块数	有磁性块数	K ($\times10^{-5}$ SI)	Jr ($\times10^{-3}$ A/m)	采集地
磁铁矿	地表	218	218	65 340	42 200	李珍、上庄、泉门等
	深部	107	107	68 850	32 000	
闪长岩	地表	211	167	1 250	450	李珍、都里、许家沟等
	深部	409	409	2 030	210	

表6-4 李珍矿区岩矿石磁参数特征

岩矿石名称	块数	K ($\times10^{-5}$SI)			Jr ($\times10^{-3}$A/m)		
		K_{max}	K_{min}	常见值	Jr_{max}	Jr_{min}	常见值
矽卡岩	4	35 300	14 200	24 700	62 000	10 300	18 300
斑状闪长岩	61	8 300	0	3 500	4 300	0	700
含石英闪长岩	17	5 900	1 400	2 600	7 215	0	400
花岗闪长岩	10	2 800	0	1 500	1 000	0	300
石英闪长玢岩	104	3 200	0	0	1 960	0	0
大理岩灰岩	17	0	0	0	0	0	0

6.2.2 地球物理特征

6.2.2.1 矿床所在区域地球物理场特征

李珍铁矿地处太行山东麓南段，付家沟背斜的东翼，1:20万航磁图上，显示两条近南北向展布的东西异常带，东部异常带的北部，即为东矿区，以区域平稳正磁场和负磁场为背景，叠加了众多的幅值不大，且有规律波动的局部异常，这些编号的航磁异常，沿着区域构造线NNE的方向，具有成群、成带断续分布的特点，全长约30 km，构成了安林地区东部异常带。

该带北起都里，经李珍、泉门，直抵马鞍山，包括航磁豫C－1970－0008－01、豫C－1970－0007－08、豫C－1970－0008－10、豫C－1970－0008－10－1～豫C－1970－0008－10－6、豫C－1970－0006－08－1、豫C－1970－0007－01、豫C－1970－0007－10、豫C－1970－0007－13、豫C－1970－0007－15、豫C－1970－0007－15－1、豫C－1970－0007－11共16个航磁异常。

经地磁勘查，上述异常解体后，分解出161个地磁异常，其中矿异常或推断矿异常为84个，岩体或推断岩体异常为77个，李珍矿体是该带中规模最大的矿异常。

6.2.2.2　矿床所在地区磁场特征

李珍矿床对应于1∶5万航磁（豫C－1970－0008－07）异常，以100 nT等值线圈闭了多个幅值不高的局部异常，平面形态复杂，总体走向NW向，平剖图上，ΔT曲线杂乱，具多跃动、多峰值、梯度大的特点，$\Delta T_{max}=250$ nT。

（1）平面特征分析。李珍铁矿区对应于豫C－1970－0008－07航磁异常，经地面地磁详勘，被分解出李珍C1异常总长800 m，宽250～300 m，$\Delta Z_{max}=$ 3 000～10 000 nT，局部并有负值伴生。钻探见矿1～4层，最多达9层，平均厚10.68 m，已证实为磁铁矿引起。东山C1异常走向NW7°，长200 m，宽150 m，$\Delta Z_{max}=300$ nT。地表大片O_2^3灰岩，推断为铁矿引起，深20 m。窟窿脑C3 NW30°走向，异常长350 m，宽200 m、$\Delta Z_{max}=300$ nT。已钻探见矿，矿层1～2，最多达5层，平均厚10 m，证实为铁矿引起。犬沟C4异常呈N15°W走向，长250 m，宽100 m，$\Delta Z_{max}=3\ 000\sim4\ 000$ nT。已钻探，见矿1～2层，最多达9层，平均厚15.05 m。黄岭子C5呈NW20°走向，异常长750 m，宽250 m，多峰，最高强度3 000～4 000 nT，并有－500～－700 nT伴生，地表覆盖，经钻探控制矿厚18.76 m，铁矿引起。吴祖洞C6异常走向NW10°，长250 m，宽120 m，$\Delta Z_{max}=2\ 000\sim3\ 000$ nT，并有负值伴生。钻探勘查见平厚9.64 m铁矿。石塘C7多个异常组成，长60～200 m，宽20～90 m，$\Delta Z_{max}=200\sim4\ 000$ nT，并有－250～－2 500 nT负异常伴生。地表覆盖，局部见灰岩，多数异常验证见矿，矿厚3.11 m（见表6-5、图6-2）。

（2）剖面特征。

从图6-2剖面图上，显示近东西两个局部异常组成，东侧异常低峰值3 000 nT，梯度较大，西翼均有负值伴生；西侧异常以峰值高（$\Delta Z_{max}=12\ 000$ nT），梯度陡，东翼有明显负值伴生，反映引起ΔZ异常的磁性体埋藏浅，向西缓倾的水平层，地表已采矿，干扰极其严重。该断面已施钻孔13个，其中CK5、CK13、KM474、CK19、C17孔，除边界孔未见矿外，其他各孔均见工业矿体,孔深最浅 42.33 m,最深 CK19 孔 112.09 m,均终孔于闪长岩内,见矿厚度 0 ~30 m,1 ~3 层矿体,矿厚 7 ~20 m 为矽卡岩型富铁矿床,矿体呈似层状,产于闪长岩与大理岩,O_2^3 灰岩的上接触带附近。

表 6-5　李珍铁矿区磁异常特征

异常名称与编号	ΔZ 异常范围	异常特征	地质特征	解释推断
李珍 C1	长 800 m,宽 250 ~300 m	ΔZ_{max} = 3 000 ~ 10 000 nT,局部有负值伴生	钻探见矿 1 ~4 层,最多达 9 层,平均厚 10.68 m	已证实由磁铁矿引起,提交储量 592 万 t
东山 C2	NW7°走向,长 200 m,宽 150 m	ΔZ_{max} =300 nT	地表大片 O_2^3 灰岩	推断由铁矿引起,深 20 m
窟窿脑 C3	NW30° 走向,长 350 m,宽 200 m	ΔZ_{max} = 4 000 ~ 5 000 nT,西南伴有 -400 ~ -500 nT	已钻探见矿,矿层 1 ~2,最多达 5 层,平均厚 10 m,提交 131 万 t	证实由铁矿引起
犬沟 C4	呈 N15° W 走向,长 250 m,宽 100 m	ΔZ_{max} = 3 000 ~ 4 000 nT	已钻探,见矿 1 ~2 层,最多达 9 层,平均厚 15.05 m,提交 77 万 t	证实由铁矿引起
黄岭子 C5	NW20° 走向,长 750 m,宽 250 m	多峰,最高强度 3 000 ~4 000 nT,并有 -500 ~ -700 nT 伴生	地表覆盖,经钻探控制矿厚 18.76 m,查明储量 262 万 t	铁矿引起
吴祖洞 C6	NW10°走向,长 250 m,宽 120 m	ΔZ_{max} =2 000 ~3 000 nT,并有负值伴生	钻探勘查见平厚 9.64 m 铁矿,提交 33 万 t	铁矿引起
石塘 C7	多个异常组成,长 60 ~200 m,宽 20 ~90 m	ΔZ_{max} =200 ~4 000 nT,并有 -250 ~ -2 500 nT 伴生	地表覆盖,局部见灰岩,多数异常验证见矿,矿厚 3.11 m	为磁铁矿所引起

利用钻孔控制的断面地质成果进行了磁异常向正演计算,计算时选用实测物性成果,经消磁改正后,求得剖面有效磁化强度 $J_0 = 28\,600 \times 10^{-3}$ A/m,按垂直磁化 $i = 90°$ 条件下,算得 ΔZ 理论曲线如图 6-2 所示,它与实测 ΔZ 曲线相

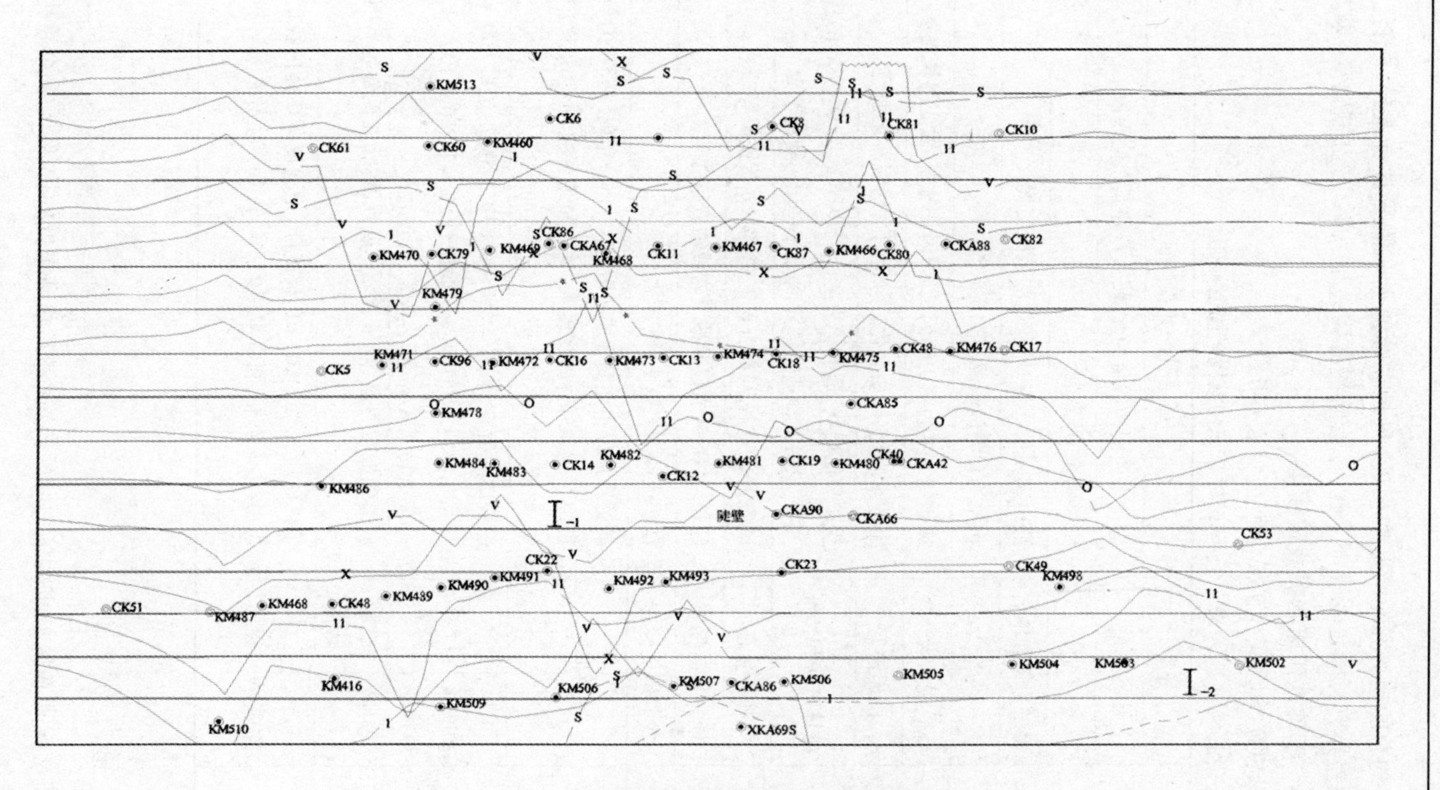

图 6-2　李珍矿区垂直磁力异常平剖面

比,异常的总的趋势和轮廓基本相近,只是在幅值上东侧异常有差异,分析认为,这种差异有可能是受浅部干扰,不影响磁异常系磁铁矿引起的解释结果。

6.2.2.3　李珍铁矿床物探找矿模型

李珍铁矿床物探找矿模型特征见表6-6。

表6-6　李珍铁矿床物探找矿模型特征

项目	分类		主要特征
地质成矿条件和标志	构造环境		秦岭东西向构造带的北缘,太行陡梁东侧南段
	含矿地层		中奥陶统 O_2 灰岩
	含矿岩系和围岩		燕山期闪长岩与 O_2^3 灰岩的接触交代
	构造		付家沟背斜的东翼
	侵入岩		成矿侵入体为燕山期闪长岩,闪长玢岩、蚀变闪长岩
	围岩蚀变		有矽卡岩化,碳酸岩化,透辉石化,绿泥石化强烈
	矿体产状和特征		铁矿呈似层状,透镜状为主,产于闪长岩与 O_2^3 灰岩的接触部分,呈 NW 向或近南北向,倾向西南,倾角不大
	矿石特征		以磁铁矿为主,局部有黄铜矿,含 Co 黄铁矿等
	地表找矿标志		闪长岩、O_2^3 灰岩以及矽卡岩或蚀变带等
	找矿历史标志		铁矿或矽卡岩露头,磁异常
地球物理标志	区域地球物理场特征		航磁异常分布在安林成矿区近南北向,有规律分布的异常带中,一般峰值高,梯度大,并有负值伴生,形态规则的异常,幅值为100~200 nT
	矿区地球物理特征	物性特征	磁铁矿具强磁性,$K=65\ 300\times10^{-6}$ SI,$Jr=42\ 000\times10^{-3}$ A/m,闪长岩具中强—弱磁性,$K=1\ 250\times10^{-6}$ SI,$Jr=450\times10^{-3}$ A/m,围岩灰岩、大理岩
		磁场特征	局部磁异常明显、规律、形态好、强度高,北侧伴生有明显负异常
	物探找矿标志		地面磁法 $\Delta Z\geqslant3\ 000$ nT,梯度陡,是浅埋藏矿体的找矿标志,异常形态好,圆滑规律的平缓正负伴生异常是寻找深部矿的重要标志

6.2.3　重力场特征

典型矿床所在区域重力场为北西向宽缓的,西高东低的梯级带,剩余重力异常图上位于北北西向正负异常的零值线上，西部为正异常、东部是负异常。

6.3 卢氏八宝山矽卡岩型铁矿地球物理特征

6.3.1 矿区位置

八宝山铁矿位于卢氏县城西 15 km 后清河村附近。地理坐标为东经 110°53′06″，北纬 34°00′50″。

6.3.2 地球物理特征

6.3.2.1 矿床所在区域地球物理场特征

1∶5万航磁，磁场主要特征是，磁场平稳，微呈波状起伏，剖面曲线圆滑规整，磁场强度普遍较高，以正磁场为背景，一般为 80 ~ 150 nT，最高达 330 nT。其间夹有平稳的负磁场带，磁场的总体走向为近东西向。

6.3.2.2 矿床所在地区磁场特征

1∶5万航磁八宝山（豫 C－1966－0026）异常，位于升高正磁场中，平面形态近椭圆形，走向不明显，以 200 nT 等值线自形封闭，面积约 1.6 × 1 = 1.6（km^2）。剖面曲线圆滑，梯度北侧较南侧稍大。ΔT_{max} = 330 nT，ΔT_{min} = 70 nT。

6.3.2.3 矿床地球物理特征及典型剖面分析

1. 矿区岩（矿）石物性特征

岩（矿）石物性特征见表 6-7。

表 6-7 岩（矿）石物性特征

异常名称	岩石种类	块数		岩石磁性参数（对有磁性部分）						Ir/Ii	I（$\times 10^{-6}$ CGSM）
				K（$\times 10^{-6}$CGSM）			Jr（$\times 10^{-3}$ A/m）				
		小计	无磁性	极大值	极小值	平均值	极大值	极小值	平均值		
八宝山地段	磁铁矿石	10		141 300	4 580	38 600	5 768	1 170	4 700	0.380	20 200
	褐铁矿假象赤铁矿	17		4 580	0	407	17 260	0	214	1.34	370
	斑状花岗岩	3		3 900	<50	2 840	217	<50	144	0.128	1 300
	黑云母花岗斑岩	17		3 770	0	2 914	419	0	243	0.213	1 400

2. 矿床所在位置磁异常特征

1）平面特征

从 1∶5 000 磁测平面图看出，100 nT 等值线封闭为一个整体异常，近似椭圆状,长轴方向近东西长 1 100 m,宽 600 m。其等值线北疏南密,北半部曲线起伏跳跃,南半部曲线较圆滑。800 nT 等值线圈闭,区内局部异常较发育,经地面查证,多为矽卡岩型磁铁矿引起。矿石类型有磁铁矿、黄铁矿、黄铜矿及褐铁矿矿石。

2)剖面特征

该异常在剖面平面图上,为出现在平静正磁场上的强度较大、梯度陡的复杂异常。矿石类型有磁铁矿、黄铁矿、黄铜矿及褐铁矿矿石。矿石品位:TFe 平均为 33.86% ~48.67%

6.4 卢氏曲里矽卡岩型铁矿地球物理特征

6.4.1 典型矿床成矿地质特征

6.4.1.1 区域地质背景

该矿床位于卢氏县草沟—曲里—杨家湾一带。地理坐标为东经 110°51′33″~110°54′09″,北纬 33°57′26″~33°57′58″。

矿床位于秦岭造山带东段北坡元古界褶皱带内。

区内出露地层主要有中元古界官道口群龙家园组及巡检司组的条纹条带状白云岩,中厚层状硅质条带白云岩,厚层状白云岩及钙质绢云片岩、泥质白云岩、白云岩等。

褶皱构造主要有金家窑—八宝山背斜。轴向北西西,两翼岩层产状基本对称,倾角 45°~50°。八宝山岩体即产于该背斜轴部略偏南。

断裂构造主要有北西西向及北北东向两组,北北西向次之。八宝山铁矿严格受前两组断裂控制。

岩浆岩主要有八宝山花岗岩体,属燕山期。岩体地表长约 2 km,宽 0.7 km,面积约 1.2 km^2。分中心相和边缘相,中心相为黑云二长花岗斑岩,边缘相为钾长花岗斑岩。

6.4.1.2 矿床特征

该矿是以铁为主的矿床,并有铜、硫等共生和伴生。矿床产于燕山期花岗斑岩与中元古界官道口群白云岩的接触带上。分南、北、西三个矿带。围岩蚀变种类繁多,主要有矽卡岩化、绿泥石化、金云母化。

5 个矿体,呈似层状、透镜状,单矿体长 250~930 m,延深 250~826 m,厚 2.94~14.09 m。主要矿石类型有磁铁矿、褐铁矿,次为黄铁矿、菱铁矿、黄铜矿、斑铜矿。

品位：TFe 平均 33.86% ~48.67%，由于矿石类型不同而 S、Cu 含量亦不同，一般平均 S 0.11% ~19.78%，Cu 0.15% ~0.67%。

储量：该区初勘探明铁、铜、硫矿床储量（矿石量）为 2 937 万 t，其中铁矿石量 2 282 万 t，铜矿石量 406 万 t，硫矿石量 249 万 t。

6.4.1.3　卢氏县八宝山铁矿床物探找矿模型

卢氏县八宝山铁矿床物探找矿模型见表 6-8。

表 6-8　卢氏县八宝山铁矿床物探找矿模型

项目	分类	主要特征
地质成矿条件和标志	构造环境	秦岭造山带东段北坡元古界褶皱带
	含矿地层	中元古界官道口群龙家园组及巡检司组
	含矿岩系和围岩	含矿岩系为条纹条带状白云岩，中厚层状硅质条带白云岩，厚层状白云岩及钙质绢云片岩、泥质白云岩、白云岩等
	构造	主要为金家窑—八宝山背斜，轴向北西西的南翼，有北西西向及北北东向两组断裂
	侵入岩	燕山期八宝山花岗岩体侵入，矿体产于花岗斑岩与白云岩接触带上
	围岩蚀变	主要有金云母化、黑云母化、蛇纹石化、绿泥石化、黄铁矿化、高岭土化、碳酸盐化等
	矿体产状和特征	矿体为似层状、透镜状，倾向 20°，倾角大于 80°
	矿石特征	主要为磁铁矿，次有黄铁矿、黄铜矿及褐铁矿
	地表找矿标志	以镁矽卡岩为特征，还有钾化、硅化、钙矽卡岩等
	找矿历史标志	该矿是检查航磁高强异常而发现
地球物理标志	区域地球物理场特征	铁矿位于 1:5 万航磁高背景中的正磁异常，异常强度 330 nT
	矿区主要物性特征	矿石具有高磁性特征，$K\times10^{-6}$ CGSM，极大值为 141 300；$Jr\times10^{-3}$ A/m，极大值为 5 768
	矿区主要物探异常特征	为低缓正磁场背景中的磁异常。异常检查 1:5 000 磁测平面图，南矿带 100 nT 圈闭异常长 1 100 m，宽 600 m，800 nT 圈闭由多个强度不等局部磁异常组成
	物探找矿标志	1:5万航磁高背景中的正磁异常，地面磁异常中的局部高磁异常，是发现和圈定深部磁铁矿体的重要找矿标志

6.4.2　地球物理特征

6.4.2.1　矿床所在区域磁场特征

1:20 万航磁图上，曲里、八宝山两矿区分布在起伏跳跃的区域正磁场中，局部异常显示，幅值不大，北部豫 C－1966－0026 异常（八宝山），$\Delta T_{max}=200$ nT，走向东西向，100 nT 等值线圈闭长 3 km，宽 1.2～1.5 km，南部异常（豫 C－1966－0025 即曲里），$\Delta T_{max}=200$ nT，呈 NW 走向，100 nT 圈闭长约 6 km，宽 0.8～1 km（见图 6-3）。

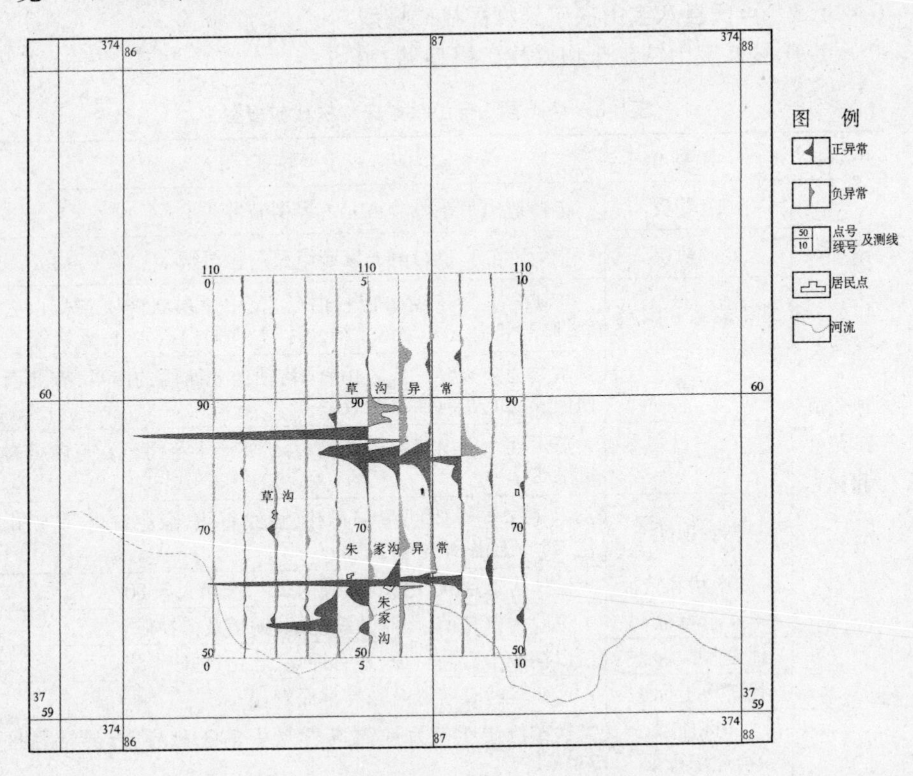

图 6-3 八宝山—曲里 ΔT 平面图

6.4.2.2 矿床所在地区磁场特征

1∶5万航磁特征与区域磁场特征相似，幅值 100 nT，总体上为区域正磁背景场中，有 200～300 nT 的局部异常显示，剖平图上，ΔT 曲线较圆滑，水平梯度较陡，北部八宝山异常有 4 条测线反映，200 nT 等值线圈闭范围长约 1.5 km，宽 1 km。南部曲里异常（豫 C－1966－0025）反映更为明显。

6.4.2.3 矿床地球物理特征及典型剖面分析

1. *矿床岩（矿）石物性特征*

矿床岩（矿）石物性特征见表 6-9。

表 6-9　曲里矿区岩(矿)石磁参数特征

岩矿石名称	采集地点		块数	$K(\times10^{-6}$ SI)			$Jr(\times10^{-3}$ A/m)			说明
				极大	极小	平均	极大	极小	平均	
磁铁矿矽卡岩	曲里村地带	金家沟一带	34	116 800	399	45 000	24 300	39	11 000	
蚀变正长岩（含铁）	曲里村地带	金家沟一带	42	50 060	26	28 000	13 763	31	4 500	
花岗正长斑岩	曲里村地带	金家沟一带	8	6 620	0	1 800	5 108	0	1 000	
含磁铁角岩	曲里村地带	金家沟一带	49	74 770	90	12 000	19 200	29	2 100	
角岩	曲里村地带	金家沟一带	36	3 890	0	1 300	15 810	0	2 500	
含磁铁矿矽卡岩	曲里村地带	朱家沟—杨家湾	16	32 600	11		8 520			含赵家凹
正长斑岩	曲里村地带	朱家沟—杨家湾	43			0			0	含赵家凹
矽卡岩	曲里村地带	朱家沟—杨家湾	15	305	0	100	52	数 +	数 +	含赵家凹
褐铁矿	曲里村地带	前坪	3			数 +			数 +	

2. 矿床所在位置磁异常特征

平面特征分析,在矿区范围内的航磁 ΔT 异常经 1∶1万比例尺磁测详查,分解出草沟、朱家沟、金家沟 3 个地磁 ΔZ 异常,上述异常由西向东继续分布,控制长约 1.5 km,并分别与 3 个铁矿床相对应,构成了曲里铁矿床。

从曲里村磁场图(见图 6-4)可看出,上述异常均处于曲里村西,以高强、尖峰、大梯度为特征,北部伴有明显负值,ΔZ_{max} = 3 000 ~ 6 000 nT,局部上万纳特,ΔZ_{min} = -1 000 ~ -2 000 nT,反映为浅部铁矿引起。

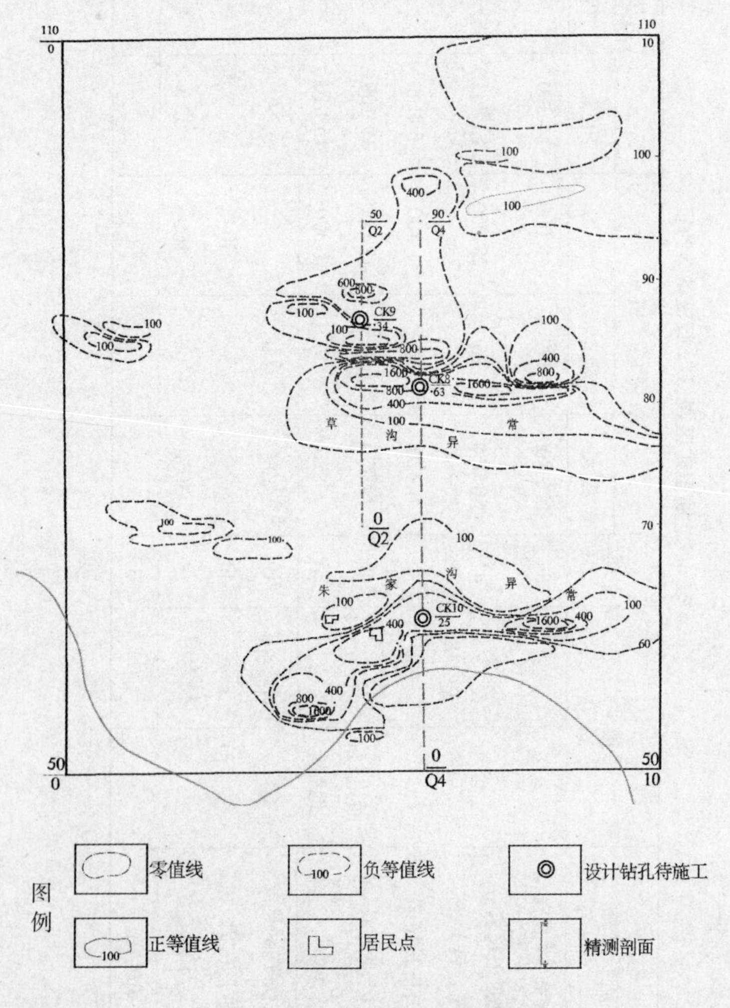

图 6-4　卢氏县曲里村磁异常图

6.5　泌阳条山铁矽卡岩型铁矿地球物理特征

6.5.1　位置

条山矿位于泌阳县东山沟—大堰一带，地理坐标为东经113°28′47″～113°30′05″，北纬33°22′12″～33°22′45″。

6.5.2　地球物理特征

6.5.2.1　矿床所在区域磁场特征

1∶20万航磁图上显示豫C－1966－0264异常位于正负波动的区域磁场中，局部异常在二条测线上反映明显，100 nT高值线呈NW向拉长的椭圆状，长约5 km，宽1.5 km，最高强度200 nT，北部伴随规则的负异常，ΔT_{min} = －100 nT(见图6-5)。

6.5.2.2　矿床所在地区磁场特征

1∶5万航磁图上，条山矿区以波动区域负磁场为背景，断续分布4个局部异常，包括有豫C－1966－0264(条山)、豫C－1966－0264－01(堡子)以及豫C－1966－0328、豫C－1966－0327异常。单个异常走向大致可分两组，一组为NW—SE方向，另一组为迎EW向，多呈分散孤立异常，其峰值最大达4 500 nT，一般300～900 nT，梯度变化剧烈。

上述异常除条山豫C－1966－0264异常反映为磁铁矿引起外，其他异常均系混合岩、斜长角闪岩等矿化岩石引起。

6.5.2.3　矿床地球物理特征及典型剖面分析

1. 矿区岩、矿石物性特征

泌阳条山铁矿区曾作了大量岩、矿石磁参数测定，其特征见表6-10。

由表6-10可见，磁铁矿磁性最强，矿化岩石类具强磁性，K值一般为$(13\ 000 \sim 30\ 000) \times 10^{-6}$ SI，$Jr = (7\ 400 \sim 82\ 000) \times 10^{-3}$ A/m，其他岩石磁性较弱，K值为$(500 \sim 2\ 200) \times 10^{-6}$ SI，$Jr = (200 \sim 3\ 350) \times 10^{-3}$ A/m。

2. 矿床所在位置地球物理场特征

平面特征：矿区内开展了1∶1比例尺磁测详查，其结果显示区内地磁反映同航磁基本一致，都是以区域航磁异常经分解由多个ΔZ局部异常组成，呈负磁场为背景，它们呈孤立状或条带状，沿NW方向断续分布。具有明显的分带现象。其中大堰—条山以北的C_{1-1}、C_{1-2}异常，是矿区规模最大、幅值最高、形态最为规则的两个ΔZ异常，构成矿区的北部异常带，延伸长约1.6 km，宽数

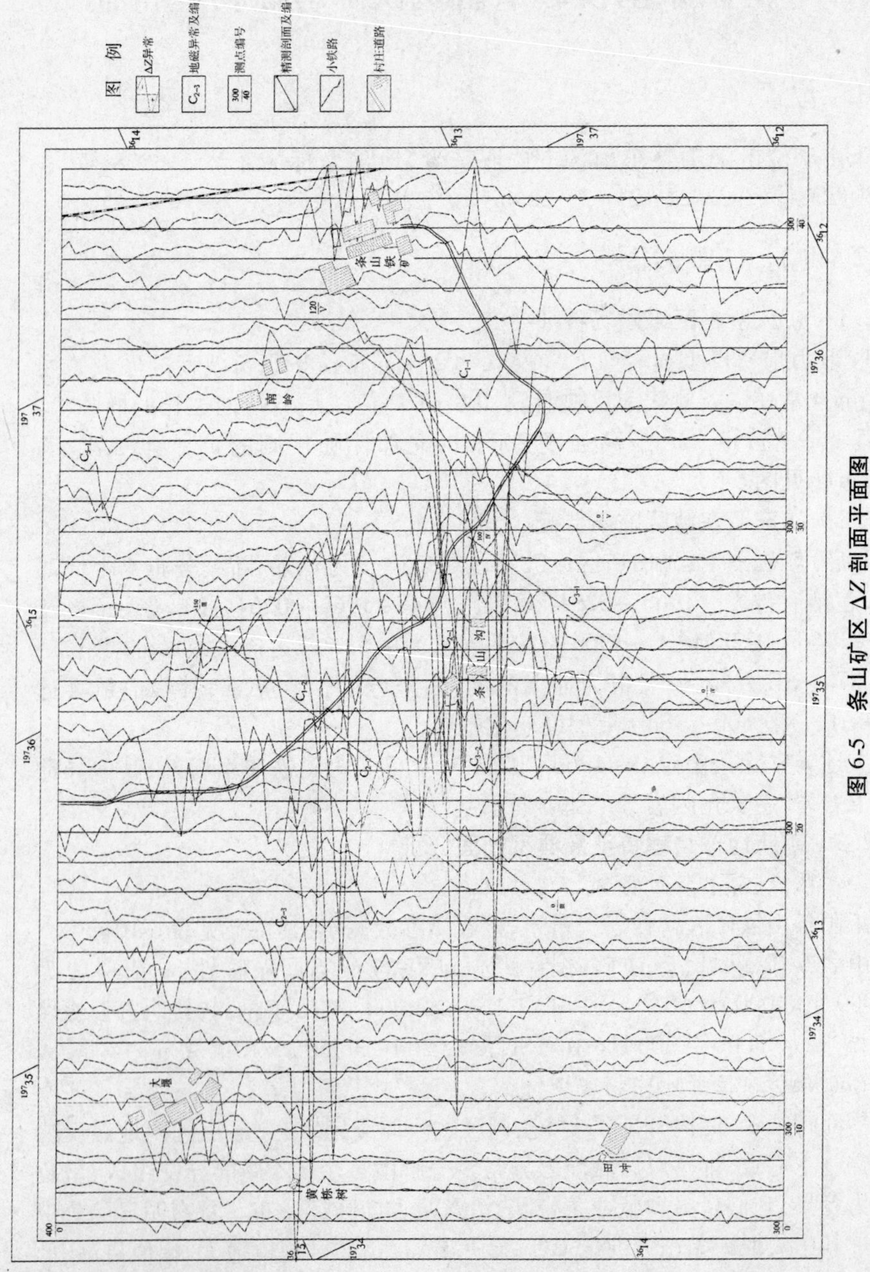

图 6-5　条山矿区 ΔZ 剖面平面图

表6-10　条山矿区岩、矿石磁性特征

岩矿石名称	块数		$K(\times10^{-6}$ SI)			$Jr(\times10^{-3}$ A/m)			φ	θ
	无磁	有磁	极小	极大	平均值	极小	极大	平均值		
磁铁矿		38	29 300	514 000	154 500	6 830	895 000	128 700	135°	-7°
矿化斜长角闪片岩		31	4 470	120 000	30 300	15 300	688 000	82 200	135°	20°
矿化矽卡岩		35	1 860	91 300	13 400	1 020	91 400	19 600		
角闪岩	6	35	137	8 140	1 530	153	60 300	3 350		
矿化斜长角闪岩		5	13 700	52 500	25 400	2 580	24 800	7 370		
斜长角闪片岩	26	22	610	14 200	3 860	425	13 300	3 060		
矽卡岩	14	22	230	2 610	2 120	176	58 000	1 800		
斜长角闪岩	4	16	102	8 800	2 210	90	1 220	367		
二云斜长片麻岩	17	10	870	4 750	1 970	157	5 700	473		
混合岩	19	20	230	3 420 615	670	146	5 270	430		
煌斑岩	2	3	642		1 950	119	110	260		
英安玢岩	3	1			505			200		

十米至数百米，等值线东段宽阔，西段收敛变窄。曲线近于对称，梯度陡两翼均有负值伴生，最高强度 $\Delta Z_{max}=3\ 800$ nT，$\Delta Z_{min}=-1\ 000$ nT，反映为条山铁矿区的主矿床。

大堰—条山沟中部异常带包括 C_{2-1}、C_{2-2}、C_{2-3} 异常，以规模小、强度高、梯度大，呈串珠状，断续分布的线性异常带，最高强度 1 000 ~ 2 000 nT，该带多为由条山矿带浅部小富铁矿体引起。

南带的异常（C_{3-1}、C_{3-2}）均以幅值低、曲线零乱、形态不规则的异常，一般强度 200 nT，局部高达 1 000 nT。南带 C_{3-1}、C_{3-2} 异常与矿化斜长角闪片岩、矿化矽卡岩及局部零星小铁矿的反映有关（见图 6-5）。

6.6　桐柏宝石崖矽卡岩型铁矿地球物理特征

6.6.1　矿区位置

矿区位于桐柏县黄岗乡南西 4 km 处。地理坐标为东经 113°33′21″，北纬 32°36′00″。

6.6.2　地球物理特征

6.6.2.1　矿床所在区域地球物理场特征

1∶20 万航磁图上，区内以正负交变磁场为背景。宏观上可分南、北、中三类不同的磁场。南部边缘(石奶庙—徐老庄)线以南的稳定磁场,幅值为 100 nT;北部磁场(毛集—黄岗公路附近一带)相对南部不仅场强增大(一般在 ±100 nT ~ ±300 nT)而且曲线波状跳动,除北东部出现三个不同走向的升高磁场带外,几乎没有发现局部异常。

6.6.2.2 矿床所在地区磁场特征

1:5万航磁图上宝石崖(豫 C-1978-0005)异常,位于大洪山—河湾异常带。分布在条山—铁山背斜南翼,和构造线方向一致,作 NW—SE 向伸延,以正负相间的跳动磁场为背景,其上分布豫 C-1978-0002、豫 C-1978-0005、豫 C-1978-0013、豫 C-1978-0019、豫 C-1978-0020 等异常,上述异常多为强度大(ΔZ_{max} =5 000 ~8 000 nT),梯度陡,峰值尖锐为特点,多为互不连续的孤立异常存在,反映磁性体埋藏浅,规模小,为互不相连的已知矿体及矿化点。

6.6.2.3 矿床地球物理特征及点型剖面分析

1. 矿区岩(铁)石物性特征

岩矿石物性特征见表 6-11、表 6-12。

表 6-11 主要异常区岩矿石磁性参数分类统计

异常名称	岩石种类	块数		岩石磁性参数(对有磁性部分)						Jr/Ji	φ	θ
				K(×10⁻⁶CGSM)			Jr(×10⁻⁶CGSM)					
		小计	无磁性	极小值	极大值	平均值	极小值	极大值	平均值			
宝石崖异常	磁铁矿	24		880	214 800	40 600	1 190	315 900	20 900	0.501	330°	15°
	含磁铁矽卡岩	17		670	9 460	4 500	105	7 910	1 050	0.23	10°	15°
	磁铁矽卡岩	24		3 570	32 900	14 300	206	65 430	6 378	0.534	30°	41°
	含磁铁斜长角闪片岩	5		2 850	5 600	3 872	593	2 840	1 155		117°	41°
	细晶花岗岩	1	1									
	斜长角闪片麻岩	22	22									
	斜长角闪片岩	27	24	1 350	2 560	2 000	118	2 920	1 057			
	矽卡岩	13	13									
	大理岩	5	5									

表6-12　毛集、黄岗工区岩矿密度分类统计

岩石种类	采集地点	块数	极大值 (g/cm^3)	极小值 (g/cm^3)	平均值 (g/cm^3)
矽卡岩	毛集、黄岗	46	3.68	2.35	3.12
角闪岩	毛集、黄岗	35	3.20	2.61	2.86
辉长岩	毛集、黄岗	5	2.95	2.42	2.68
斜长角闪片岩	毛集、黄岗	55	3.16	2.53	2.78
斜长角闪片麻岩	毛集、黄岗	15	3.10	2.59	2.81
混合岩	毛集、黄岗	10	2.67	2.57	2.63
花岗片麻岩	毛集、黄岗	2	2.59	2.57	2.58
混合花岗岩	毛集、黄岗	5	2.69	2.53	2.59
混合细晶岩	毛集、黄岗	5	2.59	2.53	2.56
大理岩	毛集、黄岗	33	2.70	2.55	2.65
石英岩	毛集、黄岗	8	2.57	2.54	2.56
石英正长斑岩	毛集、黄岗	23	2.57	2.42	2.49
斜长岩	毛集、黄岗	1			2.53
萤石岩	毛集、黄岗	15	3.16	2.98	3.10
辉石岩	毛集、黄岗	27	3.12	2.13	2.80
次闪石岩	毛集、黄岗	33	3.12	2.13	2.80
磁铁矿	毛集、黄岗	112	5.00	3.06	4.07

2. 矿床所在位置磁异常特征

从平面图上可以看出500～1 000 nT等值线封闭为一个整体异常，其等值线北密南疏，西部等值线膨大向南突出，东部等值线收缩变窄，呈北西—南东走向，东西长约1 km，南北宽，自东向西为300～600 m。2 000 nT等值线自形封闭成7～8个不同强度的高值异常，呈串球状分布，构成了较规律的狭长异常带，一般强度为4 000～5 000 nT，ΔZ_{max} =6 782 nT。

这些范围不大、规律性强的高峰异常，分别与宝石崖矿体的苍房沟、小尖山、宝石崖寨、八亩地四个矿段相对应，反映为由已知的矿体引起。

6.7　永城大王庄矽卡岩型铁矿地球物理特征

在1∶5万航磁图上,大王庄矿区处于走向近东西向的区域升高正异常带北侧,正负磁场结合部的梯级带上。这里的局部异常明显,其北部为平稳的负磁场,负磁场北部为一个直径8 km等轴状正磁异常。在化极后磁异常平面等量线图上,磁异常高值区呈一个近似等轴状,有向北、向西的两支分叉现象,矿床位于高值区西北端梯度带上。化极垂向一阶导数,圈出了三个高磁异常,铁矿位于高磁异常之间,矽卡岩型铁矿产于磁性岩体的(M146、M145、M147(豫C-67-146、145、147)),并圈出正负波动尚未编号的众多局部异常。这些异常最大特点是规模小、数量多,北侧并伴有弱负值。

经地磁详查解体后,获得10个地磁异常,在平面图上,150 nT等值线圈闭四个峰值异常,共同构成“十”字形异常,其中以大王庄异常为最大,走向北东,长约1.3 km,宽500 m,在其北部伴随近于对称的负异常。平面剖面图上,该异常幅值高,水平梯度大,ΔZ曲线圆滑、规整,北部并有明显负值伴生,$\Delta Z_{max}=800\sim1\ 600$ nT,$\Delta Z_{min}=-200$ nT。

在区域重力场上典型矿床位于近东西向与北东向重力异常梯级带复合部位的低值异常一侧,在局部重力异常图上位于负重力异常边部拐角部位。

矿区矿石为强顺磁性矿物,其磁化率K达$69\ 100\times10^{-6}$ SI。磁铁矿的剩余磁化强度Jr达$34\ 800\times10^{-3}$ A/m,它们能在地表产生较强磁异常。位于异常东段的28线,通过$M_3$146异常中心处,沿剖面方向进行了垂直(ΔZ)和水平(Hap)两个分量的测量,异常形态好,曲线圆滑,类似教材上的理论曲线。以其峰值高、水平梯度大、北侧伴有明显负值为主要特征,$\Delta Z_{max}=1\ 600$ nT,$\Delta Z_{min}=-300$ nT。求其宽度$2b=42$ m,埋深$h=100$ m(钻探见矿98 m)。剖面有效磁化强度$Js=17\ 800\times10^{-3}$ A/m,根据矿床特征进行了正演计算,得到的ΔZ理论曲线与实测结果相比,具有较好的重合性。钻探证实67-146异常为矽卡岩型铁矿引起,埋深97~360 m,呈透镜状产于花岗岩与灰岩的接触带附近,控制长1 800 m,平均厚1.7 m,倾向北,倾角10°~40°,提交铁矿资源量902.6万t,外围异常铁矿资源量404.2万t,为一中型矽卡岩型富铁矿床。

6.7.1　矿区位置

矿区位于永城以南大王庄—柏山一带。地理坐标为东经116°22′30″~116°23′45″,北纬33°52′05″~33°53′20″

6.7.2　地球物理特征

6.7.2.1　矿床所在区域磁场特征

本区位于鲁西中台隆三级构造单元徐州断陷的西部,1∶20 万航磁图上,大王庄矿区处于走向近 EW 向的区域升高正异常带北侧,正负磁场结合部的梯级带上,这里的局部异常明显,其北部为平稳的负磁场。

6.7.2.2　矿床地球物理特征及典型剖面分析

1. 矿区岩(矿)石物性特征

根据以往物性实测资料,区内岩(矿)石磁参数特征见表 6-13。

表 6-13　岩(矿)石磁参数特征

岩(矿)石名称	采集地	块数	磁参数		说明
			$K(\times 10^{-6}$ SI)	$Jr(\times 10^{-3}$ A/m)	
灰岩	柏山大王庄		0	0	地表及钻孔
花岗闪长岩	芒山		260	70	地表
花岗岩	大王庄	130	450	420	钻孔
正长斑岩	大王庄	21	0	0	
闪长岩	李庄		2 050	550	钻孔
辉长岩	耿柚	73	9 270	8 310	ZK1 孔
辉长辉绿岩	靳庄 ZK2	70	5 760	930	ZK2 孔
铁矿	马岗		69 100	34 800	钻孔
	大王庄		22 500	7 070	

2. 矿床所在位置磁异常特征

本区航磁测量圈闭豫 C－1967－0146、豫 C－1967－0145、豫 C－1967－0147 三个 ΔT 异常,经地磁详查解体后,获得 10 个地磁异常组成,其中以大王庄异常(M146、1、2)为最大,在平面图上,150 nT 等值线圈闭两个峰值异常,共同构成长条状异常,走向近 EW,长约 1.3 km,宽 500 m,在其北部伴随近于对称的负异常。平面剖面图上,该异常幅值高,水平梯度大,ΔZ 曲线圆滑、规整,北部并有明显负值伴生,ΔZ_{max} = 8 00 ~ 1 600 nT,ΔZ_{min} = －200 nT。其他各异常特征见表 6-14。

表 6-14　大王庄矿区 ΔZ 异常特征

异常名称与编号	ΔZ 异常范围	异常特征				地质特征	解释推断
		走向	形态	ΔZ_{max}	ΔZ_{min}		
孙柚　M4	长 600 m 宽 250 m	NW	拉长椭圆	200 nT		第四系覆盖	验证见矿
李楼　M5	长 430 m 宽 300 m	EW	椭圆	200 nT		第四系覆盖	验证见矿
大王庄北　M6	长 300 m 宽 200 m	EW	椭圆	140 nT	-140 nT	第四系覆盖	验证见矿
张庄　M7	长 550 m 宽 500 m	EW	浑圆	100 nT	-50 nT	第四系覆盖	验证见矿
赵柚　M8	半径为 200 m	EW	似圆	170 nT	0 nT	第四系覆盖	验证见矿
M9	半径为 100 m	EW	似圆	130 nT	-30 nT	第四系覆盖	验证见矿
程庄 M145、10	长 700 m 宽 350 m	SN	拉长椭圆	400 nT	-50 nT	第四系覆盖	验证见矿
朱陈庄　M1	长 800 m 宽 300 m	SN		200 nT		第四系覆盖	验证见闪长岩

6.8　舞阳八台矿区赵案庄沉积变质铁矿典型矿床

矿区位于舞钢市八台镇境内，又称八台铁矿。矿区东西长 10 km，南北宽 5 km，面积 50 km²。地理坐标为东经 113°30′00″，北纬 33°22′20″。

20 世纪 60 年代进行了 1∶1万～1∶5万不等的地磁测量，70 年代完成了 1∶5万航磁测量，研究程度较高。

6.8.1　矿区岩(矿)石磁性特征

岩矿石特性统计结果见表 6-15。片麻岩类、混合岩类组成的矿体围岩，磁性较低，含矿蛇纹磁铁矿、磁铁蛇纹岩、石英型磁铁矿等为强磁性，与围岩磁性明显的差别是引起局部磁异常的原因。区内火成岩物性测定除以感磁为主，剩磁很小，磁化强度较均匀，其他岩石如安山玢岩、正长斑岩等磁性变化显著，所产生的局部异常一般多具抖动现象。

表6-15　赵案庄沉积变质铁矿岩矿石磁性参数

工区	异常名称（钻孔编号）	岩性	标本块数	统计特征值			说明
				$K(\times10^{-5}$ SI)	$Jr(\times10^{-3}$ A/m)	θ	
八台工区	赵案庄（CK133）	富矿	62	104 600	25 800	52°	K、Jr为平均数
		贫矿	31	67 260	28 200	47°	
		表外矿	46	9 670	4 300	48°	
		角闪岩	48	4 250	830		
		闪长岩	33	2 800	470		
		片岩	17	1 280	0		
		混合岩	98	0	0		
		片麻岩	97	0	0		
		含矿层	26	71 040	8 470	53°	以厚度为权的平均值
	ZK234	富矿	10	155 700	15 240	59°	
	ZK235	含矿层	20	36 700	3 400	47°	
	ZK234 ZK235	矿层顶底板岩石	118	0	0		

6.8.2　典型矿床磁场特征

区域磁场上，处于豫中开阔而平静的负磁区的南缘，与伏牛—大别强烈变化升高磁场区紧紧衔接。受区内广布的元古代—新生代无磁性地层及南部伏牛—大别磁场区北缘高磁异常的伴生负值的综合影响，造成了以负磁为背景的磁场面貌。化极后在舞阳矿田形成了北西向带状的跳跃变化的正磁异常，区内大片负磁场对应于元古代—新生代无磁性地层。舞阳地区局部异常一部分为磁铁矿及超基性岩体引起，另一部分则由安山玢岩、闪长岩引起。

赵案庄铁矿处于豫中开阔而平静的负磁区的南缘，在大面积的负磁背景上分布有两个异常带，分别为：赵案庄—王道行—下曹异常带、经山寺—铁山庙异常带。1∶10 000地面Za异常平面，赵案庄铁矿异常外形为一个东西走向的椭圆，异常反映磁性体向西逐渐收缩倾伏，异常极大值为1 600 nT，北侧伴生－100～－200 nT负值，异常长1 600 m，平均宽500 m。

6.8.3　典型矿床重力场特征

在区域重力场上,典型矿床位于布格重力高值异常区的边部扭曲部位,在局部异常图上位于正异常上。

6.8.4　典型矿床地质—地球物理模型

矿石为强顺磁性矿物,其磁化率 K 达 $104\ 600\times10^{-5}$ SI,在地球约为 0.5×10^{-4}T 的磁场强度下,它产生的感应磁化强度与磁化率成正比。磁铁矿的剩余磁化强度 Jr 达 $25\ 800\times10^{-3}$ A/m,磁铁矿的感应磁化强度和剩余磁化强度,在地表产生的磁场强度与测点到磁性源的距离的三次方成反比。在地表测得的磁场强度大小反映了磁铁矿的储量大小与它距测点的距离。

区内岩矿石含磁性物质的多寡不同和厚度规模的变化,在地表产生的磁场强度会有较大变化。对混合岩、片麻岩等围岩基本为无磁性,它们不会产生感应磁场,剩余磁化强度也很弱。故在矿区的磁异常为磁铁矿的反映,利用磁场的变化规律可以判断磁性物的埋藏深度和地表的投影位置。

图 6-6 为通过赵案庄铁矿异常西端的地质—地磁剖面,异常强度为 1 000 nT,北翼较陡,南翼较缓,北端伴生有负异常。经钻孔 CK68、CK62、CK76、CK109 验证均见到工业矿体,按钻孔控制铁矿进行 2.5D 正演拟合,铁矿体埋深 336 ~ 424 m,矿体宽度 $2b=152$ m,矿体倾向南,倾角 156°30′,$Js=48\ 000\times10^{-3}$ A/m。

6.9　许昌晚太古代变质铁矿许昌武庄典型矿区

6.9.1　矿区位置

矿区位于许昌、长葛、禹县三县交界部位,距京广线西侧 8.25 km。地理位置为东经 113°41′00″,北纬 34°08′00″。

20 世纪 60 年代进行了 1∶2 000 ~ 1∶5万不等的地磁测量,70 年代完成了 1∶5万航磁测量,研究程度较高。

6.9.1.1　矿区岩(矿)石磁性特征

岩(矿)石的磁性参数见表 6-16。

从表中可知磁铁矿最大磁化率为 $417\ 500\times10^{-5}$ SI,剩余磁化强度最高为 $572\ 000\times10^{-3}$ A/m。基性岩体因含磁铁矿,磁化率和剩余磁化强度相对较高,

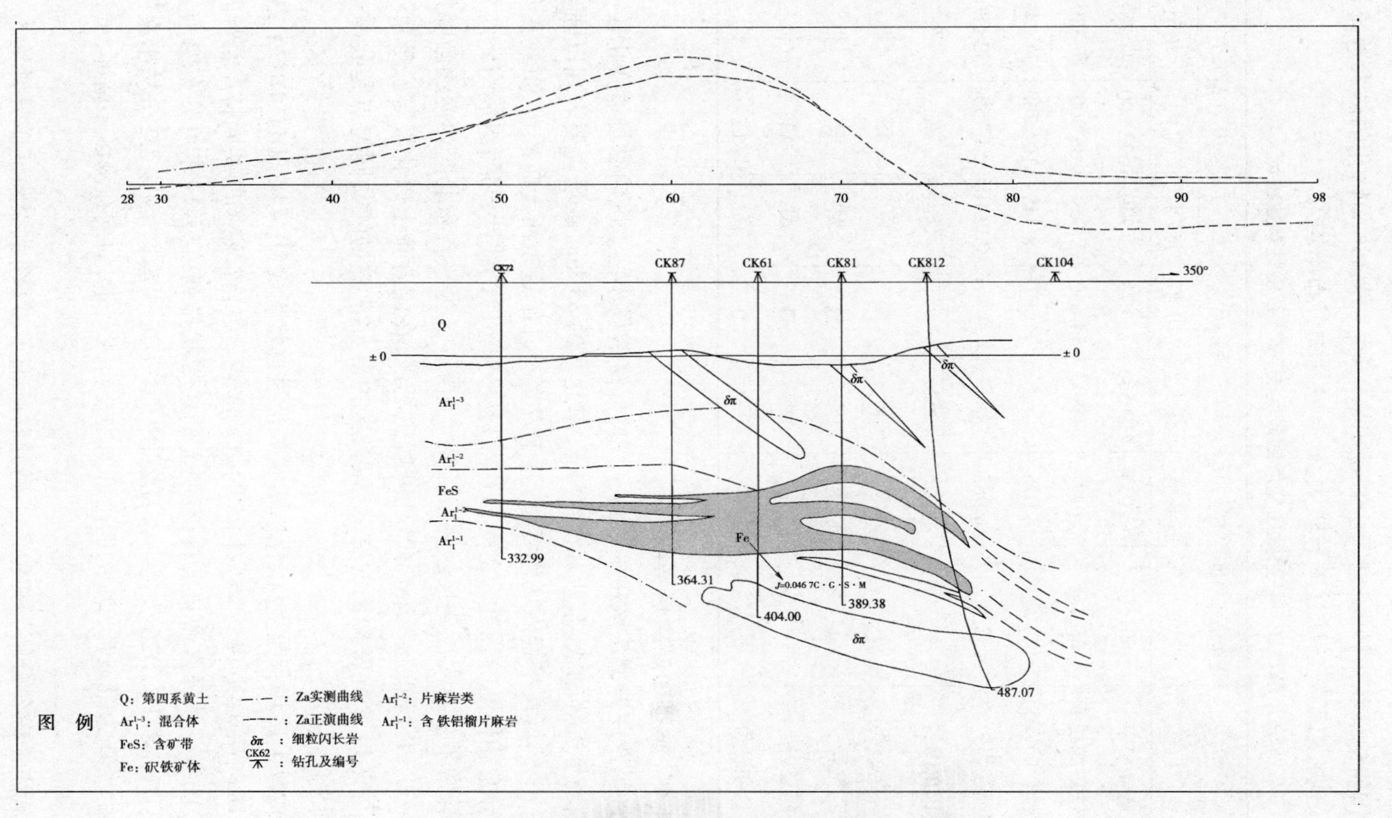

图 6-6　舞阳赵案庄铁矿地质—地磁找矿剖面

成矿围岩磁性相对较弱,已无法测量出来。同一异常不同钻孔的磁参数统计结果表明,岩矿石的磁性差异较大,矿石磁性物分布不均匀。

表6-16 许昌武庄变质铁矿区岩(矿)石磁性参数统计

岩(矿)石名称	磁性层厚度(m)	$K(\times10^{-5}$ SI)			$Jr(\times10^{-3}$ A/m)		
		最小	最大	均值	最小	最大	均值
磁铁矿	507.06	3 035	417 500	71 073	1 730	572 000	47 781
含磁铁矿蛇纹岩	253.56	649	34 800	14 650	66	36 800	6 380
含磁铁矿闪石岩	4块	4 075			8 348	104 750	31 547
蚀变岩	2块	8 985			20 640	51 750	32 680
斜长角闪岩		无	磁	性	无	磁	性
砾岩		无	磁	性	无	磁	性
浅粒岩		无	磁	性	无	磁	性
碎裂岩		无	磁	性	无	磁	性
斜长变粒岩		微	磁	性	微	磁	性

6.9.1.2 典型矿床磁场特征

许昌武庄典型矿区位于长葛—许昌低缓磁场小区。区内磁场值变化较平缓,磁场呈近等轴状,东西宽约40 km,南北宽约35 km,磁场主要表现以强度约50 nT的低缓平稳磁场作背景,其上发育有几组近东西走向的正、负或正负规则异常相伴随的强度为200 nT(局部达350 nT)的线性异常,组成南北向分布的异常带。从大比例尺磁测平面图上看,本区为一自东北向西南逐渐降低(由-50 nT到低于-200 nT)的开阔磁场区,在此背景上以化极零磁等量线自然圈成14个异常构成的磁异常群,区内各异常磁场的共同特点是异常规则、圆滑。

在以上磁场背景上,以化极零磁等量线自然圈成D1~D8、D11、D16、D23、D26、D28、D30,共14个异常构成的磁异常群。各异常磁场的共同特点是异常规则、圆滑。从异常展布来看,有明显的成带状排列,自西向东可分布四个异常带:D5、D8、D7、D26为第一带;D2、D3、D4、D28为第二带;由D2分枝出来的D11和D30为第三带,D1的四个峰值中心自成一带,斜列在测区东南部,可视为第四带。

武庄铁矿各分解异常位于正磁异常峰值上,以经钻探验证矿异常为D2、

D3、D4、D5、D6、D7、D8、D11、D16、D26、D28。从大比例尺磁异常图上，磁异常呈近南北向平行排列，呈多峰值出现。其中D4异常强度为759 nT，长约1 000 m，宽约450 m，异常两翼基本对称；D6异常总体呈似等轴状，异常强度为469 nT，长约900 m，宽约800 m。在垂向一阶导数图上，呈明显南北向带状，磁异常峰值对应了已知钻孔。

地表不同类形的异常，反映了地下磁性岩矿体基本轮廓，磁场以不同方向呈带状分布的这一特点，说明本区发育着北北西、北北东或北东走向的断裂，磁场基本反映基底的构造特征。与此同时，各单个异常走向的频繁变化，反映了矿体形成后复杂的构造变动。

6.9.1.3　典型矿床重力场特征

典型矿床所在区域重力场为临汝北—许昌北西向重力高带，在许昌处分叉为两支，北支从灵井北拐经司堂—长葛后又向南东方向延伸。南支从灵井南拐经椹涧—榆林后向南东方向延伸。重力高强度从西端起分别为-46×10^{-5}、-44×10^{-5}、-32×10^{-5}、-16×10^{-5}（灵井）、-20×10^{-5}（司堂）、-30×10^{-5}、-28×10^{-5} m/s^2，其中灵井和司堂两重力高处于分叉转折部位，反映该处地质构造较复杂、多变。司堂重力高在区域重力图中为北西向椭圆形。

6.9.1.4　典型矿床地质—地球物理模型

矿区磁铁矿石为强顺磁性矿物，其磁化率K达$417\ 500\times10^{-5}$ SI，剩余磁化强度Jr达$572\ 000\times10^{-3}$ A/m。选择经过D4、D6线的磁法精测剖面，通过钻孔ZK403、ZK401、ZK402和ZK602、ZK601、ZK603钻孔对铁矿的控制作为边界条件，进行2.5D正演拟合后，D4异常铁矿埋深$h=250$ m，$2b=100$ m，铁矿倾角$l=74°$；磁化倾角$i=80°$。磁化强度$J_0=24\ 000\times10^{-3}$ A/m（见图6-7）。D6异常矿体埋深$h=350$ m，$2b=150$ m，矿体倾角$a_{01}=25°$，$a_{02}=0°$；磁化倾角$i=81°$，磁化强化$J_{01}=2\ 400\times10^{-3}$ A/m。

6.9.2　地球物理特征

6.9.2.1　区域磁场特征

从许昌地区1∶5万航磁（ΔT）等值线平面图可知区内磁异常大多为北西—南东走向，磁场强度一般为50～200 nT，而武庄矿区为150～350 nT。因为区内为秦岭东西向复杂构造带北亚带与新华夏系的交会部位，导致区内构造复杂，且地层为一套角闪质岩石与变粒岩夹磁铁石英岩及娟云片岩，其原岩为一套中基性—中酸性火山岩和凝灰岩及火山喷发活动有关的磁铁石英岩组成，所以区内形成较多磁异常。

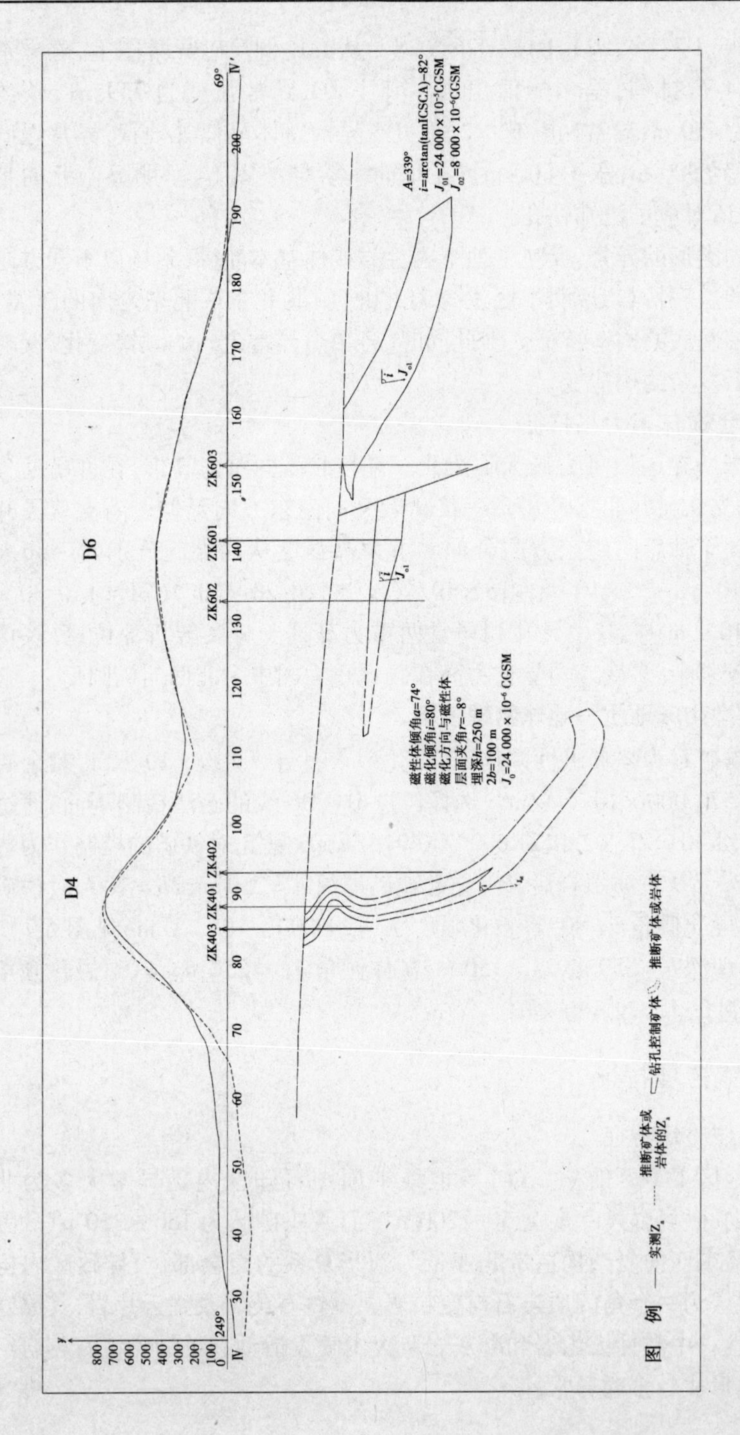

图 6-7　许昌武庄铁矿床地质—地磁找矿模型

6.9.2.2　矿床所在地区磁场特征

从 1∶5万 ΔT 航磁平面图可知，本区为一自东北向西南逐渐降低（由 -50 nT 到低于 -200 nT）的开阔磁场区，在此背景上由零等值线自然圈成 D4、D6（见图 6-8），区内各异常磁场的共同特点是异常规则、圆滑。

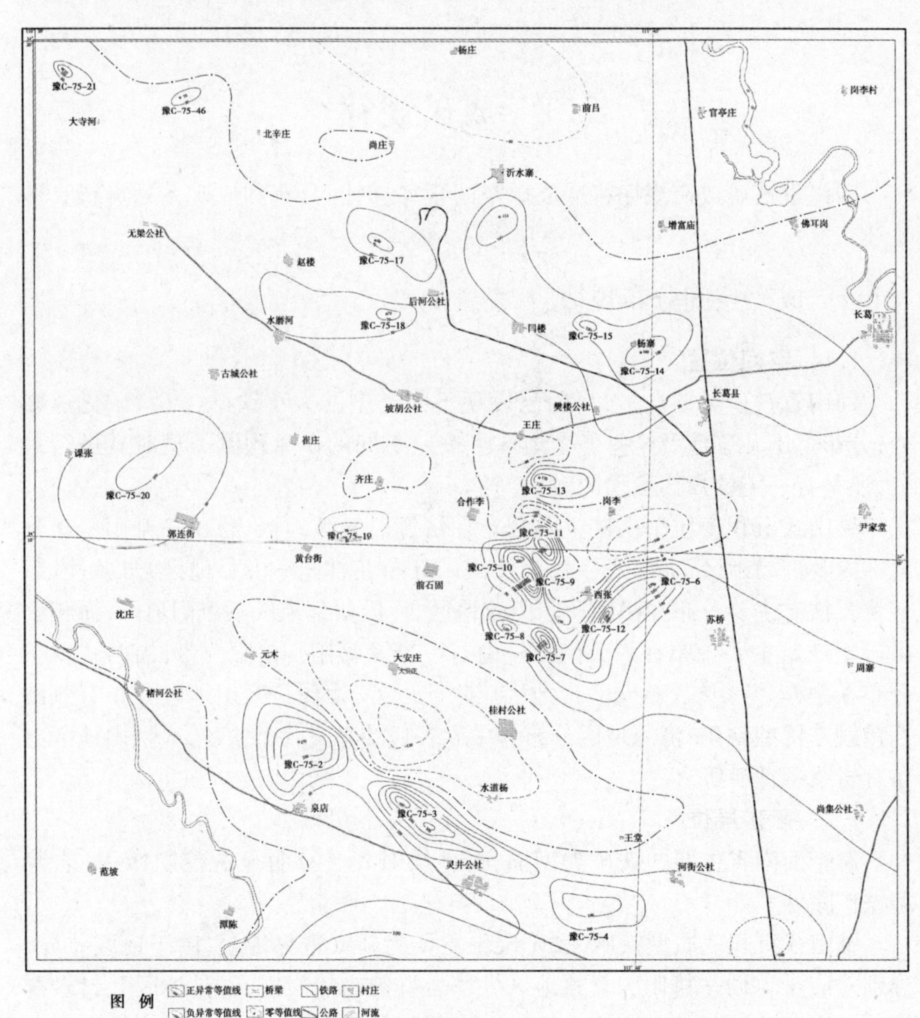

图 6-8　许昌地区磁异常平面图

第 7 章 河南省铁矿主要类型成矿规律

7.1 成矿规律

河南省铁矿成矿规律将从成矿空间规律、时间分布和成矿系列进行具体论述。

7.1.1 成矿空间分布规律

7.1.1.1 空间位置

河南省铁矿类型众多,目前已发现不同类型的大小铁矿(点)、矿化点多处,分布范围几乎涉及全省各个地区。按照不同的矿床预测类型对其进行划分,还是有一定的规律可循的。

鞍山式沉积变质型铁矿主要分布在济源—武陟地区、鲁山—舞阳—新蔡地区以及许昌地区;邯邢式接触交代铁矿分布在林州—汲县地区、永城地区;宣龙式铁矿主要分布在洛阳—三门峡地区、卢氏西部地区及汝阳地区;海相火山岩型铁矿主要分布在卢氏南部—南召一带及泌阳—信阳一带;山西式铁矿分布在焦作、三门峡、新安一带地区。除此以外,卢氏—栾川地区分布有燕山期接触交代型铁矿,济源地区分布有中元古代接触交代型铁矿,大别山地区分布有岩浆型铁矿等。

7.1.1.2 赋矿层位

对于河南省主要的铁矿类型而言,地层对其具有明显的控制作用(岩浆型铁矿除外)。

鞍山式沉积变质型铁矿,赋矿层位主要为新太古界地层,由于地区差异,分别对应于鲁山—舞阳—新蔡地区太华岩群铁山岭岩组、许昌地区登封岩群的常窑岩组及济源武陟的林山岩群。除这几个地层外,古元古界地层中也有沉积变质型铁矿存在,如济源—武陟地区,古元古界银鱼沟群赤山沟组中就存在沉积变质型铁矿。

邯邢式接触交代型铁矿,受到燕山期侵入岩体和中奥陶统马家沟组的控制,主要赋矿地层为马家沟组 3 段和 5 段(O_2m^3 和 O_2m^5)。铁山河式接触交代型铁矿赋矿层位为古元古界银鱼沟群白崖山组变质岩系。

宣龙式海相沉积型铁矿,赋矿地层为中元古代蓟县系云梦山组和官道口群高山河组上段。条山式海相火山岩相铁矿,赋矿地层为下古生界二郎坪群,南阳盆地以西为大庙组和火神庙组,南阳盆地以东为刘山岩组。山西式铁矿,赋矿位置为晚石炭系本溪组铝土页岩或铝土页岩与奥陶系灰岩的接触面处。

7.1.1.3　大地构造位置与铁矿的关系

河南省铁矿的空间分布受大地构造位置的严格控制。不同的大地构造环境为不同类型的铁矿形成提供良好的成矿空间和成矿物质来源,决定了不同类型铁矿的分布规律及矿石特征。

鞍山式沉积变质型铁矿分布于太华—登封新太古代岩浆弧。邯邢式接触交代铁矿在安林地区为早古生代碳酸盐台地(ϵ—O)和太行山(中段)陆缘岩浆弧(J—K,中基性)组合,永城地区为鲁西碳酸盐台地(Pt_3—O)和鲁西火山岩浆带(J—K,中基性)组合,早期构造形成巨厚层碳酸盐岩地层,后期提供丰富成矿物质来源,缺一不可。条山式海相火山岩型铁矿受控于早古生代二郎坪—信阳岛弧带,大量的海底火山喷发和潜火山岩侵入,为成矿提供了物源和热源。铁山河式接触交代型铁矿分布在中条山古元古代活动陆缘。上房式接触交代型铁矿、八宝山式接触交代型铁矿和曲里式接触交代型铁矿都分布于小秦岭—伏牛山碰撞造山岩浆弧带。

7.1.1.4　岩相古地理对沉积型铁矿的控制作用

河南省宣龙式海相沉积型铁矿分布严格受蓟县系早期岩相古地理控制,分布在当时的沉降中心附近,含矿地层的沉积厚度决定了铁矿的规模大小。山西式铁矿分布范围在早二叠世早期岩相古地理的泻湖相、潮坪相和沼泽相中。

7.1.2　沉积变质型铁矿的成矿规律

沉积变质型铁矿成矿时期比较早,主要在太古代、古元古代成矿,后经多次构造运动,铁矿进一步富集成矿,矿石品位也相应提高。

在太古界,铁矿主要分布于华北地台北缘的吉林东南部、鞍山—本溪、冀东—北京、内蒙古南部和地台南缘的许昌—霍丘、鲁中地区,成矿特征明显受构造控制。以受变质沉积型铁硅质建造矿床为主,常称"鞍山式"铁矿。多为大型矿床,周边此类铁矿床主要赋存于前寒武系的鞍山群、迁西群、密云群、乌拉山群、泰山群、登封群、霍丘群等。其岩石变质程度多属角闪岩相,部分属麻粒岩相或绿片岩相,并受混合岩化。矿石以条纹状、条带状、片麻状构造为特征,被称为条带状磁铁石英岩型铁矿。太古界铁矿储量占41.4%。

古元古代铁矿主要分布于华北地台中部北东向五台燕辽地槽区。矿床仍以受变质沉积型铁硅质建造为主,赋存于五台群、吕梁群变质岩中,矿石以条纹状、条带状构造为主。在南方地区有伴随海相火山岩、碳酸盐岩的火山岩型矿床,以云南大红山铁铜矿床为代表,矿体产于大红山群钠质凝灰岩、凝灰质白云质大理岩中。

对河南省沉积变质型铁矿矿床研究发现,矿床主要分布于华北地台的南缘,即秦岭造山带以北地区,这类矿床和它所产生的异常具有一定的分带性,并有南北成列、东西成行的特点,矿床(矿点)、异常多处在行列的交会点上(见图 7-1)。矿床还具有集区性,这就构成矿床往往是成区成片的分布特征,由舞阳到鲁山、许昌到登封、沁阳到济源矿床的分布明显地反映出集区性的特

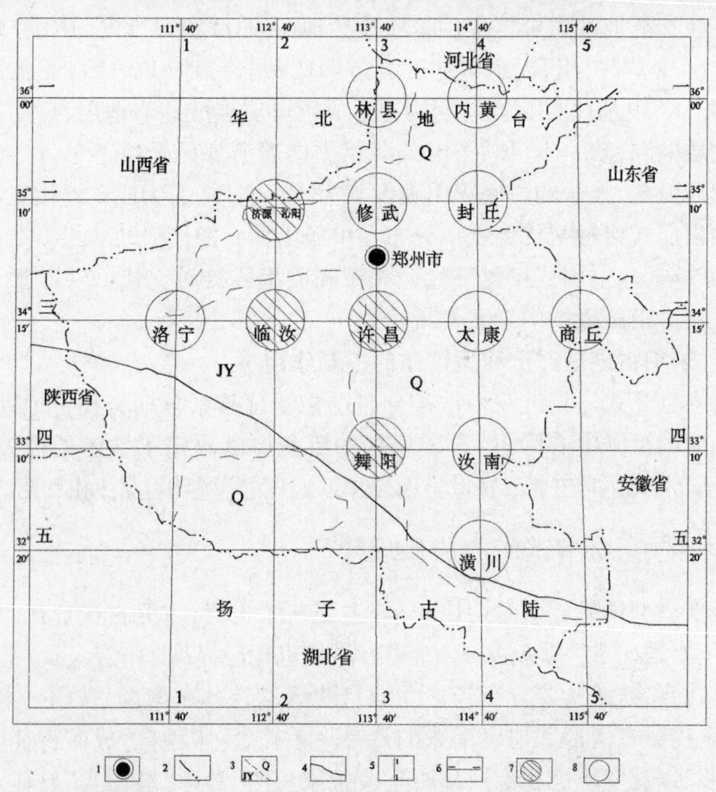

1—郑州市;2—省界;3—基岩与第四系分界线;4—地台与古陆分界线;

5—经向凹陷及编号;6—纬向隆起及编号;7—变质铁矿区;8—变质铁矿异常区

图 7-1　河南省太古代沉积变质铁矿构造格架控矿特征示意图

点,从恢复河南省晚太古代古地理沉积环境来看,古环境对矿床的形成也起着决定性的作用。综合以上特征,沉积变质矿床的形成是受早期的沉积环境和后期的构造所控制的。

资料显示,太古代晚期地球表面还未形成稳定的地壳,地表温度较高,表壳薄薄的岩层可塑性特强。在此期间,地球应力发生变化(东西向压力),地表发生了一系列近南北向的隆起和凹陷并伴随着海侵和大量的火山喷发。火山喷发物质富含铁质,在海水的作用下,火山物质发生分异在凹陷带沉积,随着火山物质的不断加入,在凹陷带内就形成了一套含铁沉积建造,含铁建造严格受凹陷带的方向所控制(见图7-2)。

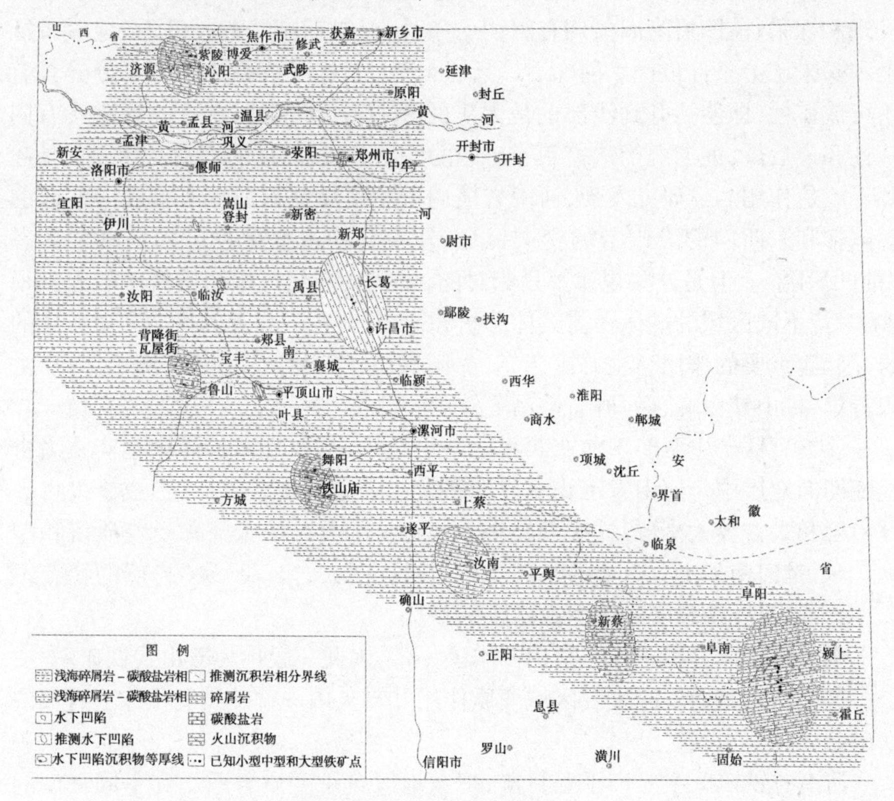

图7-2 河南省晚太古代古盆地沉积铁矿形成轮廓图

在元古代的中晚期地球应力再次发生变化(南北向压力),地表发生了一系列近东西向的隆起和凹陷,亦发生了海侵和火山喷发。

此次构造运动后,地球表面形成了固定的表壳,构成了牢固的基底,也抑制了后期构造运动的发展。太古代的沉积铁矿虽然受不同时期的构造影响，但主要受元古代的构造运动改造才形成了今天的分布格局，这种成矿特征的形成是由两个不同时期的构造叠加在同一古老时代的地层之上所产生的。由于同一地层受两次运动的叠加，派生出了形形色色的地质特征，弄清这些构造形迹的成因，恢复各时段的本来面貌，旨在对矿床的形成有一个明确的认识，以便指导找矿。两种构造叠加控制矿田的分布规模和范围，会出现四种形态：①双隆（即隆—隆叠加）；②双凹（即凹—凹叠加）；③前凹后隆（即凹—隆叠加）；④前隆后凹（即隆—凹叠加）。几种形态中对控矿找矿最有利的当属于第三种，即前凹后隆。因双隆无沉积或易剥蚀；双凹由于盖层叠加而深埋不易发现和探采；前凹后隆因前期有沉积的条件，又被后期隆起抬升，在地磁特征上和探采矿上条件最优。前隆后凹者，因前期未接受沉积或无海水分异具有不可成矿性，即使抬升到浅部也是无矿的多。构造格架对矿藏的形成具有同期性和期后性，前期的构造控制了矿床的原始分布，后期的构造对其仅仅是起到了改造作用。经研究发现，河南省境内沉积变质铁矿的分布恰在南北向的凹陷带和东西向的隆起带的交会区域，较符合构造格架控矿的第三种形态（前凹后隆）。但是这些规律都是相对的，干扰太古代沉积变质铁矿的因素很多，对待不同区域的矿床还需具体分析和研究，对我们今天的找矿和对矿床的研究起着重要的作用。主要矿床有：舞阳铁山、经山寺、小韩庄，济源莲东，沁阳行口，鲁山铁山岭、西马楼，许昌等铁矿。

该类型铁矿主要产于前寒武系的地层之中，具有规模的矿床是产在太古代晚期的地层中。河南省沉积变质型铁矿主要是鞍山式铁矿，形成于太古界林山群和太古界太华群，铁矿规模多为大型。这类铁矿床又称受变质沉积型铁矿床，是河南省十分重要的铁矿类型，并具有“大、贫、浅、易（选）”的特点。

7.1.2.1 变质铁硅质建造型铁矿床

典型铁矿床分布于辽宁鞍山—本溪一带，因此一般称为鞍山式铁矿。

这类铁矿是受不同程度区域变质作用并与火山—铁硅质沉积建造有关的铁矿床。

河南省铁矿床主要产于登封群，多数地区含铁变质岩系受到不同程度的混合岩化、花岗岩化作用。

变质铁硅建造中铁矿层是多层的，也有1~2层的，呈层状、似层状、透镜状产出。矿床规模大多数为大型或特大型。

矿石中铁矿物与石英组成具有黑白相间的条带状、条纹状构造，变质程度高时，向片麻状过渡。

矿石为磁铁石英岩、赤铁石英岩、绿泥磁铁石英岩、角闪磁铁石英岩。

这类铁矿典型代表是舞阳的铁山庙式铁矿。

7.1.2.2　变质碳酸盐建造型铁矿床

这种类型铁矿是受到轻微区域变质作用的碳酸盐型沉积铁矿床。主要产于元古代地层中。

含矿岩系主要由碎屑—碳酸盐岩组成,如砂岩、泥岩、灰岩等。矿体呈层状、似层状、扁豆状、地瓜状、不规则形态。

矿石矿物有赤铁矿、磁铁矿、菱铁矿、褐铁矿等。矿石以块状结构、条带状构造为主,鲕状结构次之。

矿石类型有赤铁矿型、磁铁矿型、菱铁矿型、次生褐铁矿型。磁铁矿型、赤铁矿型矿石围岩多为千枚岩,而菱铁矿型矿石围岩多为大理岩。

这类铁矿典型代表是登封的井湾和五指岭铁矿。

7.1.3　接触交代型铁矿的成矿规律

接触交代型铁矿在河南省铁矿类型中占有重要的地位,仅次于沉积变质型铁矿,形成于奥陶系中统、古元古界堡子组、中元古界汝阳群、下古生界二郎坪群。

河南省的接触交代型矿床进一步分为以下四类:

(1)吕梁期的侵入闪长岩与古元古界白崖山组的变质大理岩接触交代所形成的铁矿,代表矿床为济源铁山河(见图7-3)。

(2)燕山期的侵入花岗岩与古元古界彭家寨组的变质大理岩接触交代所形成的铁矿,代表矿床泌阳条山、桐柏铁山。

(3)燕山期的侵入花岗斑岩与中元古界官道口群的变质大理岩接触交代所形成的以铁为主的多金属矿床,代表矿床卢氏八宝山、曲里。

(4)燕山期的侵入闪长玢岩、花岗岩与古生代中、下奥陶系泥质碳酸盐岩接触交代所形成的铁矿,代表矿床有安林地区的李珍铁矿(见图7-4)和永城大王庄铁矿。

总结河南省接触交代型铁矿各矿床的成因,有两个最主要的共同点:

(1)铁矿的形成与碳酸盐岩关系密切,铁矿与碳酸盐岩关系密切的原因是碳酸盐岩既是造岩矿物又是造矿矿物。

(2)铁矿赋存的围岩都是易变形、可塑性强的薄层状岩层,产在前寒武系内的铁矿围岩大多数是(含大理岩层)绿片岩类,即角闪片岩、绿泥片岩、绢云片岩、长英片岩等。而产在寒武系以后地层中的铁矿围岩多是薄层状的泥、页

地层				柱状图(示意图)	主要岩性	矿化类型及矿(化)点名称
下元古界	铁山河群	桃园组	Pt_1t		底部为厚层状变质砂岩，其上为银灰色绢云片岩夹大理岩	交代大理岩型磁-赤铁矿化
		白岩山组	Pt_1b^2		绿混泥片岩夹大理岩	交代大理岩型磁-赤铁矿，铁山河，白岩山，滑坡等
			Pt_1b^1		巨厚层状变质石英砂岩	
	银鱼沟群	赤山沟组	Pt_1c^3		变质石英砂岩，绿泥片岩，夹1~4层含铁石英岩	条带状磁铁矿，驷牛沟冷沟等
			Pt_1c^2		灰白色、肉红色厚层状大理岩夹绢云片岩，绿泥片，底部为石英岩	交代大理岩型磁-赤铁矿，龙王庙、草沟、牛圈掌等
			Pt_1c^1		绿泥片岩为主夹少量大理岩	交代大理岩型磁-赤铁矿。驷牛沟、迎门宫、黄石铺等
		幸福园组	Pt_1x		底部为绢云片岩，中上部为变质砂岩，绢云片岩，绿泥片岩夹大理岩	热液型镜铁矿。谭家疙岭，苇园沟等
太古界	林山群组				片麻岩，混合岩等	

图 7-3　济源铁山河矿区综合柱状图

岩类，即泥质灰岩、泥质白云岩、泥质页岩、白云质页岩、角砾状泥灰岩、白云质灰岩等。由于这类岩层在构造运动中较厚大的刚性岩层易于被破坏，即拉伸、滑动、断裂、裂隙、形变、虚脱等，给岩浆或热液的侵入和赋存提供了条件。

界	系	统	组	代号	柱状示意图	厚度(m)	岩性描述
新生界	第四系	上		Q	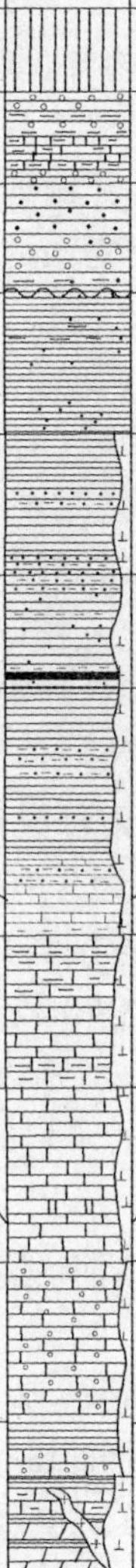	0~70	黄土及冲击洪积的砂砾层
							不整合接触
	新近系	新统	巴家沟组	N_2		46~72	灰绿紫色黏土泥质灰岸及深灰色石灰岩
			鹤壁组			171~205	钙质细砂岩、粉砂岩，钙质砂质石灰砾岩及深色黏土层
							不整合接触
中生界	三叠系	下三叠统	石千峰组	T_1		345	上部为薄层板状中细粒砂岩夹薄层紫红色页岩，下部为紫红色页岩砂页岩、薄层状砂岩互层
							不整合接触
古生界	二叠系	上二叠统	石盒子组	P_2		428	灰至浅灰色砂岩，砂质页岩及页岩互层，砂岩为细至粗粒，页岩在上部为紫红色，在下部含大羽羊齿化石
		下二叠统	山西组	P_1		501	中至细粒砂岩，页岩，砂质页岩及煤层，含轮木、羊齿等化石英钟
							整合接触
	石炭系	上石炭统	太原群	C_3		144	深灰色灰岩、页岩及煤层，含珊瑚、蝌蚪海、百合等化石
		中石炭统	本溪组	C_2		34	以页岩为主，底部为山西式铁矿
							假整合接触
	奥陶系	中奥陶统	马家沟组	O_2		260~417	以深灰色质纯的灰岩为主，底部为黄灰色钙质以深灰色质纯的灰岩为主，底部为黄灰色钙质页岩并有一层5~100 m角砾状灰岩，含化石。
							局部不整合接触
		下奥陶统	亮甲山组及冶里组	O_1		108~264	灰色黑灰色白云质灰岩，含燧石团块及灰白色、灰黑色、黄色白云岩及白云质灰岩
	寒武系	上寒武统		ϵ_3		30	白云质灰岩，泥屑灰岩夹竹叶状灰岩及页岩，含蜿足类化石，及三叶虫化石
		中寒武统		ϵ_2		20~250	深灰色巨厚层，鲕状灰岩夹白云质灰岩，薄层灰岩含三叶虫化石
		下寒武统	龙王庙阶及朱砂洞组不分	ϵ_1		100~330	上部紫色页岩豆青色页岩夹鲕状灰岩，下部为矽质灰岩、钙质页岩及竹叶状灰岩 底部有一层厚0~11 m、50 m的底砾岩，砾石为震旦系紫红色石英岩，棱角较明显
							不整合接触
元古界	蓟县系		云梦山组	Z		0~125	浅红灰白色石英岩夹石英砂岩及页岩，下部夹透镜状赤铁矿(厚0.5~0.8 m),底为砾岩
							角度不整合接触
太古界				APt_1			花岗片麻岩，角闪片岩，云母片岩多被石英脉伟晶岩脉贯穿

图7-4　安阳李珍区域综合柱状图

通过对河南省接触交代型铁矿分析,得出接触交代—热液（矽卡岩)型铁矿形成必须满足以下三个条件:一是成矿母岩,二是控矿围岩,三是控矿构造。

成矿母岩能为成矿提供充足矿源的各类物质,即不同时期岩浆岩、岩浆热液、变质热液、地热水。成矿母岩多为角闪闪长岩、闪长岩、闪长玢岩等。

省内的成矿母岩主要有两期,即吕梁期和燕山期,控矿围岩主要是两个时代,即元古代含变质大理岩的绿片岩和中下奥陶系的薄层状碳酸盐类,一般来说,只要以上条件具备就有该类型的矿床产出。

控矿围岩为成矿物质提供可为其交代成矿的不同时期的各类岩石,包括岩浆岩(超基性、基性、中性、酸性、碱性)、变质岩(各类片岩、片麻岩、变粒岩、混合岩、大理岩等)、沉积岩(砾岩、砂岩、页岩、泥岩、黏土岩、石灰岩、白云岩等)。与成矿有关的围岩主要是中下奥陶统,个别为中石炭统底部和中上寒武统。岩性为灰岩、白云质灰岩及泥灰岩等。接触交代型铁矿的形成,除了与特殊的围岩化学成分有关外,地层结构及物理性质亦是控制成矿作用的重要因素。

对矿床围岩岩性的差异与成矿的关系有两种说法,一种观点认为质纯石灰岩 CaO 含量高,有利于成矿;另一种观点认为含有一定数量的 MgO 的白云质灰岩,岩性活泼,对成矿有利。事实上,不论围岩是白云质灰岩,灰质白云岩,还是纯灰岩,都可以成矿。但当围岩是含 CaO 较高的纯灰岩时,矿床中全铁品位就高,并有一部分高品位矿石出现;反之,则以贫矿为主。接触交代型铁矿的形成需有利的碳酸盐类围岩,中、酸性岩浆岩的侵入,复杂的构造环境。

控矿构造指各时期的地质运动使所成岩石发生断裂、褶皱并为成矿母岩提供运移通道和赋存空间的各类构造。它包括褶皱、断层和接触带的控矿作用。

构造运动为岩浆或热液提供了良好的运移通道,岩浆或热液沿着这些通道移动,当达到有利的层位和良好的赋存空间时,进行分异或对围岩进行选择性的交代。由于岩浆或热液所携带的成矿物质不同和所接触的围岩不同(这里的不同还有温度、压力、酸碱度、氧化还原电位等),所成的矿种也不同。岩浆或热液与岩浆岩、变质岩接触交代所形成的矿床是多金属型的,岩浆或热液与大理岩、碳酸盐岩接触交代所形成的矿床是以铁矿为主的。

接触交代型铁矿控矿构造较为复杂,多数情况下不仅仅是由简单的褶皱或断裂控制的,而是受褶皱、断裂及岩浆岩接触构造诸多因素的复合控制。如李珍东山矿床,产于有利成矿的岩床顶部凹槽内,又受背斜与断层的复合控制,形成了安林地区最大的矿床。因此,控矿作用应综合考虑。围岩蚀变是接触交代型铁矿的重要找矿标志,其中尤以矽卡岩与成矿关系密切,故又称之为矽卡岩型铁矿。

接触交代型铁矿大部分形成于接触带,有的矿体可延伸到非矽卡岩的围岩之中,矿体常成群出现,形态复杂,多呈透镜状、囊状、不规则状和脉状等,矿石矿物成分较复杂。铁矿石以块状构造为主,次为侵染状、斑点状、团块状和角砾状构造。该类铁矿常伴生有可综合利用的铜、钴、金、银、钨、铅、锌等,甚至构成铁铜、铁铜钼、铁硼、铁锡、铁金等共(伴)生矿床。

热液型铁矿床与岩浆岩的关系常因地而异,多数矿体与岩体有一定距离。高温热液磁铁矿、赤铁矿矿床常与偏碱性花岗岩、花岗闪长岩、闪长岩类有关,中低温热液赤铁矿矿床常与较小的中酸性侵入体有关,两者多保持一定的距离。中低温热液菱铁矿矿床与侵入体无明显关系。围岩条件对热液型铁矿的控制作用不甚明显。围岩蚀变是热液型铁矿的显著特征,高温矿床常见透辉石化、透闪石化、黑云母化、绿帘石化等;中低温矿床多见绿泥石化、绢云母化、硅化、碳酸盐化等。

7.1.4　成矿时代特征

河南省铁矿的成矿时期集中在晚太古代、元古代、早古生代、晚石炭纪和燕山期,成矿类型分别表现为鞍山式铁矿、宣龙式铁矿和铁山河式铁矿、条山式铁矿、山西式铁矿及邯邢式铁矿。

晚太古代是鞍山式沉积变质型铁矿最主要的成矿时期。对含矿岩系太古宙绿岩建造进行同位素测年,舞阳地区原赵案庄组为2 580 Ma(U—Pb),铁山岭岩组为2 639 Ma(U—Pb),许昌地区郭家窑岩组为2 510 ~ 2 562 Ma(Rb—Sr),常窑岩组为2 345 Ma。

条山式海相火山岩铁矿赋存于二郎坪群中。对二郎坪群的同位素年代研究较多,主要集中在356 ~ 495 Ma(张宗清等,1994;河南区调队,1986;河南地调四队,1987),表明二郎坪群的形成时代为早古生代。燕长海等(2007)按Doe单阶段铅演化曲线计算的模式年龄范围为333 ~ 640 Ma,集中分布于355 ~ 380 Ma和430 ~ 480 Ma两个区间,属于早古生代。

安林地区邯邢式铁矿的成矿时期在燕山期。桂林冶金地质研究所对安林地区的侵入岩体进行同位素测年,结果在180 ~ 69 Ma,属燕山期产物,不同岩浆岩的同位素年龄为:花岗闪长岩139 ~ 126 Ma,角闪闪长岩135 ~ 107 Ma,正长岩118 ~ 94 Ma,闪长岩117 ~ 76 Ma,闪长玢岩92 ~ 69 Ma。

燕山期除邯邢式铁矿外,还形成了八宝山式接触交代型铁铜矿、曲里式接触交代型铁锌矿和上房式接触交代型铁矿等。

7.1.5　河南省鞍山式铁矿深部找矿潜力分析

该类型铁矿在河南省主要分布在舞阳—新蔡一带和武陟、内黄、商丘等隆起区，典型矿床主要有许昌铁矿、铁山铁矿、鲁山西马楼铁矿、经山寺铁矿。鞍山式沉积变质型铁矿在河南省分布面积达2万余km^2，已发现中—大型铁矿床十余个，特别是在覆盖区具有较大的找矿潜力。鞍山式铁矿床产于前震旦纪变质岩系中。含铁建造有2～3种类型，每一种建造有2～6层铁矿。依据矿物组合及岩性特征，含铁建造主要有两类，即角闪变粒岩含铁建造和绢云母绿泥石千枚岩含铁建造。

此类矿床的岩矿石组合中，磁铁矿石磁化率为103×10^{-5}～106×10^{-5}SI、剩余磁化强度Jr为$1\ 000\times10^{-3}$A/m，混合岩、千枚岩等几乎无磁性，角闪变粒岩类磁化率一般104×10^{-5}SI。故采用磁测可以观测到明显的矿致磁异常。矿床的航（地）磁异常一般呈条带状展布，延伸范围较大，且与铁矿层的走向基本一致；此外，此类磁异常的特征还有形态规则、强度大（航磁几百、几千甚至上万纳特，地磁几千、几万乃至几十万纳特），并且常伴有较大的负值异常。应当注意的是，当矿床埋藏深度大时，也可能表现为强度不大的低缓异常。

不同品位的铁矿石密度值在3.0×10^3～4.0×10^3 kg/m^3，其各种围岩的密度值一般小于2.7×10^3 kg/m^3，铁矿石与围岩的密度差值达0.3×10^3～1.3×10^3 kg/m^3，因此具有一定规模的铁矿床均反映为高值重力异常，随着铁矿床埋藏深度增大，重力异常逐渐变化为低缓，所以说局部高值重力异常是寻找中—大型铁矿的一个重要标志。

舞阳—新蔡铁矿带有4个含矿层位，地层剖面自上而下划分出4个含矿组：

D矿组：隶属于铁山庙组。位于铁山石门廓矿组，总厚16～268 m，平均厚度114 m。矿石自然类型为石英辉石磁铁矿、辉石磁铁矿等。矿体一般有6～7层。矿体形状为似层状。铁山矿床规模大型，已控制东西延续总长约4 km，两端厚、中间薄，向东层次增多，向西合并为巨大单层状，略有钝角收敛趋势。东、西两端厚层矿体突然缺失，东端为周蚀缺失，西端为断层错失。

C矿组：隶属于铁山庙组。位于尚庙、经山寺、小韩庄、姚庄、前鲁、岗庙刘。矿组总厚23～253 m，平均厚度108 m。矿石自然类型为石英辉石磁铁矿、铁铝榴石辉石磁铁矿等。单层矿体3～12层，剖面中较分散分布。矿体形状为似层状、透镜状至矿条状，形态变化较大。各矿床东西向继续延展总长

17.5 km,自小韩庄以东变为不连续的中小型透镜状。向西随碳酸盐岩发育而有矿体层次增多、规模变大趋势。矿床规模由大型至小型。

B矿组:隶属于赵案庄组。位于赵案庄、王道行、梁岗。总厚22~157 m,平均厚度57 m。矿石类型为磷灰石蛇纹石磁铁矿等。一般由3~8个单层组成似层状至透镜状矿体,有清楚的形态变化规律,矿床规模中型至小型。已控制东西向总长5.5 km,向西变厚变稳定,向南沿倾斜方向有迅速变薄尖灭趋势。

A矿组:隶属于赵案庄组。位于下曹、余庄、苗庄。总厚50~130 m,矿石类型为磷灰石蛇纹石磁铁矿。可采矿体单层一般2~5层,在剖面中呈交错重叠状分布。矿体形状为透镜状,有迅速贫化甚至尖灭特点,层位稳定性较B矿组差。已控制断续总长2.5 km以上,向东矿体变厚、变富,含矿层位也增多。矿床规模受成矿后大型逆掩断层不同程度截断或错失的破坏。一般为中、小型。

7.1.5.1 优越的成矿地质条件

河南省鞍山式铁矿主要分布在舞阳—霍邱成矿带上,从已发现的矿床分布情况看,区域上具有优越的成矿地质条件。太华岩群含铁建造分布广泛,主要含铁层位稳定,分布相对集中。在鲁山—舞阳一带基岩出露区已探明的太华岩群沉积变质铁矿产地达27处,对舞阳—新蔡、商丘、内黄、武陟等地区分布的航磁异常以往并未引起人们重视,经过最近对航磁异常的二次开发,初步认为,在该区寻找沉积变质型铁矿的前景十分广阔。

7.1.5.2 矿产勘查程度较低

矿区绝大部分属于覆盖区,广泛分布的物探异常中有少部分开展过异常查证。而经过综合研究认为,工作区内的物探异常有数十处属于矿致异常,因此在该区开展地质调查评价工作,通过提高工作程度等可以获取较为理想的找矿成果。

7.1.5.3 找矿技术方法有新组合

最新的勘查工作主攻矿床类型为沉积变质型铁矿床,依据2006~2007年度总结出的工作方法组合,结合具体的地质特征,找矿技术方法组合为:1∶2.5万地面高精度磁测扫面—1∶2.5万重力测量—1∶1万地面高精度磁法剖面测量—可控源大地音频电磁测深剖面测量;钻探;物探测井。应用该组合,在豫东深部铁矿勘查中取得了良好的找矿效果。

7.1.5.4 找矿靶区划分

根据成矿条件和控矿地质因素有利程度、重磁信息反映成矿的有利程度,预测区内已知矿床类型及其规模的大小、资源潜力大小和矿体埋藏深度等因素,在成矿规律图上将找矿靶区分为A、B、C三类(见表7-1)。

表7-1 河南省鞍山式铁矿成矿远景区划分及找矿靶区

成矿远景区名称	找矿靶区名称	找矿靶区类别
安阳—濮阳—武陟地区铁矿成矿远景区	武陟鞍山式铁矿找矿靶区	B
	内黄鞍山式铁矿找矿靶区	C
商丘地区铁矿成矿远景区	商丘鞍山式铁矿找矿靶区	C
舞阳—新蔡铁矿成矿远景区	练村镇找矿靶区	A
	思灵找矿靶区	B
	王岗找矿靶区	C
	陈店找矿靶区	C
	遂平石寨铺找矿靶区	C
	汝南老君庙找矿靶区	C
	正阳闾河店找矿靶区	C
许昌铁矿成矿远景区	许昌铁矿区及其外围找矿靶区	A
	长葛老城—石河找矿靶区	C
	褚河—河街找矿靶区	A

1. 舞阳—新蔡铁矿远景分析

据不同时期不同比例尺的磁测成果,在鲁山—舞阳—新蔡沉积变质铁矿成矿带上共圈出上百个航磁异常,西段鲁山—舞阳地区有64个磁异常,经检查验证,有55个见到铁矿体,见矿率达86%。构成了河南省重要的铁矿基地。新蔡县陈店—练村一带位于该成矿带的东段,1979~1980年原地矿部航空物探大队909队1:20万航磁测量,圈定了6个磁异常。这些航磁异常均可和在西段圈出的异常进行对比,经对磁异常钻探验证,分别于ZK307孔见到铁矿层5层,累计厚度92.84 m;ZK1705见到铁矿层7层,累计厚度60.35 m;ZK12701见到铁矿层3层,累计厚度74.66 m;ZK3201见到铁矿层2层,累计厚度38.07 m。该区TFe品位20%~30.9%。展示了非常好的找矿前景。据此预测,本区磁铁矿远景资源量可达数亿吨。

2. 许昌铁矿成矿区资源远景

太古界太华群变质岩系在区内分布范围大,层位稳定,含铁层位多。多处

航磁异常因 ΔZ 较低过去未给予重视；以往评价铁矿沿走向、倾向多未控制到边。全省太古界含铁建造总长450 km，其中基岩区分布长度250 km，覆盖区200 km，20世纪80年代仅在许昌、舞阳长50 km范围的局部地区评价了两个沉积变质型铁矿田。因此，太古界沉积变质型铁矿找矿前景巨大，预测矿石储量36 289万t。覆盖区之下铁矿还未开展工作，多处磁异常还未得到查证。

3. 鞍山式铁矿资源总量预测

根据航磁异常和异常验证见矿情况，初步估算河南省鞍山式铁矿资源总量为36.8亿t，其中A级和B级找矿靶区预测资源量为14.7亿t。

综上所述，河南省鞍山式铁矿是主要的矿床类型，区内太古界太华群变质岩系在区内分布范围大，层位稳定，含铁层位多。

区域航磁异常和重力异常具有良好的找矿指示作用，多处航磁异常因 ΔZ 较低过去未给予重视；以往评价铁矿沿走向、倾向多未控制到边，而且对深部铁矿工作程度较少。

目前已经证实，采用地面大比例尺高磁、重力扫面，可控源音频大地电磁测深剖面相配合，进一步缩小找矿靶区，然后采用钻探验证，是一套行之有效的深部鞍山式铁矿找矿方法组合，这是开展深部找矿的方法技术条件。

因此，本区沉积变质型铁矿找矿前景巨大，在豫东地区加大找矿投入力度，可以取得铁矿找矿突破。

7.1.6　成矿系列

区域成矿系列的概念来自王平安、陈毓川(1998)，定义为区域成矿过程中由地质构造发展阶段的特殊性所决定的不同成矿作用类型之间具有内在联系的一组矿床的组合。将时间因素决定的区域大地构造背景与主要成矿地质作用类型作为建立和划分区域矿床成矿系列的依据，突破了以三大基本地质作用作为划分矿床成矿系列主要依据的标准，将同一演化阶段的板块构造体制，或同一构造—岩浆活动幕之不同成因类型的一组矿床应归于同一区域成矿系列。

根据成矿系列理论，将河南铁矿划分为以下九个成矿系列：

(1)鲁山—舞阳—新蔡地区与晚太古代岩浆作用和变质作用有关的铁成矿系列，代表矿床预测类型为赵案庄式—鞍山式沉积变质型铁矿，典型矿床有鲁山西马楼，舞阳赵案庄、铁山等。

(2)登封—许昌地区与晚太古代变质作用有关的铁成矿系列，代表矿床预测类型有鞍山式沉积变质型铁矿，典型矿床为许昌武庄铁矿。

(3)济源—武陟地区晚太古代—元古代铁矿成矿系列，为一套晚太古代鞍山式沉积变质型铁矿和古元古代铁山河式接触交代型铁矿及沉积变质型铁矿的成矿组合，典型矿床为行口铁矿、铁山河铁矿。

(4)华北陆块南缘陆缘裂谷盆地中元古代铁矿成矿系列，分布在当时的各沉降中心，分别为卢氏西北部地区、岱嵋寨地区和汝阳地区，形成宣龙式铁矿，典型矿床为岱嵋寨铁矿。

(5)卢氏南部—信阳地区早古生代与海相火山岩相关的铁、铜、锌、铅、银成矿系列。整个成矿环境为二郎坪群岛弧带，大量的海底基性火山喷发，在细碧角斑岩系中形成一套海底火山喷流块状硫化物矿床(点)，按相对陆缘的远近依次出现含铜黄铁矿型、锌铜黄铁矿型和多金属型，并在弧后近陆海底火山隆起中分布层状矽卡岩型锌和铁(铜)矿床(点)。

(6)焦作、新安—渑池地区石炭—二叠纪铁、铝成矿系列，在泻湖环境下本溪组地层中形成一套铝铁质岩系，并形成铝土矿和山西式铁矿。

(7)汲县—林州地区燕山期铁成矿系列，为邯邢式接触交代型铁矿，典型矿床为李珍铁矿。

(8)永城地区燕山期邯邢式接触交代铁矿成矿系列，典型矿床为永城大王庄铁矿。

(9)燕山期小秦岭—伏牛山碰撞造山岩浆弧带铅锌银钼多金属、铁成矿系列，主要是以前者为主，与燕山期岩浆侵入关系密切。典型铁矿矿床为上房式接触交代型。

7.2 成矿区带

以《中国成矿区带划分方案》(徐志刚等,2008)为基础，通过对河南省铁矿时空成矿规律研究，将河南省铁矿划分出18个V级区带，分别为V1:永城邯邢式铁矿成矿带，V2:济源—沁阳鞍山式铁矿，V3:武陟鞍山式铁矿成矿带，V4:渑池宣龙式铁矿成矿带，V5:三门峡山西式铁矿成矿带，V6:荥阳—新郑山西式铁矿成矿带，V7:禹州山西式铁矿成矿带，V8:汝阳宣龙式铁矿成矿带，V9:许昌鞍山式铁矿成矿带，V10:上蔡鞍山式铁矿成矿带，V11:新蔡鞍山式铁矿成矿带，V12:卢氏宣龙式铁矿成矿带，V13:鲁山鞍山式铁矿成矿带，V14:舞阳鞍山式铁矿成矿带，V15:林州—汲县邯邢式铁矿成矿带，V16:卢氏南部—南召条山式铁矿成矿带，V17:泌阳—桐柏条山式铁矿成矿区，V18:信阳条山式铁矿成矿带，见表7-2。

表7-2 河南省铁矿Ⅳ、Ⅴ级成矿区带划分

二级成矿带	三级成矿带	四级成矿带	五级成矿带
Ⅱ4:华北成矿带	Ⅲ15:鲁西中生代金铜铁成矿区	Ⅳ24:永夏煤铁成矿区	Ⅴ1:永城邯邢式铁矿成矿带
	Ⅲ17:小秦岭—豫西太古代、元古代、中生代金钼铝土矿铅锌成矿带	Ⅳ8:新安铝煤成矿区	Ⅴ2:济源—沁阳鞍山式铁矿
			Ⅴ3:武陟鞍山式铁矿成矿带
			Ⅴ4:渑池宣龙式铁矿成矿带
			Ⅴ5:三门峡山西式铁矿成矿带
		Ⅳ9:新密铝煤铁成矿区	Ⅴ6:荥阳—新郑山西式铁矿成矿带
			Ⅴ7:禹州山西式铁矿成矿带
			Ⅴ8:汝阳宣龙式铁矿成矿带
			Ⅴ9:许昌鞍山式铁矿成矿带
		Ⅳ11:新蔡铁煤成矿区	Ⅴ10:上蔡鞍山式铁矿成矿带
			Ⅴ11:新蔡鞍山式铁矿成矿带
		Ⅳ12:小秦岭金银铅钼成矿区	Ⅴ12:卢氏宣龙式铁矿成矿带
		Ⅳ13:栾川钼金银铅锌铁成矿区	Ⅴ13:鲁山鞍山式铁矿成矿带
		Ⅳ14:舞阳铁成矿区	Ⅴ14:舞阳鞍山式铁矿成矿带
	Ⅲ18:五台—太行太古代、元古代、中生代金铁铜钼钴银锰成矿区	Ⅳ1:太行山南段铁煤成矿区	Ⅴ15:林州—汲县邯邢式铁矿成矿带
Ⅱ4:秦岭—大别成矿带	Ⅲ38:北秦岭早古生代、中生代金铅锌银滑石成矿带	Ⅳ16:湍原银金铅锌成矿带	Ⅴ16:卢氏南部—南召条山式铁矿成矿带
		Ⅳ17:桐柏金银铜铁成矿区	Ⅴ17:泌阳—桐柏条山式铁矿成矿区
		Ⅳ18:皇城山银多金属成矿区	Ⅴ18:信阳条山式铁矿成矿带

第 8 章 运用物探技术方法寻找深部铁矿研究

物探技术方法是寻找深部铁矿最能发挥直接找矿作用的方法,新中国成立以来,铁矿地质工作有过几次高潮,主要是 20 世纪 50 年代末大跃进时期和 70 年代末至 80 年代初富铁矿会战时期,发现并勘探了多处铁矿床,资源量有很大的增加。在铁矿地质工作中物探发挥了重要作用,从发现深部矿到扩大已知矿,从大体了解矿体范围到详细圈定矿体形态,物探的作用已为地质界所公认。当前铁矿地质工作的主要任务是发现新的矿带,在老区的深部找到新的矿体,降低铁矿地质工作的风险,较有效的办法是更好地发挥物探的作用。

常用的主要物探方法有重力测量、磁法、电法、地震测量、放射性测量等。

依据工作空间的不同,又可分为地面物探、航空物探、海洋物探、钻井物探等。因而又出现各种方法的组合,如航空磁测、地面磁测、井中磁测等。从航空—地面—地下深部的三维空间获取信息,形成立体的找矿能力。

对探测深部矿床来说,物探方法面临的重要问题之一是加大探测深度和提高分辨率。西方国家有人提出到 2015 年以后找矿深度应超过 1 000 m,加拿大地调所 J . Boldy 把地下 150 ~ 1 500 m 作为探测深埋矿物范围。苏联在乌拉尔寻找含铜黄铁矿的工作中把深度 100 ~ 600 m 的矿床作为找深埋矿的主攻目标。

物探是地球物理勘探的简称,即用物质的原理研究地质构造和解决找矿勘探问题的方法。它是以各种岩石和矿石的密度、磁性、电性、弹性、放射性等物理性质的差异为研究基础,用不同的物理方法和物探仪器,探测天然的或人工的地球物理场的变化,通过分析、研究所获得的物探资料,推断、解释地质构造和矿产分布情况。

通过地球物理场、地球化学场和遥感信息的空间分析与数据处理,综合推断解释地质建造、岩体和构造的空间展布特征,综合圈定可能的成矿建造、构造的空间范围;在成矿规律研究的基础上建立综合信息成矿预测标志,根据物化探、自然重砂、遥感异常的关联程度,数据的强弱、组合与空间分析,进行地质体、含矿体的定性、定位及定量预测。

从典型矿床研究入手,深入研究典型矿床及其所在预测工作区的区域成矿要素,建立典型矿床和区域成矿模式。更重要的是,建立反映矿床存在的实体性地质概念模型,将地质、矿产、物探、化探、遥感和自然重砂所显示的地质找矿信息,运用科学的方法有机地联系起来,详细剖析成矿规律,总结矿产的时间、空间、物质组分分布规律、形成规律,服务于矿床模型综合信息定量预测工作。

地球物理勘查是"攻深找盲"的有效方法,当今电子、材料、计算、信息、通信、空间等相关技术领域取得了长足进步,使得地球物理探测技术在分辨率、精度、灵敏度、探测深度、抗干扰性、可移动性、自动化程度、实时现场性、数据反演等方面都发生了飞跃,为"攻深找盲"提供了良好的技术支撑,成为勘查系统的重要组成部分。

利用磁铁矿的物理特性,采用磁性寻找磁铁矿是公认的最有效、最成功的物探方法之一。据不完全统计,我国 80% 以上的铁矿是采用磁法勘查发现的。有关资料和航磁信息显示,我国尚有较大的铁矿找矿空间。

瞬变电磁法和 EH-4 电导率成像法同属于电法勘探的范畴,它们以探测深度大、分辨率高而发展迅速,现阶段应用较广,也是本次工作采用的主要手段之一。

现代勘查地球物理技术的装备和方法丰富多样,不同深部探测技术具有不同的针对性和环境适应性。对于特定环境和探测对象,需要与其相适应的探测技术组合。整合现代探查技术,发展区域适应的技术组合来替代现行的单一技术,降低地球物理异常解释的不确定性,提高深部矿探测的成功率,是国际深部矿勘查技术发展的趋势和方向。

本次工作就是利用所收集到的航、地磁资料,异常查证和异常研究资料,通过系统的整理研究,找出异常的分布规律和铁矿的关系。

8.1　影响磁异常的因素

引起磁异常的因素特别多,首先是物性因素(含磁性矿物的多少、矿体的大小、矿石的贫富、岩矿石的种类);其次是埋藏深度,矿体的赋存形态、氧化蚀变程度;还有其他如原始磁化强度、地域环境、地质构造等。大量的资料和工作经验证明,岩矿石磁性由强到弱排列如下:铁矿石(磁铁矿、磁黄铁矿、钛磁铁矿),火成岩(闪长玢岩、辉长岩、橄榄岩、闪长岩、玄武岩、花岗岩),变质岩(角闪片岩、黑云片麻岩),沉积岩。磁化强度值铁矿石从 600~290 000 A/m,火成岩从 200~20 000 A/m,变质岩从 0~20 000 A/m,沉积岩从0~50 A/m。

通过长期的工作实践,排除各种干扰因素,去伪存真,已积累了丰富的磁异常解译经验,给本次工作打下了坚实的基础。

8.2 磁异常的分布特征与铁矿的关系

在河南省境内,磁异常的分布特征与铁矿的分布关系极为密切,尤其是接触交代型和沉积变质型铁矿,现对两种不同成因铁矿的分布和异常特征分述如下:

(1)接触交代型铁矿。该类型铁矿主要分布在省内的五个地区,一是安林地区的矽卡岩型铁矿,二是永城地区大王庄的矽卡岩型铁矿,三是济源地区铁山河的热液型铁矿,四是卢氏地区八宝山、曲里的热液型铁矿,五是桐柏、泌阳地区铁山庙、条山的热液型铁矿。由于接触交代型铁矿主要是由不同时期的侵入岩与不同层位的碳酸盐岩接触交代而成,所成单矿体规模小、品位高、磁性强,形成的磁异常梯度好、峰值高,常是正负异常相伴出现,正负值的强弱又与矿体的形态和原始磁化强度有关。经各种资料综合分析得出铁矿与异常的大致关系是:接触带所成铁矿地磁异常值在 800 nT 以上,接触带附近所成铁矿地磁异常值在 1 000 nT 以上,侵入岩体内所成铁矿地磁异常值在 1 500 nT 以上。但干扰磁异常因素众多,不能一概而论。

(2)沉积变质铁矿。从现有的勘探矿床来看,该类铁矿主要分布在省内的五个地区,一是济源—沁阳一带(行口、三佛宫),二是登封地区(五指岭、井湾),三是鲁山地区(西马楼、铁山岭),四是舞阳地区(经山寺、铁山),五是许昌地区(武庄、小宫)。由于此类型矿床形成时间早,构造复杂,出露少,埋藏深,品位低,磁性弱,在地表反映出的磁异常特点变化较大。但该类型矿床属沉积型,其规模大、分布广,所形成的异常形态是宽缓的、成区成片的。通过研究发现,该类矿床具有一定的规律性和集区性,从大的区域上讲,矿床多分布于华北古陆且具有分带性,尤其在河南境内,有东西成排、南北成列的趋势,从西向东由东经 111°40′到东经 115°40′每隔 1°具有一列成矿或异常带,共五列。由南向北从约北纬 36°00′到北纬 32°20′每隔 1°左右有一排成矿或异常带,共五排。矿床或异常多分布在各带的交点区域,这种异常分布特征与古构造格架控矿特征相似,也属客观存在的相互印证。这些特征在小范围或矿区同样有所反映,尤其在济源—沁阳一带(见图 8-1),异常分布区也正是构造格架的交点区。

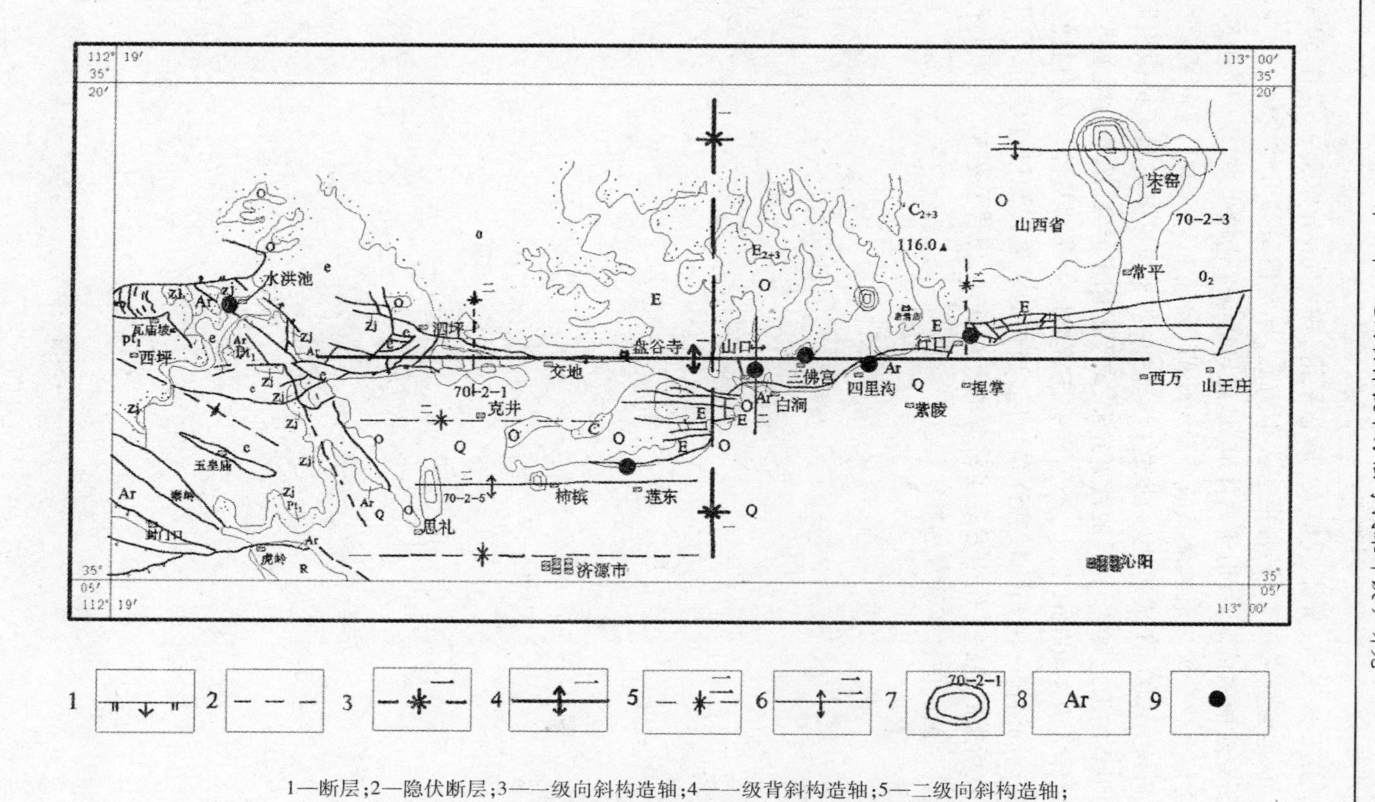

1—断层;2—隐伏断层;3—一级向斜构造轴;4—一级背斜构造轴;5—二级向斜构造轴;
6—二级背斜构造轴;7—航磁异常及编号;8—地层代号;9—矿区

图 8-1　河南省豫北地区济源—沁阳一带构造格架控矿示意图

从航磁异常来看,异常规模大,形态平滑,梯度好,异常值一般在 50 ~ 300 nT。从地磁异常来看,异常形态类似航磁,异常值最高可达 1 000 nT 以上。从研究航地磁情况看,对于岩体航、地磁异常值变化较小,对于矿体航磁、地磁异常值变化较大。航磁最高值小于 300 nT,异常在 50 ~ 300 nT 间成矿性好,地磁在大于 200 nT 成矿性好,反之成矿性差。这些规律来源于钻探验证资料,如卫辉的山彪异常、商丘的杜集异常、遂平的阳丰异常、镇平的黑龙集异常等航磁异常均在 400 nT 以上,经钻探验证后都是由深部基性岩体引起的。在太行山前的济源—沁阳一带和许昌地区,当初的航磁异常仅有显示,小于 100 nT,在后来的地磁工作中发现了济源的莲东铁矿、三佛宫铁矿,沁阳的行口铁矿,许昌的武庄铁矿和泉店铁矿等。

第9章　我国深部铁矿找矿工作发展趋势及技术问题

9.1　深部铁矿找矿工作发展趋势

目前,世界各国都非常重视深部矿产勘探与开发,深部找矿已成为国际矿业公司扩大资源储量的重要途径。中国在东部地区实施的老矿山找矿专项,加大勘查技术创新,勘查深度达到2 000 m,攻深找盲取得显著成效。中国地质调查局把地球物理勘查技术作为深部找矿的重要手段,“十一五”期间围绕国家需求和找矿难点,在地球物理方法技术、仪器研发和推广应用方面开展了大量工作,相继成功研发出频率域激发极化普查型幅相仪、单分量高温超导磁强计和三分量高温超导磁强计、新型瞬变电磁法系统、阵列电磁法系统、大功率多功能电法仪等一批具有我国自主知识产权的新技术、新设备,为我国复杂地形地质条件下的矿产资源勘查,特别是一批老矿山的深部找矿突破提供了重要技术支撑。

“十二五”期间,我国将重点研发空中—地面—地下一体化的立体地球物理勘查技术体系,为深部找矿提供新的技术和方法手段,提高深部找矿的成功率。一是开展电磁法、高分辨率地震、高精度重磁等多参数地球物理立体填图和三维可视化技术体系。二是研发全数字化矢量航磁勘查技术系统、时间域航空电磁测量技术系统、航空伽马能谱勘查技术系统、航空高温超导磁力仪、航空重力测量系统和航空重力梯度测量等航空地球物理勘查技术系统,以及航电、航磁、航放、航重等航空物探测量系统的组合和集成。三是开发具有抗干扰能力的三维天然场和人工场电磁法测量仪器、高精度超导重力仪和重力梯度仪、超大功率固定人工源三维时间域和频率域电磁测量技术及金属矿三维地震勘探技术与仪器装备。

9.2　我国深部找矿的对策建议

我国目前的矿产勘查工作中还存在许多问题,有效适应我国社会经济快速发展的勘查体制尚未建立健全。当前,我国地质工作有效投入严重不足,矿产勘查工作程度不高,科技创新能力薄弱,每年新增探明储量与开采量的比例严重失调,公益性与商业性地质工作之间缺乏有效衔接等(刘玉强,2005;胡小平和潘懋,2006;王智民,2006)。要解决这些问题,我们可以从以下几个方面来考虑。

9.2.1　加强深部成矿作用与成矿预测理论研究

任何成矿理论与找矿方法均与当时所处的历史阶段密切相关,对已有的理论、假说、模式等,不应拒绝,也不能盲从,要在实践中不断修正。美国卡林金矿带的孤树矿床,最初认为该矿床应产在两个明显的构造带交会处,且被岩石所覆盖,钻探证明这种根据已知模式的推断是错误的,钻探对这一矿床的发现,修正了该矿床的成矿理论,也导致了找矿的重大突破。

9.2.2　加强深部找矿勘查技术方法的自主创新

"工欲善其事,必先利其器",利用科技进步完善和发展勘查技术是当前世界矿产勘查发展的一个重要趋势,新技术和新方法的应用可明显降低勘查成本,大幅度提高生产率。为此,我们要在深部找矿技术方法研究、深部找矿装备研制开发和深部找矿信息的提取与处理技术研究上下工夫,自主创新。

9.2.3　政策支持

地质找矿的重大突破需要有大量资金的投入,当前我国地质工作有效投入严重不足,矿产勘查工作程度不高,科技创新能力薄弱,每年新增探明储量与开采量的比例严重失调,公益性与商业性地质工作之间缺乏有效衔接,为解决好这些问题,要求政府部门在勘查战略部署方面,应继续加大矿产勘查的投入,加强西部矿产资源的勘查力度,充分依靠科技进步提高在中东部"攻深找盲"的勘查水平,进一步挖掘其资源潜力;在勘查的技术方法领域,应积极引导和鼓励自主研发仪器设备,自主开发信息处理软件,为勘查工作提供可靠的技术支撑,提高我国矿产勘查的水平和竞争力。

9.3　深部找矿技术问题

9.3.1　井中物探的作用

把物探仪器下放到钻孔中进行探测,相当于减小了物探工作的深度,并且免除了地形、覆盖层等干扰因素的影响。通过井中物探,可得到地层与矿体的有关物理参数,探测范围可达数百米甚至更远。对于埋藏较深的深部矿,深钻的成本会大幅度提高,钻探的命中率也较低。通过开展井中物探,可以避免矿体近在咫尺,而与钻孔失之交臂带来的风险。可以在钻孔内开展的井中物探方法有很多,涉及重、磁、电、震、放五大地球物理测量种类,每一类又可能有多种方法。因此,开展井中物探可获得大量有价值的深部找矿信息。我国地下物探存在的问题主要是矿产勘查工作中对地下物探的认识和重视不够,由于使用较少,造成地下物探技术发展缓慢,与国际先进水平的差距越来越大。

9.3.2　多种方法结合应用

物探技术方法种类多,并且各具特色,是一种最重要、应用最广泛的深部找矿技术。由于多种因素影响物探测量的解释结果,物探技术具有多解性,这是该技术的弱点。如果同时采用多种物探方法进行测量,或结合采用化探,对结果进行综合解释,则可明显降低其多解的程度,达到较好的找矿效果。

9.3.3　野外现场快速测定方法的应用

现场快速测定方法的采用,会加速找矿出成果的时间,并且避免产生错误结论和漏矿。在地调项目范围内,已经成功研发出两种非常有效的现场快速测定分析仪:①便携式 X 荧光分析仪;②便携式近红外光谱分析仪。前者可用于快速确定块状或粉状岩石样品的元素种类及其含量,可测量元素周期表上从钾到铀之间的所有元素。后者可测量块状或粉状岩石样品中含水蚀变矿物的种类及其含量。两种仪器都非常轻便,并都达到了世界同类仪器的先进水平。两种仪器若能在深部找矿中推广应用,不仅会加强找矿效果、提高找矿效率,并且有助于了解发现成矿作用的空间分布规律,建立成矿模型,对深部的矿体进行预测。

9.3.4　低成本钻探技术的应用

钻探是深部找矿不可或缺的手段。钻探施工的特点是成本高,对矿产勘探总成本影响大。为此,在制订深部钻探技术方案时,应对方案进行技术经济学分析和对比,在满足勘探效果的前提下,应尽量考虑采用低成本的方案。以下几种情况可以考虑:

(1)无岩心钻探的应用。无岩心钻探可比取心钻探提高施工效率约一倍,施工成本也可相应地显著降低。在 X 荧光测井技术研发成功以后,可考虑结合 X 荧光测井开展无岩心钻探。

(2)反循环取样钻探的应用。与此相近的另外一种方案是,结合地表 X 荧光测量开展空气反循环取样钻探。空气反循环取样钻探是一种高效、低成本的钻探方法,适用于各种钻进条件,包括干旱缺水、地层复杂、钻进困难的条件,岩样回收率接近 100%,该方法的钻进成本为取心钻进的 1/3 ~ 1/2。

第10章 河南省铁矿深部找矿技术方法及典型矿床简介

10.1 目前深部铁矿找矿主要技术方法

10.1.1 地面高精度磁法勘查技术

在磁测解释理论与方法技术方面,研究了一系列的新方法和新技术。例如:"磁性界面与磁性层磁场的正演方法和磁性界面的反演技术"、"关于用有限元法作磁法勘探正演计算的理论问题"和"解复杂条件下磁法正演问题的有限元—边界元法"、"三维磁异常自动解释法"、"磁异常曲面延拓方法"、"拟神经网络三维反演方法"、采用三层BP网络和变步长反馈技术实现快速反演;开发了"多种滤波及人机联作正反演和图像处理系统"以及"划分不同深度的区域磁场与局部磁异常的插值切割法"等。实现了金属矿地面磁法勘查方法技术的三个转化。

(1)由中、低精度向高精度转化(磁测精度由中、低精度的10~15 nT提高到0.5~5 nT;分辨率由1~2 nT提高到0.1 nT),有效信息量提高了近10倍;使得弱异常的可信度大大提高,使解决地质问题的能力明显增强。由中、低精度仪器的人工记录变成高精度磁力仪器的自动记录,测点的观测时间由原来的几分钟提高到1~2 s,工作效率大大提高。

(2)由二维正、反演向三维正、反演转化。中国地质调查局发展研究中心开发研制的2.5D剖面重、磁可视化联合模拟反演软件,中国地质科学院物探化探研究所开发研制的2.5D组合模型模拟3D反演软件,美国研制的GM—SYS剖面重、磁反演系统,使定量计算结果的质量大大提高。

(3)由手工计算向计算机自动解释转化,不但提高了工作效率,而且使过去手工无法实现的计算得以完成。

10.1.2 地面高精度重力勘查技术

目前,在重力数据处理和异常定量解释方面,由传统的方法发展了变密度地形改正，小波变换分解重力场，弱异常增强与提取和图像处理等新方法、新技术。国内外已有成熟的二维、三维正、反演方法和计算机程序。

10.1.3　地面瞬变电磁法勘查技术

时间域电磁法（Time domain electromagneticmethods），又称瞬变电磁法（Transient electromagneticmethods）简称TEM，在20世纪，最早是由苏联学者在30年代末提出来用瞬变电磁信号解决地质构造问题的，1952～1958年TEM用于金属矿勘查，1965年以来得到发展；我国于1972年开始研究TEM，1981年投入生产。瞬变电磁法在我国随着理论的深化和仪器设备的国产化，应用领域越来越广，其探测效果也受到了实践检验，从矿产资源到工程地质勘查，已取得了令人瞩目的成效。

10.1.3.1　方法原理

所谓时间域电磁法，就是研究电磁场响应随时间的变化。它是利用不接地回线或接地线源向地下发送一次脉冲电磁场，如果地下有良导电矿体存在，在一次电磁场的激励下，地下导体内部受感应产生涡旋电流（简称涡流）。矿体内的涡流在一次脉冲电磁场的间歇期间在空间产生交变磁场，叫做二次场或异常场。涡流产生的二次磁场不会随一次场消失而立即消失，即有一个瞬变过程，利用接收机观测二次磁场，研究其与时间的关系，从而确定地下导体的电性分布结构及空间形态。

10.1.3.2　瞬变电磁法的特点

（1）在低阻覆盖情况下与其他电法相比，勘查深度大；

（2）观测二次场（纯异常），可进行近场观测，旁侧影响小；

（3）在高阻围岩地区不会产生地形起伏形成的假异常，在低阻围岩地区采用全时间衰减域观测，容易区分地形异常；

（4）通过不同时间窗口的观测，可抑制地质噪声干扰；

（5）具有测深能力。

由于瞬变电磁法具有上述优点，1998年以来，得到了广泛的应用，并取得了较好的地质效果。

10.1.3.3　常用的装置

目前，在实际生产工作中，常用的装置有定源大回线装置、重叠回线装置和中心回线装置。国外多采用定源大回线装置，如美国EMP、加拿大EM－37，67、澳大利亚SIROTEM－Ⅱ SM等仪器主要适用于定源大回线装置。这种装置使用发送回线边长一般为几百米的矩形框或方形框。加拿大Geonics公司的大功率 EM－67 系统(发送功率为 4 500 W),最大发送电流为 25 A,同步方式为高精度石英晶体同步和电缆方式同步,观测 dB/dt 3 个分量。定源回线装置,对于同一个发送回线框各个观测点反映的异常源是不变的,观测的重直分量和水平分量异常的形态简单、直观、便于解释;而重叠回线装置则不同,不同观测点的发送回线框的位置是移动的,出现"双峰"异常,致使观测异常比较复杂。

10.1.3.4　瞬变电磁法异常的解释软件

异常的解释是体现方法有效性和能否取得地质效果的重要技术环节。目前,有关瞬变电磁法异常的解释,特别是二、三维反演方法的应用,仍是一个薄弱的环节。据有关资料介绍,国内中国地质科学院物探化探研究所开发研制了磁性源 TEM 应用软件、TEM 2D 偏移成像软件;长春科技大学开发研制了电性源 TEM 应用软件;中国地质大学(武汉)研制开发了 TEM 任意波形一维反演程序;中石化勘探开发院研制开发了 TEM 一维连续介质反演程序和 TEM 2D 拟波场变换偏移成像软件以及美国的瞬变电磁法 TEMIX 软件和加拿大的 EMIGMA/V7.5 软件系统等。

10.1.3.5　瞬变电磁法的仪器

(1)连续脉冲瞬变电磁仪代表性的仪器有:加拿大 Geonics 公司的 EM－67,37,42,47,57;加拿大 Crone 公司的 PEM 系统;澳大利亚的 SIROTEM 系统。

国产的连续脉冲瞬变电磁仪有:中国地质科学院物探化探研究所研制的 WDC 系列,中南大学研制的 SD 系列等。

(2)单脉冲瞬变电磁仪主要有:西安物探研究所研制的 EMRS－2 型和北京矿产地质研究院研制的 TEMS－3S 型。

(3)加拿大 Phoenix 公司 V－6 系统(FasTEM、MulTEM)和美国 Zonge 公司 GDP－32(NanoTEM、ZeroTEM),也开发了 TEM 的功能。

相对于其他地球物理方法而言,TEM 具有探测深度大、信息丰富、受地形影响小及工效高等优点。随着方法技术的发展与完善,TEM 系统已从单分量发展到多分量、多参数测量,从小功率、小探测深度到大功率、大探测深度,信噪比、空间分辨率不断提高。通过加大回线面积或电流,TEM 测量系统的最大偶极矩不断增加,探测深度也逐渐加大。

(4)仪器。

主要的仪器为澳大利亚 Alpha geo instrumers 公司生产的 TerraTEM 瞬变电磁系统(见图 10-1)。该系统具有大的探测深度、较高的分辨率。

该系统由主机和外加 TEMTX－32 大功率发射机组成。

主机性能如下：

a. 主机内置发射机电流 10 A；

b. 接收机可单道或三道接收；

c. 触摸屏自动设置；

d. 500 kHz 的高分辨高采样率；

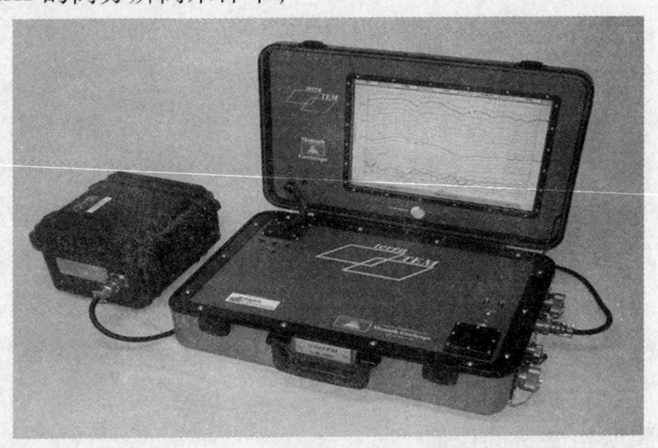

图 10-1　TerraTEM 瞬变电磁系统外观图

e. 十级增益选项设置，从 1 ~ 8 000；

f. 15 英寸大屏幕液晶显示器；

g. 完整的数据处理和初步解释软件。

外置 TEMTX—32 性能：

a. 外置发射机电流 32 A；

b. 最大发射功率 3 000 W；

c. 待机电流小于 500 mA；

d. 输出波形为双极性方波，占空比为 1∶1；

e. 方便的电缆同步或晶体时钟同步方式；

f. 多种安全保护性能。

该系统不仅适合于深部矿产勘探，还适合于环境监测、工程勘察。

可以看出，仪器的各项性能指标均满足中华人民共和国地质矿产部 DZ/T 0187—1997《地面瞬变电磁法技术规程》要求。

（5）装置类型。该装置与目标物耦合最紧，发射线圈逐个测点移动，不会有激发盲区，发射磁矩和接收磁矩较大，异常形态简单，横向分辨率高，易于分析。

图 10-2 为重叠回线装置示意图，R_x 接收回线观测参数为用发射电流归一的感应电动势。

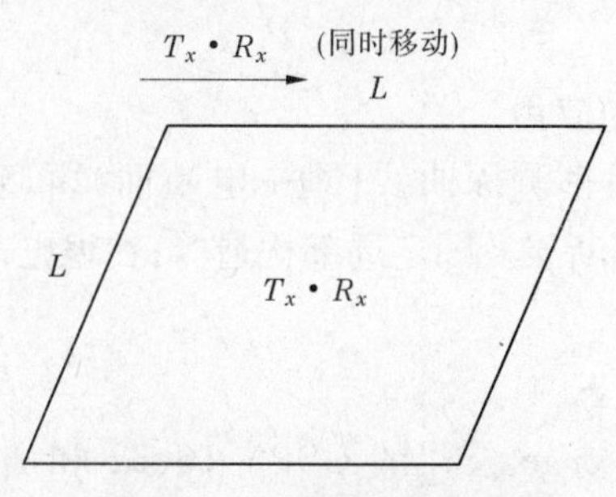

图 10-2　重叠回线置示意图

6. 高精度磁测简介

高精度磁测是指磁测总误差小于或等于 5 nT 的磁测工作。它的工作对象是弱磁性目标物的勘查，以及深部磁性体在地表产生的弱磁异常的研究。岩石、矿石磁性的差异是磁法勘探藉以解决地质找矿问题的基础。当被寻找的对象与围岩间具有一定的磁性差时，它们之间必然会产生磁场强度的变化。通过测量地磁异常以确定含磁性矿物的地质体及其他探测对象存在的空间位置和几何形状，从而对工作地区的地质构造、有用矿产分布及其他情况作出推断。

10.1.4　可控源音频大地电磁法

10.1.4.1　方法原理

可控源音频大地电磁法(Controlled Source Au—dio – equency Magnetotellurics)，简称 CSAMT 法。

CSAMT 法是一种人工场源频率域电磁测深方法，属于主动源频率域电磁法。所谓频率域，就是研究电磁场响应随频率的变化。其工作方法是由发射机向地下发送不同频率的电磁波，供电电流可达 30 A，在测线上每个测点观测电场分量，磁场分量，当从高到低改变频率，每个频率计算出一个视电阻率，由于随着频率的降低所反映的深度增大，这样不断改变频率就可以测出不同深度的电阻率值，得到视电阻率测深曲线。

10.1.4.2　方法的主要特点

(1)探测深度大。在目前所用的频率范围(0.125 ~ 4 096 Hz)及 30 kW 发送功率，其探测深度的范围为几十米至 2 000 m。

(2)与直流电测深相比，它的分辨率高。

(3)由于 CSAMT 法采用人工场源激励,与天然场源相比产生了一系列的影响因素。如场源附加效应、近区效应、静态效应等,强化了异常的复杂性,增加了异常解释的难度。

10.1.4.3 CSAMT 法的应用

根据得到的视电阻率测深曲线(地—电断面),可确定高阻基底面的起伏,沉积岩系分层,识别断层及圈定局部构造等;在地电条件有利的情况下,也可以直接寻找良导矿体。

10.1.4.4 代表性的仪器

代表仪器有美国 Zonge 公司的 GDP－16,32 和加拿大 Phoenix 公司的 V－5,6,8等。

10.1.5 大地电磁法(MT)

10.1.5.1 方法原理

大地电磁法(Magneto Tellurics)是以天然电磁场为场源的频率域电磁勘查法,属于被动源电磁法。大地电磁场可近似地看成是垂直入射地面的电磁波。当电磁波在地下传播时,由于电磁感应作用,不同频率(频率范围为 10 ~ 20 Hz)的电磁场具有不同的穿透深度,通过研究大地对天然电磁场的频率响应,可以获得不同深度电阻率的分布,根据电性分布的特点来解决地质问题。

10.1.5.2 方法的特点与应用

(1)具有较大的勘测深度;

(2)不受高阻层屏蔽;

(3)对低阻层有较高的分辨能力;

(4)工作效率不高(一个测点要连续观测 5 ~ 6 h)。

10.1.5.3 代表性的仪器

美国 EMI 公司的大地电磁仪 MT－1 型:系统有 10 个通道,工作频率 <0.000 1 Hz,分辨率 0.1%(振幅),0.2(相位);美国 Zonge 公司的 GDP 系列以及加拿大 Phoenix 公司的 V 系列等都具有 MT 的测量功能。国内中国地质科学院物探化探研究所研制的电磁阵列剖面法(EMAP)的 14 道 MT 仪。

10.1.5.4 大地电磁法的应用

大地电磁法主要用于研究深部地质构造,普查油(气)田和地热资源调查等。据统计,用于石油天然气普查的工作量占 90% 以上,少数用于深部构造研究和地热田的勘探。

10.1.6 音频大地电磁法

音频大地电磁法(Audio—equency Magneto—tellurics),简称AMT。它利用天然音频大地电磁场作为场源(频率范围为5~10 Hz),属于被动源电磁法。观测电场和磁场分量,主要解决地质构造等问题。该方法具有设备轻便的优点,其最大的弱点是天然音频电磁场的信号太弱,它只有在干扰小的情况下才能取得好结果。加拿大Phoenix公司的V-5、V-6、V-5 2000系列,美国Zonge公司的GDP系列,都具有AMT的测量功能。

10.1.7 EH-4电导率成像方法

EH-4电导率成像系统是由美国Geometfics公司和EMI公司联合生产的。该系统属于部分可控源(主动源)与天然场源(被动源)相结合(称为混合源)的一种频率域电磁测深系统。其核心是被动源电磁法,主动源部分探测深度很浅。由于主要是被动源,易受外界干扰。从初步使用情况来看,在寻找金属矿方面还需进一步的研究。

10.1.8 频谱激电法(SIP)

频谱激电法(Spectral Induced Polarization)是一种新的激电方法。在超低频段作多频视复电阻率测量,通过研究复电阻率的谱特性,解决地质问题。频谱激电法能提供更丰富的信息,但由于设备昂贵,生产效率低,成本高,尚未得到广泛的应用。主要仪器有美国Zonge公司GDP-16/32,加拿大Phoenix公司V-5,6,8,IPS-3型频谱激电仪等。

10.1.9 三频激电法区分异常源性质

激电异常性质的区分是电法找矿中一项十分重要的工作,也是一项难度极大的研究课题。中南大学张友山教授经过多年的努力,研制成功区分激电异常性质的三频激电精密相干检测仪,并进行了野外示范研究工作,在激电异常性质区分方面取得了可喜的进展。三频激电精密相干检测系统,由发送机和接收机组成。工作时,发送机向地下发送三频复合波信号。接收机接收地下的复合波信号,通过精密相干检测的方法,将复合波信号中的3个主频的虚实分量检测出来。由低到高3个主频的虚实分量分别是ReVL、ImVL、ReVM、ImVM、ReVH和ImVH,由此可以计算出百分频率效应PFE和相对相位差ΔS和$\Delta\delta$。一般采用的复合波信号的3个主频为0.25 Hz、1 Hz和4 Hz,这几个频率属于超低频范围,处在这3个频率范围内的异常源的激电效应强,易于观测。

10.1.10 井中声波透视法

井中声波透视是在一个钻孔中激发弹性波,在另一个钻孔中接收,采用层析成像(CT)原理,对接收信号的波特征参数进行成像处理,圈定目标体的空间位置和形态,是一种寻找孔间盲矿和构造裂隙带的新方法、新技术。主要仪器有中国地质科学院物探化探研究所研制的DST-1,2,3A,3型井中声波仪。该仪器设备包括:地面电火花声源系统,数据采集系统和处理系统,井下发射探头和声波接收器以及电缆和绞车。其主要特点如下:

(1)探测距离较大,地—井工作方式,实测深度已达640 m,井—井工作方式水平透距为200 m左右;

(2)分辨率高,野外实测的声波主频达到250~4 156 Hz,可以分辨0.68 m的薄层;

(3)井下探管直径小(发射为35 ram,接收为30 ram);可应用于金属矿区小口径钻孔中工作;

(4)具备地—井方式和井—井方式测量功能;

(5)可以在套管中工作,这是井中声波透视与其他井中物探所不同的。

应用条件是,对跨孔工作方式,双孔之间的水平距离最大为200~300 m。对地-井方式,钻孔中必须有泥浆或水,不能是干孔。

10.1.11 地下电磁波法

地下电磁波法是利用无线电波(工作频率在0.532 MHz)在钻孔或坑道中发射和接收,根据不同位置上接收的场强大小,来确定地下不同地质分布的一种地下物探方法,称为无线电波透视法(亦称为阴影法或井中无线电波法)。自20世纪80年代以来,在我国不断进行研究和开发,形成了一套新的技术体系。根据发射和接收装置与探测目标体的位置关系又分为反射法和透射法。反射法(发射和接收装置均在地质体的同一侧,单孔电磁波法就属于反射法),根据探测地质体反射的电磁波信号来确定地质体的位置和形态;透射法(发射和接收装置在地质体的两侧,双孔电磁波法和坑道透视法,就属于透射法),根据电磁波穿透探测目标体后,能量发生的变化来确定目标体的空间位置和形态;如果对取得的数据进行层析成像(CT)解释,能更准确地圈定目标体的位置和形态。在金属矿勘查中,地下电磁波法以双孔法最为常用。双孔法观测方式分为以下3种：

(1)同步观测(在双孔中同步移动发射和接收天线进行观测)。

(2)定发射观测(固定发射,移动接收)。

(3)定接收观测(固定接收,移动发射)。可用于寻找井间盲矿体,判断两孔之间所见矿体是否相连,确定矿体产状等。主要仪器有中国地质科学院物探化探研究所研制的Jw-4型井中电磁波仪。

10.1.12　井中物探方法

井中物探方法可获取井壁四周和钻孔底部的信息,这对发现井旁或井底的盲矿是十分重要的。井中物探采用的方法是多样的,如井中磁测、井中瞬变电磁法、井中激发极化法和井中充电法等。尤其是井中瞬变电磁法是西方国家使用较多并且找矿效果较好的一种方法,工作深度可达2 500~3 000 m,可探测井周半径200~300 m范围内的良导体。

哈萨克斯坦应用井中充电法在库斯穆龙(Kusmurun)矿田成功地探测到埋深700 m的块状含铜黄铁矿矿体。所以,深钻孔和井中物探在一些老矿区找深部矿是能发挥较大作用的,也是目前深部寻找铁矿最有效的方法。

10.1.13　固体矿产地球化学勘查

在固体矿产勘查中,当代地球化学探矿也面临寻找深部矿床的问题,需研制和开发具有较大探测深度的地球化学方法,即“深穿透(Deep Penetrating)地球化学方法”,这些新方法主要有:

(1)活动态金属离子法(MMI——Moile Metal Ion)。这种方法是由A. W. Mann和R. Birrell在20世纪90年代提出并发展起来的,是用一种或几种弱的金属试剂提取活动态的金属离子,主要分析Cu、Pb、Zn、Cd、Ni、Au、Ag和Pd等。有报道称,这种方法所获得的地球化学异常重现性较好,且能探测到地下700 m深的矿体。

(2)酶浸析法。该方法是R. Clark在20世纪80年代中期研制出来的。主要根据运积物土壤中非晶质所吸收的微量元素能反映深部基岩的地球化学物特征进行探测。有报道称,这种方法在冰积物覆盖区尤为有效,能探测的深度达300 m以上。

(3)地电化学法(CHIM)。该方法是由苏联地球化学家于20世纪70年代初研制的寻找深部矿床的方法。地电化学法包括元素赋存形式法、热磁地球化学法、扩散提取法和部分金属提取法等方法。其中,部分金属提取法是其核心,亦称电提取技术。元素赋存形式法、热磁地球化学法和扩散提取法又称偏提取技术。这些方法都能反映深部矿化信息。据报道,这些方法能够探测到覆盖层(厚度超过 150 m)和基岩(厚度超过 500 m)之下的深部矿化情况。

(4)地气法(Geogas)。1982 年,瑞典科学家 K. Kristiansson 和 L. Maqlmqvist 发现氡可以快速搬运到地表,其搬运时间不超过氡的半衰期 3.8 d。他们由此假设氡原子可能是由一种地气流搬运的。携带氡原子的气体在地下水中以气泡形式存在,氡原子依附在气泡的气—水界面上。根据这一假说,K. Kristiansson 和 L. Maqlmqvist 于 1984 年在瑞典北部一已知矿床上方的雪片中发现了与矿床有关的成矿元素异常,说明深部与矿床有关的元素可以按某种方式迁移到地表,此法称之为地气法。

以上这些地球化学新方法中,活动态金属离子法和酶浸析法已开始应用于深部铁矿区的矿产勘查中,其他方法远不如这两种方法受到重视,而地电化学法正迅速地获得发展。

10.2 可控源音频大地电磁测量法(CSAMT)与瞬变电磁法(TEM)在实际工作中运用对比

可控源音频大地电磁测量法特点:探测深度大,与直流电测深相比,它的分辨率高。

CSAMT 法是一种人工场源频率域电磁测深方法,属于主动源频率域电磁法。将可控源音频大地电磁测深工作方法首次引入铁矿勘查,厘定了深部区铁矿勘查方法组合,取得了丰富的矿产和物探资料,揭示了该区铁矿具有较大的找矿潜力,为区域找矿工作部署提供了充分的依据,铁矿找矿取得了重大进展,充分体现了工作部署、工作方法和技术路线的合理性。为进一步查明铁矿体及其控矿构造的空间分布特征,布置了 CSAMT 测量剖面(与高磁剖面重合)。通过 Bostick 反演,确定测深点的深度,绘制视电阻率等值线图,结合相关地质资料和现场调查结果进行综合解释与推断。

依据地面高精度磁法测量、高精度磁法剖面测量、可控源音频大地电磁测深等成果,选择有利的成矿部位布设钻孔,对异常进行验证。钻孔布置在可控源音频大地电磁测深剖面或高精度磁法测量剖面上。依据高精度磁法测量剖面和可控源音频大地电磁测深反演的铁矿化体大致位置确定钻孔深度。

除地磁测量外,CSAMT 工作方法的引进,为建立覆盖区最佳工作方法组合提供了有力的证据。但是为了准确有效地确定钻探工程,还应该增加其他物探方法,如地面高精度重力测量、大功率频谱激电(SIP)、瞬变电磁测深等,提高钻探工程施工效果,逐步建立覆盖区铁矿找矿方法最佳组合。

在找深部矿方面近年也有不少突破,如山东济宁航磁大异常在1 200 m以下打到巨厚的变质型铁矿;安徽庐江泥河地区根据航磁异常也发现了埋深600多m的火山岩型深部铁矿;湖北大冶铁矿根据高精度大比例尺航磁异常在深部发现了新的铁矿体;海南岛石碌铁矿和辽宁弓长岭铁矿在深部也找到了大富铁矿。以上情况表明,不论老区还是新区找深部矿的潜力还是很大的。

根据野外实际工作,CSAMT法对寻找深部矿方面具有强大的能力。

TEM法是利用不接地回线或接地线源向地下发送脉冲磁场时,其周围会产生一个相应的磁场,关断供电回路的电流后,变化的磁场在地下导电介质中产生感应电流(涡流),并由于热损耗而随时间衰减,其衰减特性与地下的电性结构有关。瞬变电磁法就是利用线圈或电极观测这个断电后的涡流场(称为“二次场”)的时间特性,以研究地下的电性结构情况,达到地质勘探的目的。其具有如下特点:①勘探深度较大:②对低阻体敏感;③分辨率高。

TEM法缺点是测量系统功率小,另外偶极矩也较小。

第 11 章　豫北地区深部铁矿找矿技术研究

豫北地区铁矿勘查系统工作始于新中国成立后，为尽快满足钢铁工业生产发展的需要，政府对铁矿资源勘查给予大力支持，组建了地质勘查队伍，并围绕钢铁工业建设，开展了大量的铁矿勘查工作，20 世纪 50 ~ 70 年代，豫北地区先后发现了安阳、林县、济源、焦作等一批矿产地，为钢铁工业发展提供了可观的铁矿原料资源。近年来，随着我国经济的快速发展，工业化进程的不断加速，我国的铁矿石产量已远远无法满足钢铁工业的需求，铁矿石资源成为制约我国钢铁工业健康发展的主要瓶颈之一。加强深部铁矿资源的勘探，已成为当前迫切的任务之一。下面以豫北地区为例，对深部铁矿的勘探作一初步探讨。

11.1　矿床地质特征及成矿规律

豫北地区铁矿资源较为丰富，其矿床类型主要分为接触交代和沉积变质两种。其中接触交代型以济源铁山河铁矿、安阳李珍铁矿为代表，沉积变质型以沁阳行口铁矿为代表，均在豫北地区有广泛分布。

11.1.1　济源铁山河铁矿

矿区出露地层主要为太古界林山群、下元古界银鱼沟群幸福园组、赤山沟组和白崖山组。赤山沟组中下段和白崖山组上段的绿色片岩系为主要控矿岩层。

区域内岩浆活动频繁，沿层间较弱面顺层侵入的闪长岩与成矿作用关系密切，其多旋回多期次交代、充填作用和不断加富即形成了铁山河富铁矿床。

矿体的赋存位置与形态主要受岩体、白云岩层和构造三方面因素的控制：矿体的产出位置、规模大小与闪长岩体的形态、大小关系密切，铁矿体实际为交代白云岩而形成，但由于交代不完全以及受褶皱和其他构造的控制，大量小矿体则为透镜状、囊状、柱状等复杂形态。

铁山河铁矿成因类型为闪长岩侵入体交代白云岩而形成的热液型矿床，

闪长岩侵入体为主要成矿母岩,含白云质大理岩的绿片岩系为接触围岩,其中白云质大理岩为主要交代层,使闪长岩中的成矿物质析出聚合成矿,在断层或褶皱所形成的层间剥离和虚脱场所中储存,形成典型的接触交代富铁矿床。

11.1.2 安阳李珍铁矿

安阳李珍铁矿区出露地层主要为太古界、上元古界、寒武系、奥陶系、石炭系及二叠系等地层。

安阳李珍铁矿与泉门、林州潞家脑、东冶、杨家庄等铁矿组成安林地区矽卡岩型铁矿带。由于矿床底部闪长玢岩的侵入,在气化热力扩散晕及矿化热液交代所及的范围内,地层大部变质为大理岩类岩石或蚀变成透辉石矽卡岩。铁矿体即分布在闪长玢岩侵入体的外接触带的变质地层中或直接位于接触带的矽卡岩体中。

李珍铁矿为标准的接触变质—高温热液交代矽卡岩型铁矿床。矿体规模、形态、产状及分布受地质构造条件的控制。矿体与围岩有清晰的分界线,部分矿体与矽卡岩体有渐变关系。主矿体大部分沿地层层面分布,似层状产出,局部岩层节理裂隙发育,矿液聚集得以充分交代,形成矿巢且斜交层理。

11.1.3 沁阳行口铁矿

沁阳行口铁矿区出露地层主要为下古生代和第四系,本区铁矿赋存于深部的太古界地层中。区内褶皱构造简单,断裂构造发育。

区内已知铁矿体均赋存于太古界登封岩群绿色片岩、斜长角闪片岩等绿片岩系中,角闪岩类与矿化关系较为密切,常为矿体的顶底板,有时与矿化呈渐变过渡关系;矿体埋深一般在太古界登封岩群200 m之内,最深达500 m,呈似层状、透镜状分布,一般6~8层矿体,铁矿体顶底板围岩普遍经受不同程度的蚀变作用,主要为硅化,其次为碳酸盐化和绿泥石化。

沉积变质型铁矿成矿时期比较早,主要在太古代、古元古代成矿,后经多次构造运动,进一步富集成矿,矿石品位也相应提高。

11.2 现阶段勘查现状

总体来看,豫北西部太行山区地质勘查工作程度较高,500 m以浅的第一空间铁矿资源情况基本清楚,目前找矿方向应以寻找深部矿床和老矿山中深部为重点,开展第二空间找矿,以老区带新区、以已知带未知、以浅部带深部、以基岩区带覆盖区的方法开展找矿工作。

从国内铁矿勘查研究成果看,寻找深部磁铁矿床的主要手段还是在航磁和重力异常的基础上,通过地面磁法扫面和精测剖面研究,推断磁异常范围、磁性体的产状和埋深,并通过钻探验证来发现和评价具有工业价值的铁矿床。

地球物理勘查是"攻深找盲"的有效方法,当今电子、材料、计算、信息、通信、空间等相关技术领域都已取得了长足进步,使得地球物理探测技术在分辨率、精度、灵敏度、探测深度、抗干扰性、可移动性、自动化程度、实时现场性、数据反演等方面都发生了飞跃,为"攻深找盲"提供了良好的技术支撑,成为勘查系统的重要组成部分。

目前,针对深部铁矿主要的物探方法为磁法勘探、电法勘探。利用磁铁矿的物理特性,采用磁性寻找磁铁矿是公认的最有效、最成功的物探方法之一。据不完全统计,我国80%以上的铁矿是采用磁法勘探发现的。

豫北地区自新中国成立后开展了系统的航磁测量,根据航磁成果有针对性地开展了部分地区地面磁测工作,圈出了众多的航磁异常和地磁异常,并有选择性地进行了深部钻探验证,相继在航磁和地磁异常区内发现了行口、三佛宫、山口、莲东、四里沟等诸多深部铁矿床。但仍有部分磁异常未进行查证。

根据河南省地矿局第二地质队在20世纪70年代所做的地面磁测检查结果,经钻探验证,在行口、八一水库、三佛宫、山口等地均发现了磁铁矿体,而其他地区则由于找矿重心的转移或由于当时的技术力量所限(埋藏较深)而未开展工作。随着形势的发展,现阶段新技术、新理论、新方法的应用,在有效的工作方法指导下,这些磁异常必将重现生机。

需要说明的是沁阳的四里沟,航磁未曾显示异常,地磁显示异常最高值在220 nT,过去经钻探验证后将其否定,原因是钻探的近200 m厚都是混合花岗岩和混合片麻岩层,未发现含铁矿的绿片岩地层,认为该异常是由混合岩中的磁性矿物或其他原因引起而将其否定。在2007年的又一轮勘查中发现其异常深部有铁矿体存在,如在地磁异常中心施工的钻孔在见到232 m混合岩后方见到铁矿层,含矿岩系厚达266 m,相继见矿10层,累计矿厚15 m,单层最大矿厚达6.44 m,邻近钻孔亦相继见矿。按太古代沉积变质铁矿的原始沉积韵律来看,下部是以混合岩类为主,不含矿,上部是以绿片岩类为主,富含铁矿层。那么该区为何在厚大的混合岩层间发现了绿片岩和铁矿层呢?区域地质研究结果表明,该区在太古代以后上升为古陆(五台运动后),直到古生代早期才重新接受沉积,间隔约16亿年,经历了五台、中条、王屋、晋宁四次大的构造运动,使该区原始的沉积韵律发生了天翻地覆的变化,地层发生了褶皱、倒转、推覆、叠加等,加之岩石在变质过程中的混合岩化,对原始的沉积韵律进行了破坏和改造,矿石的赋存状态也发生了根本性的变化。该区的行口铁矿经勘探后表明,整个矿体包裹在混合岩体之中,以残留体的形态赋存,四里沟铁矿的发现更说明该区矿体的赋存形式。区域资料显示豫北一带在地史上没有发生过大面积火成岩体的侵入,为此,该区的磁异常基本上都是由铁矿体引起的,今后工作中应引起重视。

安阳及林州市接触交代型铁矿,地质工作程度较高,异常见矿率也较高,区内重要的物探异常已基本进行了物探验证。该区共计 328 个异常,在安林地区南部异常带的异常强度低而缓,其位于闪长岩与石灰岩的接触带及其附近,具有较好的成矿地质条件,并有见矿异常,因此认为该区异常仍有再解释和钻探验证的必要。

11.3　勘查的工作方法

目前,深部铁矿勘查方向以鞍山式磁贫铁矿和老矿山中深部扩大资源量为重点,以已验证矿区成矿模式为指导、以已知带未知、以浅部带深部、以基岩区带覆盖区的方法开展找矿工作和地质调查。

通过对豫北地区磁异常验证的效果来看,高精度磁测剖面对深部磁铁矿体反映直观明显,延拓后测试深度与实际深度基本一致,是一种比较理想的找矿手段。瞬变电磁不但能直观地反映出深部铁矿的深度,还能反映出深部铁矿的形态,野外勘查的最佳物探工作模式可确定为:以高精度磁测为主,配以瞬变电磁法。具体工作过程如下:

(1)根据工作目的、任务,确定相应比例尺的高磁普查。

(2)根据磁异常特征,布置高磁精测剖面。

(3)对高磁精测剖面进行反演、定量计算。

(4)在异常部位布置瞬变电磁法剖面测量,并根据磁测定量计算成果大致确定、设计瞬变电磁法测量位置及控制深度。

(5)对高磁精测剖面进行二次定量计算。由于瞬变电磁测量成果具有可视性,根据其异常形态确定勘查对象——矿体的形态(如板状体、球体等),对高磁精测剖面重新进行定量计算。

(6)根据两种方法的定性、定量计算成果,布置钻孔验证。

寻找深部铁矿,采用“高精度磁测 + 瞬变电磁法测量”的工作模式,效果较佳。尤其在低缓磁异常区和大面积分布磁异常区,投入瞬变电磁法测量,能起到事半功倍之效。

11.4　工作靶区的确定

11.4.1　鞍山式深部铁矿工作靶区的确定

在以往已取得航磁和地磁异常资料的基础上,经过资料二次开发,优选出有意义的异常进行检查与验证,尤其不能漏掉的是那些异常面积大、强度低的低缓异常,如在太行山前的济源—沁阳一带,当初的航磁异常仅有显示,强度小于100 nT,而在后来的地磁工作及钻探验证中陆续发现了济源的莲东、三佛宫、山口,沁阳的四里沟、行口铁矿等,这些低缓磁异常的相继见矿对于指导同类型磁异常的找矿突破具有重要的指示作用。

需要重点说明的是卫辉盆窑磁异常,在以前的地磁资料解译认为磁异常是深部的基性岩体所引起,但经过近期资料的二次开发与解译,该区有形成中型甚至更大矿床规模的可能。该区为豫北地区最大的磁异常之一,以150 nT圈定的磁异常面积就达40 km^2,异常形态基本呈正态分布,无乱磁异常出现,其东侧还伴有负异常,从实测磁异常资料分析,以250 nT圈闭的磁异常长轴走向与区内主要构造方向一致,以400~500 nT封闭的等值线出现两个峰值,经未达地质目的钻孔验证情况,在上覆盖层未见到铁矿体。经物探解译,推测矿体赋存在太古界地层中,埋深在700~1 100 m,属鞍山式变质铁矿。由于磁异常中心北部出露有0.5 km^2的闪长岩体,前人资料认为该区磁异常为深部的较大闪长岩体所引起,但是闪长岩体出露部位引起的磁异常只有200~250 nT,而相对于解译埋深在700~1 100 m的区域磁异常达到400~500 nT,闪长岩体应该引不起如此高的异常值,而应为磁铁矿致异常。故该区实现找矿突破的可能性是很大的。

11.4.2　接触交代型铁矿工作靶区的确定

对于接触交待型铁矿来说,该类型矿床品位高,利用价值大,但近地表已经基本勘查完成,下一步主要目标应放在已有矿区深部及外围,即济源铁山河和安阳林州矿区的深部及外围地区。

铁山河矿区的下元古界银鱼沟群赤山沟组和白崖山组是两个不同时期形成的两个具相同韵律的沉积建造,铁山河矿区含矿层位于白崖山组的上段,是一套含白云质大理岩的绿片岩系,为矿体的主要交代围岩,与矿体的关系极为密切。其下部赤山沟组下段的沉积建造与该层岩性类似,具有同等控矿条件。在铁山河矿区外围的赤山沟组地层中已经发现了多处热液交代型矿体或矿点,推测在铁山河矿床深部,岩体接触带很可能赋存有矿体,深部储量应当较为可观。

安林地区中奥陶统成矿区深部下奥陶统中上部控矿层亦可作为下步工作目标。根据与安林地区铁矿同类型的邻区河北省白涧铁矿勘查表明,采用"五位一体"新模式(地层、构造、岩浆岩、围岩蚀变、物探异常),对中奥陶统中不同层位的似层状岩浆岩的新认识,解决了以往磁异常验证或已知矿区的勘探深度不足的问题,在此基础上获取了新的资源量。而在安林地区除李珍矿区产于下奥陶统外,其他如泉门、都里、东冶、杨家庄等矿区均产于中奥陶统的不同层位中,这点也说明控矿层的多解性,由此可以判断各矿山深部只要有相关层位就具有成矿条件,尤其要注意研究该区的下奥陶统地层的存在与含矿性。

11.5　豫北地区运用 CSAMT 法寻找深部铁矿实例

11.5.1　安阳县马家铁矿测区地质概况

勘查区地理位置位于安阳县西部及林州市东部之间,行政区划隶属于河南省安阳县马家乡及许家沟乡管辖,地理坐标范围为东经 114°00′00″~114°06′00″,北纬 35°59′00″~36°06′15″。

11.5.1.1　矿区地质特征

1. 地层

勘查区出露地层为奥陶系中统马沟组(O_2m)、石炭系上统本溪组(C_2b)、二叠系下统太原组(P_1t)、二叠系中统下石盒子组(P_2x)及第四系松散沉积物。

奥陶系中统马家沟组(O_2m):广泛分布于勘查区,地层厚度 300~350 m,区内出露有 O_2m^3、O_2m^4、O_2m^5、O_2m^6、O_2m^7、O_2m^8 等岩性段。

第三岩性段(O_2m^3):下部为灰色厚—巨厚层夹中厚层或薄层致密灰岩、灰色中厚层—厚层花斑或蠕虫状白云质灰岩,层理清楚,花斑显著。中部主要为灰色厚夹中厚层白云质灰岩,具黄色、肉红色花斑,可形成由花斑显示的"交错层"的沉积形象,中厚层白云质灰岩层理清楚,并发育少量灰色薄层板状致密灰岩及含白云质灰岩。上部为灰色巨厚、厚层白云质灰岩,灰、灰黄色中厚层致密灰岩,其中夹有 2~3 层灰黄、浅灰色中厚层角砾状白云质灰岩或角砾状灰岩。该层中含 5 ~ 6 层石盐、石膏假晶层。假晶大小不等。呈方形、圆形或呈板状、针状。

第四岩性段(O_2m^4):主要为一套灰黄、黄、黄褐、少量肉红、紫色(或称斑杂色)中厚层角砾状含白云质泥质灰岩,间夹灰色中厚层含白云质灰岩或薄层灰岩。角砾成分以灰岩为主,局部含多量的砂质碎屑。角砾为棱角至次棱角状,大小不等,成层性一般较差,钙质和泥质胶结。角砾被水淋滤后常呈蜂窝状构造,比较松散,形成缓坡,地貌标志明显。局部地段在其下部的角砾状白云质灰岩中含有石膏假晶。

第五岩性段(O_2m^5):下部以灰色厚—巨厚层含硅质结核蠕虫或花斑状致密灰岩为主。蠕虫或花斑一般为土黄色或灰褐色,沿层面分布。硅质小结核、断续顺层分布,经风化后凸出层面如同条带状。可作本段区别于他段的重要特征。

第六岩性段(O_2m^6):下部为灰色厚层—中厚层花斑灰岩、致密灰岩与灰白色薄层灰岩互层,并夹多层斑杂色角砾状灰岩、白云质灰岩,上部为灰、深灰色中厚层夹厚层硅质结核花斑状含白云质灰岩、微晶灰岩。

第七岩性段(O_2m^7):为一套杂色角砾状灰岩。下部为灰绿色、浅橘黄色角砾状微晶灰岩、角砾状泥灰岩、角砾状含泥质灰岩等。具蜂窝状构造,层理不清。角砾成分主要为灰岩并有铝土质页岩碎块。泥钙质胶结,常见含粉砂质。局部地段底部尚夹有灰色页岩,页理清楚,风化后为碎片;中部,角砾状灰岩,夹 1 ~ 2 层中厚层灰质纯灰岩,其中一层稳定,厚达 2 ~ 3 m;另一层不稳定,为透镜状;上部为土黄色、粉色、橘黄色角砾状灰岩,角砾状白云质灰岩。两者有时呈互层状出现。特点和下部相似。在上、下两套角砾状灰岩中均发现石膏假晶,赋存于角砾状白云质灰岩、角砾状泥灰岩中。

第八岩性段(O_2m^8):下部为深灰色巨厚—中厚层致密灰岩、微晶灰岩夹肉红色中厚层含白云质灰岩,具不甚发育的花斑结构和稀疏零星的铁质结核,溶沟发育,普遍有蠕虫状、羽毛状方解石细脉;上部为深灰—浅灰色厚夹中厚、巨厚层微晶灰岩或花斑灰岩;顶部夹多层黄褐色、杂色中厚层角砾状灰岩。本段含丰富化石,特别以下部最多。化石均被方解石交代。顶部藻类化石发育,并具一层厚约 20 cm 的介壳灰岩,盛产腕足化石,可作标志层。

石炭系上统本溪组(C_2b):少量分布于勘查区马家北东部。岩性为浅灰色铝土页岩、石英砂岩、页岩。

二叠系下统太原组(P_1t):少量分布于勘查区南平北东部及西南。岩性为浅灰细中粒砂岩、砂质页岩、页岩。

二叠系中统下石盒子组(P_2x):少量分布于中城附近。岩性为灰紫色或紫斑状泥岩、砂质泥岩及灰白灰绿色砂岩。

第四系(Q):分布面积较广。主要为黄土、洪积、冲积层,厚度30~60 m。

2.构造

勘查区内构造形迹以断裂为主,褶皱次之。总体上NE向断裂构造十分发育。区内较大褶皱有NW向杨家庄—王家窑背斜、北齐背斜构造。区内较大断裂有NE向F_1、F_2,NNE向F_3。其特征分述如下:

(1)断裂。

F_1断层:为深部正断层,位于勘查区中部,断裂走向40°~50°,倾向320°~330°,为遥感解译标出,推测断距400~500 m,推测长达4 km。

F_2断层:为压性断层,位于勘查区中东部,断裂走向60°~70°,断层两盘均为奥陶系中统马家沟组,区内出露长达2 km。

F_3断层:为压性断层,位于勘查区东部,断裂走向10°~20°,断层西盘为奥陶系中统马家沟组第五岩性段(O_2m^5)、二叠系中统山西组(P_2s)、第四系。断层东盘为奥陶系中统马家沟组第五岩性段(O_2m^5),区内出露长达2.5 km。

(2)褶皱。

杨家庄—王家窑背斜:位于勘查区北西部,波及范围达20 km^2,背斜轴从东沿275°~315°向西延伸,长5~6 km,宽2~4 km,长宽比近于1:0.5,平面形态呈长椭圆形。背斜核部、翼部由马家沟组地层构成。北翼地层倾向30°~330°,倾角8°~20°,南翼地层倾向180°~240°,倾角8°~10°。

北齐背斜:位于勘查区东南北齐东部,波及范围达5 km^2。背斜轴沿35°方向延伸,长2~3 km,宽1 km,长宽比近于10:3,平面形态呈长椭圆形。南部向西扭曲。背斜核部、翼部由马家沟组构成。

3.岩浆岩

勘查区内岩浆岩主要为白垩纪(K)侵入岩。出露较大岩体有张二庄岩体、李庄岩体。其特征分述如下:

张二庄岩体:出露于勘查区东南部的张二庄北西。侵入地层为奥陶系中统马家沟组。岩浆上侵受NW向断裂控制。张二庄岩体平面形态为长椭圆状岩体,出露长3 380 m,出露宽1 480 m。各环的岩石组成分别为霓辉正长岩、石英闪长斑岩、闪长岩和闪长斑岩。

李庄岩体:该岩体为侏罗纪侵入岩。出露于勘查区南部的李庄以南一带,侵入地层为奥陶系中统下马家沟组,岩体平面形态为不规则长椭圆状,岩体出露面积约5 km^2,主要岩性为闪长岩。

勘查区内还有侏罗纪闪长岩、闪长斑岩等岩脉、岩株零星出露。

11.5.1.2 矿床地质

1. 矿体的形态产状

勘查区北部矿床矿体的总体特征见表11-1。矿体在平面上呈带分布，剖面上矿体主要呈似层状、透镜状、不规则状。矿体一般长100～700 m，最长890 m；矿体一般宽60～200 m，最宽300 m；矿体一般厚度3.0～10.0 m；矿体品位一般TFe 30.00%～45.00%，最高品位TFe 47.33%。矿体一般埋深10～250 m。

表11-1 勘查区北部矿床矿体的总体特征

矿床名称		杨家庄	下庄
矿体围岩	顶板	大理岩	大理岩
	底板	闪长岩或插入大理岩层间裂隙中	闪长岩
产状及形状	倾向(°)	NW、SW、N、小向斜	近SN背斜两翼
	倾角(°)	10～50	12～50
	形状	透镜状、枝杈状、似层状	透镜状、似层状、扁豆状
规模	长度(m)	110～890	100～300
	宽度(m)	30～180	25～200
	厚度(m)	1～20	1.0～18.55
平均品位TFe,%		35.00～41.18	33.25～40.13
储量(万t)		825.7	366.1
矿体埋深(m)		10～130	0～100

2010年1:1万地质草测，在宝山岩体与奥陶系灰岩接触带上发现三条矿体（编号为KT－1号、KT－2号、KT－3号），分别分布在三条矿化蚀变带（编号为Ⅰ号、Ⅱ号、Ⅲ号）中，其中：

KT－1号矿体：分布在Ⅰ号矿化蚀变带中，由TC1006、TC1007两个探槽，CK1一个民采坑及PD1一个民采硐工程揭露，矿体平均品位TFe 34.59%，mFe 28.96%，平均厚度2.25 m，总体产状在290°∠45°，矿体推测长度500 m左右。

KT－2号矿体：分布在Ⅱ号矿化蚀变带中，该矿化蚀变带位于岩体内接触带。矿体由民采坑CK2揭露，矿体品位TFe 33.51%，厚度1.65 m，产状325°

∠30°,矿体推测延长度 500 m 左右。

KT-3 号矿体:分布在Ⅲ号矿化蚀变带中,该矿化蚀变带有 TC1002、TC1003、TC1004、TC1005、TC1008 五个探槽及 CK3 一个民采坑揭露,矿体品位 TFe 29.64%,mFe 23.80%,厚度为 0.94 m,矿体产状 340°∠20°,矿体推测长度 300 m 左右。

从 2010 年度对地表矿化带及民采坑与民采硐的调查情况,矿体受地表风化剥蚀及氧化作用影响较大,具有随着深度的增加磁铁矿品位也越来越富的特征。

2. *矿石成分*

矿石的主要金属矿物为磁铁矿,次为黄铁矿,主要脉石矿物为透辉石、透闪石、石榴石、方解石,次要非金属矿物是绿泥石等。

磁铁矿:为矿石的主要金属矿物,其含量通常为 30%~40%,其晶粒多为半自形—自形晶,少数为他形晶,粒状结构,粒径 0.09~2.4 mm,通常粒径细的自形程度好,磁铁矿颗粒与透辉石矽卡岩共生,或浸染于透辉石等脉石矿物中,部分磁铁矿呈细脉状穿插于粗粒磁铁矿之间。

黄铁矿:为矿石的常见金属矿物,其含量 1%左右,局部可达 3%,其晶形为他形不规则粒状,不均匀地分布于磁铁矿的间隙中,或分布于蛇纹石集合体之间或磁铁矿的边缘,镜下可见到交代磁铁矿的现象。

透辉石:呈大小不等的柱状或粒状杂乱分布于磁铁矿之间,或与磁铁矿呈疏密相间的条带状分布,部分透辉石中沿解理裂隙有磁铁矿分布,晶体一般粒大。

3. *矿石的结构及构造*

内矿石结构:细粒半自形—自形晶粒状结构、他形晶粒状结构。

区内矿石的构造按相互关系划分为致密块状构造、浸染状构造、条带状构造、斑状构造四种。

4. *矿体围岩特征*

矿体围岩界线一般清楚。顶板绝大部分为 O_2m^3 中—粗粒结晶大理岩和蚀变闪长岩,底板均为蚀变闪长岩,其主要矿物成分为透辉石、透闪石、石榴石、方解石。闪长岩中常有矽卡岩化、绿帘石化、方柱石化、阳起石化、绿泥石化、碳酸盐化等蚀变。

11.5.1.3　矿区地球物理特征

安阳市马家铁矿地处太行山东麓南段,付家沟背斜的东翼,1∶5万航磁图上,北部为正磁异常,呈圆形,面积大、梯度小、幅值高;南部以负磁异常为背景,其上叠加了众多的幅值不大,且有规律波动的局部异常,具有成群、成带断续分布的特点,全长约 30 km,构成了安林地区东部异常带。经化极后,北部磁异常向北偏移,负磁场背景扩大。在化极垂向一阶导数图上,在矿区周围形成了众多的尖锐小面积异常,应为磁性体地面投影。马家矿体是该带中规模较大的矿异常。

根据 1:5 万航磁物探资料,在安林地区分布有大面积航磁异常。在区域磁场的背景上,局部异常明显受地质构造,特别是 NNE 向构造的控制。根据地质环境、区域磁场特征和局部异常展布性质,将安林地区划分为两个异常带,即东岗—东街异常带和都里—马鞍山异常带。勘查区在都里—马鞍山异常带上。

都里—马鞍山异常带即安林铁矿区的东矿带和南矿带,长约 30 km,包括 M-70-8-1(都里异常)、M-70-8-7(李珍异常)、M-70-8-10(西傍佐异常)、M-70-8-10-3(卜居头异常)、M-70-8-10-5 异常(清凉山异常)、M-70-8-10-6(泉门异常)、M-70-8-10-2 异常(下庄异常)、M-70-8-10-4 异常(磊口—清池异常)、M-70-7-13(杨家庄异常)、M-70-7-10(北齐异常)、M-70-7-15(中城异常)等。

勘查区内航磁有 M-70-8-10-2 异常(下庄异常)、M-70-7-13(杨家庄异常)、M-70-7-10(北齐异常)、M-70-7-15(中城异常)。下庄异常、杨家庄异常经钻孔验证,异常大部分为矿致异常。本次工作重点为航磁 M-70-7-13(杨家庄异常)、M-70-7-10(北齐异常)、M-70-7-15(中城异常)。其特征分述如下:

航磁 M-70-7-13(杨家庄异常):M-70-7-13 为正异常,异常场值 >50 nT,扁圆状,长轴近东西向,长 3.71 km,宽 0.86 km,面积 3.19 km^2。异常区分布有中奥陶统灰岩及少量闪长岩脉,东北侧有一个铁矿点(编号 2-54)分布。

航磁 M-70-7-10(北齐异常):M-70-7-10 为负异常,异常场值 < -200 nT,椭圆状,长轴近北东向,长 2.56 km,宽 1.16 km,面积 2.97 km^2。异常区分布有中奥陶统灰岩及少量上石炭统本溪组泥岩,西南侧有一个铁矿点(编号 2-55)分布。

航磁 M-70-7-15(中城异常):M-70-7-15 为负异常,异常场值 < -100 nT,椭圆状,长轴近北东向,长 2.65 km,宽 1.16 km,面积 3.07 km^2。异常区分布有中奥陶统灰岩,东北侧有一个铁矿点(编号 2-63)分布。

济源莲东测区以往做过地质工作,根据以前的电法、磁法工作,收集的资料表明,测区岩矿石磁性和电性特征为:第四系地层电阻率呈逐渐降低趋势,一般以新生界底部视电阻率为最低,无磁性;二叠系地层中砂岩、粗砂岩所占比例较大,地层电阻率为中阻表现,无磁性;石炭系地层以灰岩为主,夹粉砂岩和泥岩,电性为中高阻表现,无磁性;奥陶系地层以厚层状灰岩为主,地层的电阻率高,也无磁性;即不同时代地层岩石普遍无磁性,极化率低,但电阻率变化范围较大。

矿区的磁铁矿赋存在太古界斜长角闪片岩当中,磁铁矿石具有强磁性,高极化率和低电阻率的特征;斜长角闪片岩虽具有较强磁性,但极化率低,电阻率高。

从以上岩矿石磁、电性特征中可以看出,磁铁矿与围岩电性差异明显,本区具有良好的应用可控源音频大地电磁法的地球物理前提,这些电性特征有利于对可控源音频电磁测深曲线进行分析和标定。

11.5.1.4　方法技术与质量评述

1. 工作方法

为了解含矿构造的深部产状及深部地层、岩体的电性特征,在区内有望靶区开展可控源音频大地电磁测深(CSAMT)工作。布设在1:5 000磁法剖面上,点距50 m,采用赤道装置标量测量(观测Ex/Hy,接收电极分布在供电电极中垂线两侧约45°张角的扇形区域内),水平方向电场(MN)平行于场源(AB),水平磁场垂直于场源布设。水平方向磁棒采用森林罗盘仪定位,误差小于1°。沿测线多道同时观测(共用一个磁探头),即排列测量。GDP32接收机采用8道观测,7个道为电道,1个道为磁道,同时采集6个观测点数据。发射频率范围0.125～8 192 Hz,频点数33个。

2. 仪器设备

采用美国ZONGE公司的GDP－32Ⅱ多功能电法工作站。

3. 技术指标

最大供电电流30 A,最大供电电压1 000 V,最大功率30 kVA,8个通道,可进行IP、SIP/CR、AMT、MT、CSAMT、TEM测量,频率范围1/64 Hz～8 kHz(CSAMT),输入阻抗10 MΩ(在直流状态下),最小可测信号±0.03 μV。

4. 场源选择及布置

根据工作目的及仪器的功率、项目区的地电条件,人工场源选择电偶极子,收发距设计按电磁波的趋肤深度H进行,根据项目要求,工作最低频率为1 Hz,区内地表平均电阻率为36 Ω,据公式$H=256\sqrt{\rho/f}$,$H\approx1\ 500$ m,故收发距$d=4H=6\ 000$ m,$AB=H=1\ 500$ m。场源位置根据地形、地物和地质条件合理选择,尽量减少人为干扰和地质噪声。场源布设时平行于测量剖面,方向误差不得大于5°。供电点电极采用锡箔,坑深1 m,面积1 m^2,并浇入盐水,接地电阻低于30 Ω。

电极布极方向应与设计测量电分量方向一致,磁棒方向与电极排列方向垂直,方向误差应小于5°。电通道应采用不极化电极,磁通道应采用相应频率的磁探头(AMT探头)。

5. 数据处理

对于CSAMT原始数据,在尽可能保存有用信号的基础上,去伪存真,力求能够最真实地反映地层。数据处理流程见图11-1。

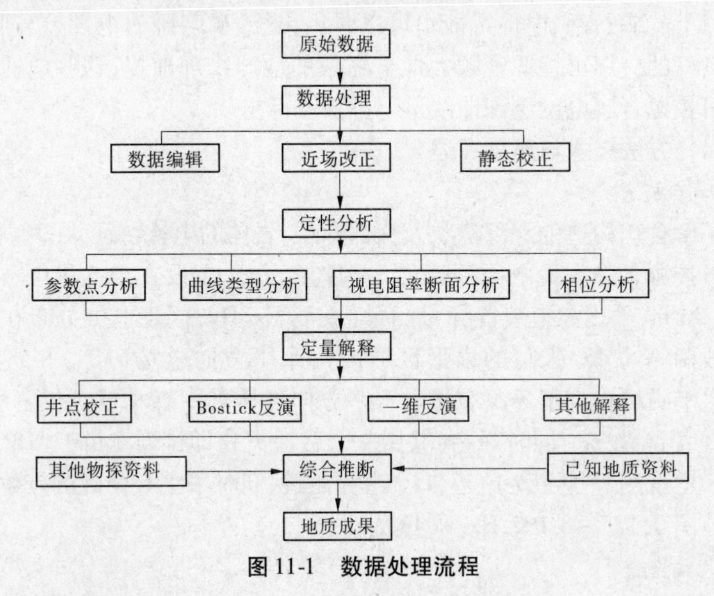

图11-1　数据处理流程

11.5.1.5　质量评述

可控源音频大地电磁法(CSAMT)严格按《可控源声频大地电磁法勘探技术规程》(SY-T 5772—2002)执行,高磁严格按《地面高精度磁测技术规程》(DZ/T 0071—93)执行。

(1)同一测深点,视电阻率曲线上标准偏差小于40%的点超过70%和相位曲线上不超过45°或135°的点大于70%,两种情形均满足时该点资料评为合格。

(2)不合格的测深点数大于总检查测深点数的30%,该测线资料不合格。技术要求依据《可控源声频大地电磁法勘探技术规程》(SY-T 5772—2002)执行。

11.5.1.6　地质推断与解释

600 线 CSAMT 解释

5～10 测点深 100 m 处、45～55 测点地表至 200 m 处、115～125 测点深 300 m 处、130 测点深 500 m 处的低阻区域及 0～70 测点深 100～300 m 处的低阻带均推测为铁矿体。0～45测点、120～145 测点浅部为奥灰地层，下伏为闪长岩体，45～120 测点间为闪长岩，110 测点处的陡立带状低阻推测为断层。

11.5.2　济源市莲东铁矿区

11.5.2.1　矿区概况

矿区位于济源市克井乡莲东附近，有公路可通克井乡和济源市，区间有乡间公路相连通，交通便利。工作区东西长约 2.7 km，南北宽约 2.2 km，面积约 6.00 km^2。地理坐标范围为：

A：东经 112°36′15″，北纬 35°07′45″

B：东经 112°37′45″，北纬 35°07′45″

C：东经 112°37′45″，北纬 35°07′30″

D：东经 112°36′15″，北纬 35°07′30″

实测地面高精度磁测工作拐点坐标（北京坐标系）如下：

A：X—3891600，Y—38373000

B：X—3891600，Y—38375700

C：X—3889400，Y—38375700

D：X—3839400，Y—38373000

11.5.2.2　矿区地质及地球物理特征

矿区位于华北陆块隆起带与济源盆地交会部分，属华北地层区。地层发育、构造复杂、岩浆活动微弱，为沉积矿产和变质矿产的形成创造了十分有利的地质条件。区域上地层出露比较完整，均有沉积，其中上奥陶统至下石炭统缺失。主要地层为太古界林山群，下元古界银鱼沟群和铁山河群，中元古界西阳河群和汝阳群，上元古界洛峪群洛峪口组（Pt_3l），古生界寒武系辛集组（$\in_1x$）、朱砂洞组（$\in_1z$）、馒头组（$\in_{1-2}m$）、张夏组（$\in_2z$）和崮山组（$\in_3g$），中奥陶统，石炭系本溪组（C_2b）、太古原组（C_2t），二叠系山西组（P_1s）、石盒子组（P_1sh），中生界三叠系二马营和延长群，新生界第三系及第四系。

1. 地层

矿区及周围属华北地区山西地层分区太行山地区，具基底与盖层二元结构，基底为太古界林山岩群（相当于登封岩群），盖层为寒武系—上石炭统—

二叠统连续沉积,之上被新生代沉积物覆盖。其主要特征如下。

1)林山岩群(Arln)

出露于太行山隆起带的深切沟谷的谷底,上部被古生代地层为整合覆盖,为一套中深变质岩系,也是矿区及区域上重要的含铁层位。主要岩性为黑云片岩、角闪片岩、二云片岩、黑云斜长片麻岩等。铁矿主要赋存在角闪片岩中。

辛集组($\in_1x$):不整合在太古宇林山群之上,局部缺失。为一套含磷碎屑岩系。主要岩性为砂砾岩、磷质含海绿砂岩、紫红色砂岩等。

朱砂洞组($\in_1z$):为一套碳酸盐系,主要岩性为豹皮灰岩、白云质灰岩、砂质灰岩等。

馒头组($\in_{1-2}m$):为一套细碎屑岩系,以紫红色页岩为主要特征,夹有灰岩、白云岩、白云质泥岩及砂岩等。

张夏组($\in_2z$):为一套碳酸岩系,主要岩性为灰色厚层鲕状灰岩、中厚层状灰岩、核形石灰岩等。

崮山组($\in_3g$):主要岩性为薄层状泥质条带状灰岩、鲕状灰岩等。

2)奥陶系中统马家沟组(O_2m)

不整合在寒武系上,为一套碳酸岩系,主要岩性为灰色厚层状—巨厚层状灰岩夹白云岩、角砾状灰岩、角砾状白云岩等。

3)上石炭统—下二叠统(C_2P_1)

不整合于奥陶系马家沟组之上,为一套滨浅海、泻湖相铁铝质岩、泥岩、碎屑岩、碳酸岩系。自下而上划分为本溪组、太原组。主要岩性为铝土质泥岩、泥岩、砂岩、燧石条带状灰岩等。

4)古近系(E)

不整合在石炭系及平原地带,为一套冲积沉积,主要岩性为砾岩、砂岩、粉砂质泥岩等。

5)第四系(Q)

广泛分布于地形低洼处,主要为黄土、坡积物等。

2. 构造

区域上具地台式二元结构,基底为深层次的塑性流变,形成一系列露头尺度上的不同形状的无根褶皱、塑性流变褶皱、片理、片麻理等。盖层以脆性断裂发育为主要特征,块状式构造格架,同时伴生一系列不同规模的宽缓背斜和向斜。

3. 岩浆岩

主要表现为太古界老变质岩浆岩。

太古代岩浆的现貌表现为片麻岩系，有角闪更长片麻岩、更长角闪片麻岩等，原岩为超基性岩，为磁铁矿的重要赋存层位。

4. 地球物理特征

根据本次及以往测量成果，区内岩（矿）石电阻率特征为：

（1）第四系：$\rho<50\ \Omega\cdot m$，呈低阻。

（2）寒武系地层：$\rho=100\sim4\ 000\ \Omega\cdot m$，呈中高阻特征。

（3）林山岩群（Arln）：$\rho>400\ \Omega\cdot m$，呈中高阻特征。

（4）奥陶系中统马家沟组：$\rho=500\sim5\ 000\ \Omega\cdot m$，呈中高阻特征。

（5）上石炭统—下二叠统（C_2p_1）：$\rho=100\sim500\ \Omega\cdot m$，呈中阻特征。

（6）破碎构造：$\rho<100\ \Omega\cdot m$，呈低阻特征。

11.5.2.3　方法技术与质量评述

1. 工程布置

根据本次工作任务结合矿区以往勘查成果，采用可控源音频大地电磁测深方法和高磁Ⅰ磁异常进行系统控制，通过综合研究，对全区成矿远景作出评价。

1）可控源音频大地电磁法（CSAMT）

测网区在场源垂直平分线两侧300°扇形范围内进行。收发距为5～8 km，设计探测深度为1～1.5 km。点距及接收偶极距40 m。

2）高磁

点距20 m。

2. 方法技术

本区物探工作拟投入方法为可控源音频大地电磁法和高精度磁测。

CSAMT投入仪器为美国ZONGE公司生产的GDP－32Ⅱ多功能电法工作站，仪器技术指标如下。

接收机：温度范围－40～＋55 ℃；湿度范围0～100%；电位最高分辨率±0.03 μV；充电率最高分辨率0.1 ms（相当于0.01%）；电位和充电率精度±1%；输入阻抗10 MΩ；延时和积分时间误差$<5\times10^{-12}\%$；观测道数32道。

发射机（GGT－10）：有完善的过流、过压、过温、开路、短路等保护功能，稳流精度<±0.2%，供电时间精度$<5\times10^{-12}\%$，电流显示精度<±1%，发射机面板、外壳与高压电路间绝缘电阻>500 MΩ/500 V。

发电机（ZMG－9）：最大功率10 kW，电路与外壳绝缘电阻>5 MΩ/500 V，稳压精度<2%，配有调压器（VR－1）。

高磁投入仪器为捷克产的PNG－1。

3. 质量评述

可控源音频大地电磁法严格按《可控源声频大地电磁法勘探技术规程》(SY-T 5772—2002)执行，高磁严格按《地面高精度磁测技术规程》(DZ/T 0071—93)执行。

全区布置 CSAMT 检查点 6 个，占原始物理点的 5.2%，均匀分布各测线并重点检查异常地段，由与原始观测不同的操作者在不同的日期进行。检查结果为：电阻率相对均方误差为 3.8%，相位差相对均方误差为 4.1%，实时信号标准离差小于 10%，且电阻率、相位差曲线形态一致，全区超过 90% 的测点的视电阻率和相位差曲线圆滑、连续、无畸变点，关键频点做过检查观测，符合 CSAMT 方法规范 SY-T 5772—2002 的一级质量要求。

高磁布置质量检查点 3 个，占原始物理点的 10.6%，检查点与原始点的总精度的误差均 <5 nT，符合规范要求。

测地采用手持 GPS 进行定点，要求绝对误差小于 2 m。

11.5.2.4 解释与推断

所测数据在经过质量评估和预处理，进行各项改正后，再根据区内相关的地质、地球物理特征进行反演，获得剖面的电性断面图，在此基础上进行地质推断。

11.5.2.5 地质推断与解释

1. 可控源音频大地电磁法

各线南端浅部低阻层为第四系，第四系低阻层之下的 100 ~ 500 Ω · m 中阻层为上石炭统—下二叠统(C_2p_1)砂岩、泥岩，再往下的 500 ~ 5 000 Ω · m 呈中高阻层为奥陶系中统马家沟组(O_2m)灰岩，测线北端出露地表及石炭奥陶系地层之下的 100 ~ 4 000 Ω · m 的中高阻地层为寒武系地层(∈)，寒武地层其下的 >500 Ω · m 的中高阻层为林山岩群(Arln)变质岩系(见各线断面图 11-2、图 11-3)。

各线陡斜的条带状低阻带为破碎断层。

2. 高磁

高磁测量结果表明，磁源(铁矿体)为一陡倾斜的磁地质体，其水平范围 <200 m。

11.5.2.6 结论

CSAMT 测量表明，矿体仅局限于 0 线变质岩系凹陷区内，区内其他各线均无此有利的成矿部位，结合高磁测量结果，铁矿体为一范围较窄的陡倾斜体。

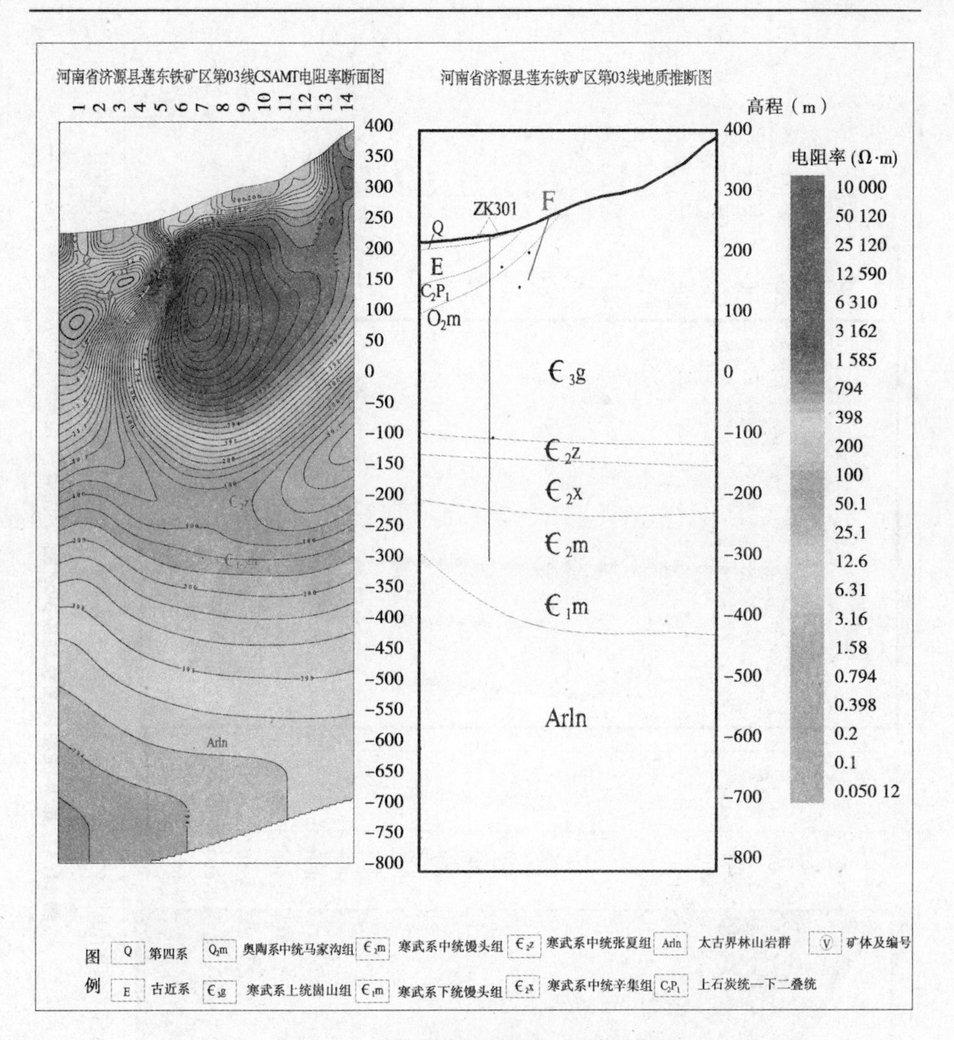

图 11-2 第 03 线断面图及地质推断图

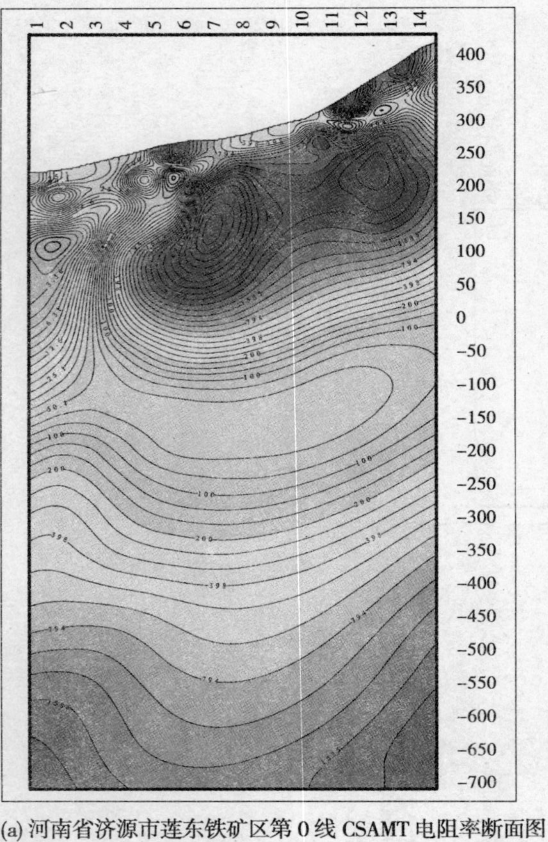

(a) 河南省济源市莲东铁矿区第0线 CSAMT 电阻率断面图

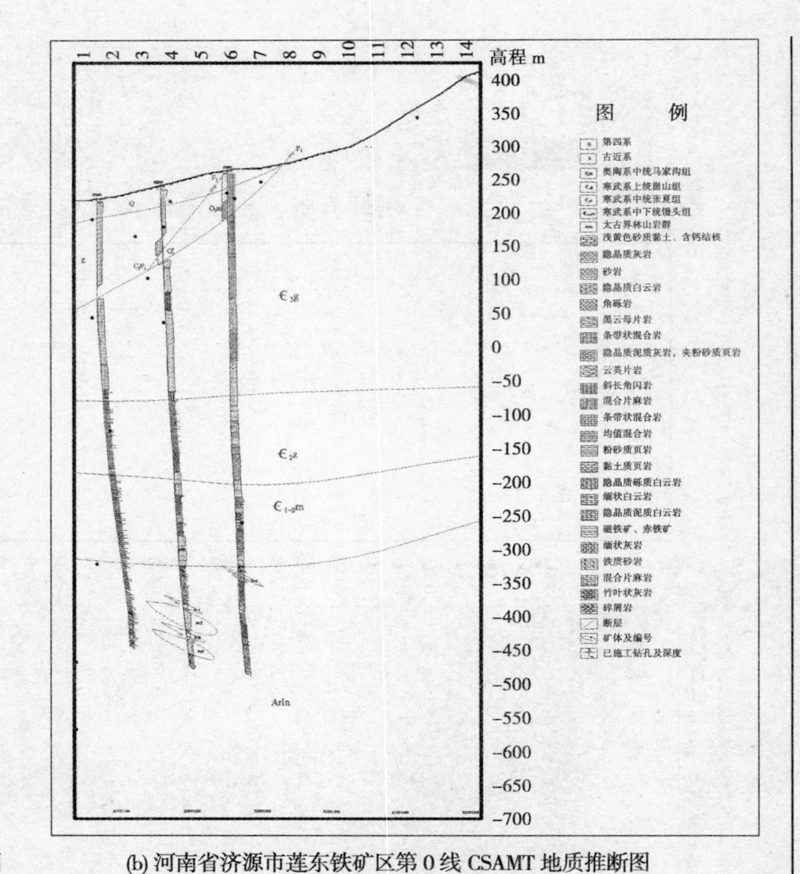

(b) 河南省济源市莲东铁矿区第0线 CSAMT 地质推断图

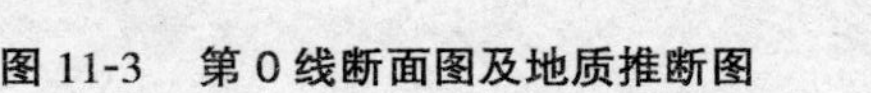

图 11-3　第 0 线断面图及地质推断图

第 12 章　豫东南地区深部铁矿找矿技术研究

河南省舞阳—新蔡地区铁矿勘查是地质大调查项目,充分收集了区内已有的地质、物探等资料,通过综合信息解译,编制综合信息系列图件,总结了区域成矿规律,开展了河南省(鞍山式、邯邢式)铁矿工作部署研究,进行了成矿远景区划分,优选了 16 处找矿靶区,划分了 3 个铁矿体群,控制了 4 个铁矿体,并对靶区开展了资源量定量预测。先后开展了 1:5 万地面高精度磁法测量,共圈定出有进一步工作意义的地磁异常 10 个;布置 CSAMT 测量剖面的主要目的是在磁测成果的基础上进一步查明铁矿体及其控矿构造的空间分布特征,共布置了七条剖面,物理点 483 个;从 1:5 万地磁异常、1:1 万高精度磁法剖面测量成果和可控源音频大地电磁测深成果,综合判断新蔡练村镇工作区分布的 4 个地磁异常均为矿致异常;推断了覆盖层埋深及铁矿化体大致埋深,选择有利位置开展了钻探验证工程。

通过对大规模航磁异常的检查和验证,在埋深 700 m 以下发现了大规模的铁矿床,铁矿石资源量估算约 1.8 亿 t。该成果被列入中国地质调查局 2007 年度深部找矿重大进展。

12.1　地质背景

工作区属华北陆块南部,地处三门峡—鲁山—固始深大断裂带北东盘的西平—平舆凸起,河南舞阳—安徽霍丘沉积变质铁矿成矿带中段的新生界浅覆盖区,基岩露头少见。地层具典型的双层结构。基底岩系为太古宇太华岩群含铁岩系。盖层岩系为中元古界汝阳群、洛峪群、寒武—奥陶系、石炭—二叠系及侏罗—白垩系、古近系、新近系。根据舞阳铁矿勘探资料,区内有太古代基性岩—超基性岩、燕山期闪长岩、花岗岩及正长岩类侵入,中元古代和古近纪安山岩喷出。但侵入体规模一般不大,仅有数平方米至数十平方米。工作区位于华北陆块南部,基本构造格架表现为北西向片麻岩穹窿和北西与北东—北北东向断裂交织的断块(中新生代盆岭构造)。区内褶皱不发育,断裂以大致平行地层走向的北西向断裂和北东向斜切断裂为主,次为北北东向断裂。北西向片麻岩穹窿在空间上控制着区内太古宙沉积变质铁矿床的分布，地层产状一般外倾，倾角 20° ~ 60°。北西向断裂规模一般较大，长数百米至数百千米，断层性质多为逆断层或正断层。北东—北北东向断裂规模相对较小，长数百米至几十千米，断层性质多为平移断层或正断层。

区内太古宇、侏罗系、白垩系地层具有中—弱磁性，是引起区域磁异常的主要因素，古生界、新生界无磁性或磁性微弱。地层密度具有从新至老逐渐增大的特征，主要存在三个密度差异较大的密度层和两个密度界面，它们依次为新—古近系密度层，其密度为 2.25×10^3 kg/m^3；中生界—上古生界密度层，其平均密度为 2.43×10^3 kg/m^3；下古生界、太古界密度层，其平均密度为 2.66×10^3 kg/m^3。地层电阻率具有从新至老逐渐增大的特征，寒武—奥陶系为高阻层，其值可达数千欧姆 · 米；新生界电阻率较低。岩矿石电阻率以灰岩、白云岩最高，其值可达数万欧姆 · 米，其次为砂岩，而铁电阻率较低，只有数百欧姆 · 米，与其围岩有较大的电阻率差异。

在区域磁场中，工作区位于豫中开阔平静负磁场区的汝阳—舞阳—淮滨北西西向带状负磁场中，磁场强度一般在 0 ~ −200 nT。磁场走向西部为北西西走向，东部呈近东西走向，中部被数条北东向异常梯级带或扭曲带错断或扭曲。区内有 40 余个正磁异常，磁场强度一般在 100 ~ 200 nT，最高可达 1 000 nT，范围 1 ~ 200 km^2。

在区域重力场上位于豫中南开阔平静高值重力场区的汝阳—舞阳—淮滨北西向带状高值重力场区，由数条高低异常带和梯级带组成，与区域磁场走向一致，被数条北东向异常梯级带或扭曲带错断或扭曲。

12.2　找矿方法组合

结合工作区客观实际条件和以往成功的找矿方法组合，积极地将先进的勘查手段融入铁矿勘查，勘查工作方法组合为：收集资料→物探扫面→异常检查→钻探验证→资源量估算。

具体工作方法是：系统收集、综合分析工作区地质、矿产、物探、钻探等资料，筛选成矿条件较好的工作区；通过 1∶5万地面高精度磁法测量、地面高精度重力测量等工作，圈定具有进一步工作价值的地磁异常；采用地面高精度磁法剖面测量、可控源音频大地电磁测量等手段新、精度高的物探方法对异常进行检查、解释、反演，确定有利成矿地段；在综合研究的基础上，布置钻孔，开展钻探验证；依据已有的资料和取得的成果估算铁矿资源量。

通过全面收集工作区区域地质、矿产地质、物探、钻探、水工环等资料,系统整理各专业领域获得的原始数据和最新成果,大致了解工作区矿产勘查及其相关工作的研究程度,综合分析前人资料存在的问题及其局限性,认真借鉴前人成熟的理论成果和成功经验,开展综合研究,筛选成矿条件较好的工作区。针对工作目的和任务,结合前人成果及存在问题,选择科学有效的工作手段,分层次周密部署,按部就班开展各项工作。

12.3 物探扫面

开展物探扫面的目的是深入了解磁异常特征,圈定具有进一步工作价值的地磁异常。可供选择的物探方法很多,如地面高精度磁法测量、地面高精度重力测量等。根据项目工作部署,在练村工作区选择了1:5万地面高精度磁法测量工作。地面高精度磁测中圈定的DC－1、DC－4、DC－2、DC－3与练村航磁异常相对应,从另外一个层面上讲,地磁扫面起到了"提高工作精度"和"使航磁落地"的作用。地磁测量结果显示,磁场受东西向构造控制呈近东西向展布且高低相间排列。这里重点介绍一下已开展过钻探验证工作的DC－4地磁异常。

DC－4地磁异常以180 nT等值线为准,该地磁异常可进一步圈出三个局部异常,零等值线圈闭形似蝌蚪,北侧伴生有－250～－340 nT负异常,推测引起该异常的磁性体向南陡倾斜,应为矿致异常。三局部异常各自以190 nT、310 nT和310 nT等值线圈闭,它们走向不同,形态各异。

西部局部异常以190 nT等值线圈闭成形似"△"形,南北宽约2 km,东西长3 km。其北侧、西侧等值线密集,向南、向东方向凸出,等值线变稀。从异常形态分析是多个磁性体的综合反映,由切线法和特征点法求得磁性体顶板埋深在720～940 m。300 nT等值线将中东部两异常连接在一起,形似马鞍,等值线北侧较南侧密。中部局部异常310 nT等值线圈闭为近圆形半径约700 m;东部局部异常310 nT等值线为向北西向卧倒的花瓶,瓶口朝南东方向。长1.8 km,宽0.8～1.2 km。推测为向南陡倾斜的板状体,用切线法和特征点法求得引起中部异常和东部异常的地质体埋深分别为850 m和930 m。

12.4 异常查证

在成矿有利地段,开展异常查证工作,进一步缩小成矿有利部位。可供选择的物探方法主要有:地面高精度磁法剖面测量、地面高精度重力剖面测量、可控源音频大地电磁法测量等。

地面高精度磁法剖面测量:为了更好地了解练村工作区矿体的空间分布特征,在 DC -4 地磁异常区布置了 8 条高磁剖面,并采用 GeoExpl 软件进行了二维反演。其中,A1 剖面通过设计钻孔 ZK1705 和手机钻孔 ZK307,有钻孔资料约束,使本地区的反演参数较为贴近实际。拟合均方差在 4 ~ 15 nT,达到了较高的技术精度。

可控源音频大地电磁法测量:为进一步查明铁矿体及其控矿构造的空间分布特征,布置了 CSAMT 测量剖面(与高磁剖面重合)。通过 Bostick 反演,确定测深点的深度,绘制视电阻率等值线图,结合相关地质资料和现场调查结果进行综合解释与推断。在高磁异常的中心区附近,20 ~ 35 Ω · m 电阻率垂向梯度较小,是推断有含铁岩系存在的依据;以 30 Ω · m 划分太古代地层和上覆地层的界线,太古代地层顶界面等高程在 850 ~ 1 450 m;依据铁矿化体和正常岩石之间的电阻率差异性质,利用频率 - 电阻率系统剖面,在电阻率突变点以及剖面上的趋势,可以大致判断有无铁矿化体存在,为工程验证提供信息。

12.5 钻探验证

依据地面高精度磁法测量、高精度磁法剖面测量、可控源音频大地电磁测深等成果,选择有利的成矿部位布设钻孔,对异常进行验证。钻孔布置在可控源音频大地电磁测深剖面或高精度磁法测量剖面上。依据高精度磁法测量剖面和可控源音频大地电磁测深反演的铁矿化体大致位置确定钻孔深度。

通过钻探验证,练村工作区施工的 3 个钻孔均见到了较好的铁矿体。①建立了含铁岩系的岩石组合及地层控矿因素。根据岩石(性)组合,反映的是铁山庙组 C、D 矿组组合。②确定了练村镇工作区的构造格架及控矿因素。该区位于华北陆块南部,基本构造格架为北西向片麻岩穹隆和北西与北东—北北东向断裂交织的断块;而北西向片麻岩穹隆在空间上控制着太古宙沉积变质铁矿床的分布。③钻探验证圈定了铁矿体。

为确定地磁异常垂向分布的完整性,确定磁性地质体或铁矿体埋藏深度、厚度、结构;划分钻孔岩性剖面,提供各类地质体的物性数据,还必须按时开展物探测井、样品采集及化验等工作,以便及时总结并调整工作部署。

12.6 资源量估算

依据区域地质研究成果,充分利用与工作对象有关的航磁或地磁异常、少量深部工程控制资料,确定具有矿化潜力的地区,并和已知矿床进行类比,进而估算资源量。

工作区内进行资源量估算的矿体多为层状,形态相对简单,且比较规则,采用地质块段法估算资源量。通过矿产资源调查评价工作,划分了 3 个铁矿体群,控制了 4 个铁矿体,铁矿石平均品位 TFe 24.43%,mFe 18.22%,总计估算铁矿石资源量为 1.65 亿 t。

12.7 结论及建议

在项目实施过程中,将可控源音频大地电磁测深工作方法首次引入铁矿勘查,厘定了深部区铁矿勘查方法组合;取得了丰富的矿产和物探资料,揭示了该区铁矿具有较大的找矿潜力,为区域找矿工作部署提供了充分的依据,铁矿找矿取得了重大进展,充分体现了工作部署、工作方法和技术路线的合理性。

除地磁测量外,CSAMT 工作方法的引进,为建立覆盖区最佳工作方法组合提供了有利的证据。但是为了准确有效地确定钻探工程,还应该增加其他物探方法,如地面高精度重力测量、大功率频谱激电(SIP)、瞬变电磁测深等,提高钻探工程施工效果,逐步建立覆盖区铁矿找矿方法最佳组合。

项目实践表明:新技术对寻找深部矿方面具有强大的能力。同时也必须认识到,综合研究对于新技术的应用的重要性。综合研究不仅为物探方法提供可以施展能力的工作区,而且为物探解释乃至找矿模型提供指导性的参考。

第13章 济源西北部铁矿低缓异常勘查与深部潜力资源技术研究

13.1 成矿地质背景

20世纪70年代初至80年代初，由于本区广泛地开展了航空磁测和相应的地面磁测检查以及不同比例尺物探普查、详查工作，发现圈定了较多航(地)磁异常，其中大多数位于前震旦系变质岩系中，经兄弟队在济源县莲东、沁阳县掌东行口等磁异常上的查证和钻孔验证工作，上述诸异常均已达到了磁铁矿、赤铁矿。从而为在本区进一步找到铁矿，扩大铁矿资源储量开辟了较为乐观的前景。

当前为落实"国务院关于地质工作意见"的指示，努力展开"攻深找盲"找矿任务，我们对区内已有的地质、物探资料做了比较系统的收集、整理，在研究的基础上，把已有的全部航(地)磁异常(包括编号的和未编号的)给以分类逐一排队，结合地质、构造、岩浆岩等地质条件及物性资料进行再分析、再开发，为此，对济源西北部地区的低缓异常，提出如下工作意见：

(1)济源西北地区是河南省变质铁矿的资源潜力地区，这里不仅分布有大片以太古界为基底的老变质岩系地层，而且伴有与其相关的鞍山式铁矿产出。成矿地质环境相当有利。

(2)区内航磁异常发育，受区域构造控制，异常呈北西或近东西向有规律的断续分布在矿区或矿带的延伸部位上，并以其圆滑、规整、平缓、开阔、幅值低的条带状为主要特征，反映深部老变质岩系中，可能赋存着较强磁性的激发体，具有良好的找矿前景。

(3)在对低缓异常的验证中，除了钻遇见矿的异常包括石盘河异常(豫C-70-2-3)、行口异常(豫C-70-2-1)、三佛宫以及莲东异常(豫C-70-2-2)外，其他多数异常未予以检查和钻探验证，它们和已知矿异常所处地质环境类同，异常的可比性亦很相近。因此，开展上述异常勘查对挖掘深部资源潜力，实现找矿新突破是十分必要的。

13.2　成矿地质、地球物理特征

13.2.1　成矿地质特征

豫北地区东、南滨邻黄河，西、北有太行山脉，山河之间为豫北平原，已知各类矿产多数分布于区内西部山区和北部山区。

大地构造位置，位于中朝准地台西南侧，山西台隆东南缘，地层出露齐全，发生变化结北陆台型。太古代—新生代地层均有分布，有的为零星出露；构造、岩浆活动比较发育，西部和北部尤为频繁，其基本特征如下。

13.2.1.1　地层

(1)前震旦系(Anz)，为区内的基底岩系，西起济源，东至汲县、辉县一带，断续零星出露，主要分布于济源县白涧河、沁阳县仙人河、汲县塔岗，辉县黄水口、上八里等地。岩性为角闪片岩、云母石英片岩、绿泥片岩、石英岩、花岗片麻岩等，部分片麻岩类具混合岩化作用为混合岩。

(2)震旦系(Z)，主要由石英岩及硅质石灰岩组成，底部有时可见厚数米的砾岩，不整合于前震旦系之上，厚度变化较大，在石英岩组中夹有宣龙式铁矿层。

(3)寒武系(∈)，与下伏震旦系地层呈平行不整合接触，可分上、中、下三统，下统为白云岩、白云质灰岩、石英砂岩、泥灰岩、粉砂岩、紫色页岩及泥质条带状鲕状灰岩；中统为紫色页岩夹薄层灰岩，鲕状灰岩及深灰色厚层泥质条带鲕状灰岩；上统为深灰色厚层半结晶白云岩及白云质泥灰岩，硅质条带团块状白云岩。

(4)奥陶系(O)，与下伏寒武系呈平行不整合接触，仅有中统出露，底部为灰白色硅质岩及硅质砾岩，上部为紫红色薄层石英砂岩、粉砂岩、灰绿色页岩，下部为深灰色致密灰岩，厚层白云质灰岩、白云岩、泥灰岩，中部为深灰色致密灰岩，出露厚度有由南往北逐渐变厚的趋势。

(5)石炭系(C)，与下伏奥陶系呈平行不整合接触。主要岩性为砂砾岩、石英砂岩、页岩、铝土页岩、灰岩与煤层，底部在杂色铁铝质页岩夹山西式铁矿及铝土矿层。

(6)二叠系(P)，与石炭系呈整合接触，主要由燧石层、石英长石砂岩、铝土页岩、炭质页岩及煤层组成，煤层向济源一带渐趋尖灭。

(7)三叠系(T)，主要分布在西承留以南地区，在沁阳以北、辉县陈召一带亦有零星出露,与上覆侏罗系和下伏二叠系皆为整合接触,主要由黄绿色长石,砂紫黄色长石砂岩及泥岩等组成,夹有炭质页岩和油页岩,并具有自西向东变薄的趋势。

(8)此外侏罗系、白垩系、第三系在本区均有零星出露,第四系以冲积洪积物为主。

13.2.1.2　构造

豫北地区以高角度正断层发育为其特征,新乡—焦作—济源一带大的断裂有古盘寺、封门口大断裂,呈近东西向走向展布。汲县辉县一带近南北向,北北东向和北东向均有断层,因山脉形态走势构造受其影响呈弧形展布。

13.2.1.3　岩浆岩

岩浆活动不甚发育,以中酸性、基性的脉岩及喷发岩为主,辉县以北分布中酸性的闪长岩、闪长玢岩。济源一带有蚀变辉绿岩、花岗斑岩,但晶岩脉侵入,以及中基性—酸性喷发作用所形成的辉石安山玢岩、安山玢岩、石英斑岩等,广泛分布在济源西部邵源地区。

13.2.1.4　矿产

区内以煤炭资料最为丰富,次为镁、铝、黏土、硫、铁、铜及水泥原料等,现就铁矿情况简述如下:

(1)接触交代型铁矿。分布在济源铁山河、安沟一带。矿体产于闪长岩与前震旦系大理岩接触处,呈透镜状、束状、不规则状,含铁品位高,规模比较小。

(2)宣龙式铁矿。主要产于济源县十八山、红坎、水洪池、李八庄等震旦系石英砂岩或石英岩组中,一般无磁异常显示。

(3)变质铁矿。产于前震旦系变质岩—片麻岩、绿片岩中,过去仅见及济源山口、沁阳紫陵等地,因品位低、规模小而未予重视。随着区内低缓异常的勘查,先后于济源莲东(豫C-70-2-2)、沁阳三佛宫、行口(豫C-70-2-4异常),钻进厚数米至数十米。条带状石英磁铁矿层,其TFe品位40%左右,工业前景可观。北带从邵源经天台、西沟、克井、山口直至宋窑(石盘河)一带,包括航磁豫C-70-1-3、豫C-70-1-2、豫C-70-1-4-1、豫C-70-1-6、豫C-70-2-1、豫C-70-2-3等异常,其中石盘河异常孔深900 m见15 m厚鞍山式铁矿。上述低缓异常大多反映以震旦系的基底的变质岩所引起,是本次重点勘查寻找变质铁矿的潜力异常靶区,有必要进行工作。

13.2.2　岩矿石磁性特征

岩矿石磁性特征见表 13-1。

表 13-1　岩矿石磁性特征

岩矿石名称	磁性参数		说明
	$K(\times10^{-6}$CGSM)	$Jr(\times10^{-6}$CGSM)	
灰岩、大理岩	0	0	
石英岩	0	0	
闪长岩	70		
花岗岩	15		
绿泥片岩	0		
片麻岩	15 ~ 658		
角闪片岩	1 850	260	
磁铁矿	22 700	8 630	行口钻孔
磁铁矿	39 400	30 100	莲东钻孔
磁铁矿	63 000	30 400	三佛宫口

13.2.3　矿异常特征

13.2.3.1　**铁山矿异常，豫 C－70－1－2(M_{1-2})**

异常位于济源市铁山—和平一带，1∶2.5 万航磁图上，是一叠加在北部低缓异常南翼的次级局部异常，该异常由三个高峰异常所构成，其梯度大，强度高，最高强度达 1 000 nT 以上，一般 500 ~ 600 nT，反映埋藏浅的铁矿体。地磁先后作了 1∶1万 ~ 1∶2 000 磁测普查和详查，对应航磁异常表现为近南北向分布的异常带，控制长约 2 km，沿该带 ΔZ 异常继续展布，强度高，水平梯度大，东西两翼均有负值显示，而东侧伴生负值更为明显，ΔZ_{max} = 7 600 nT，ΔZ_{min} = －3 000 nT。

据观察，上述异常均由浅部磁铁矿引起，钻探揭示，铁山河矿体长 480 m，均厚 13.5 m，矿体呈透镜状、不规则状，产于元古界(Pt)变质岩系中，为沉积变质类型铁矿，提交储量 562 万 t。

13.2.3.2　**东行口矿异常 73－3－1(豫 C－70－2－4)**

异常位于沁阳东行口村附近，1950 年冶金 1∶2.5 万航空磁测，异常反映不明显,1973 年地质二队磁测普查发现,300 nT 等值线自行圈闭,走向近 NW 向拉长的规则的椭圆状,长轴约 2 km,宽约 0.8 km,ΔZ 曲线圆滑,近于对称分布,ΔZ_{max} = 970 nT。

钻探揭露行口异常为铁矿引起,矿体顶板深 88.97 m,呈似层状、透镜状,产于 Ar 变质岩中,走向 NW,倾向 NE50°,倾角 4 ~ 22°,经正演计算,所获 ΔZ 理论曲线与实测曲线基本一致,已提交铁矿资源量 2 220 万 t。

13.2.3.3 **三佛宫矿异常 72 - 3(全省异常卡片中缺此异常)**

异常位于沁阳县泌河北三佛宫—山口一带,平面图上,250 nT 等值线圈闭了 72 - 3、72 - 1、72 - 2 三个地磁异常,构成近 EW 向展布,长约 4.6 km,其中分布在东端的三佛宫异常,以其形态好,曲线圆滑,强度高,ΔZ_{max} = 1 400 nT 等优于西部二异常。经钻探验证,在片岩下部的 Ar 变质岩系中见到了铁矿体,含铁品位为 30.29%,已提交储量 574 万 t。

根据钻孔资料,对该异常进行了再解释,所得理论曲线与实测 ΔZ 曲线符合程度比较好。

13.2.3.4 **莲东矿异常豫 C - 70 - 2 - 2(M_{2-2})**

异常位于济源市莲东村以北,航磁图上为一近东西拉长的椭圆分布,长 1.5 km,宽 0.5 km。ΔZ 曲线北陡南缓,两侧负值不明显,ΔZ_{max} = 130 nT,地磁检测曲线形态特征基本同 ΔT 异常,反演计算 h = 615 m。1973 年钻探验证时,依据井中旁测异常向北移 100 m 后,在 Ar 地层中见到了厚 58 m 磁铁矿体,并提交矿量 135 万 t。

13.3 潜力异常预测

13.3.1 铁山河北部低缓异常(豫 C - 70 - 1 - 2 或 $M_{1-2'}$)

异常位于济源市铁山河—朱迹一带。地理坐标为东经 112°11′00″ ~ 112°18′00″,北纬 35°09′00″ ~ 35°14′00″,面积 10.5 km × 5.5 km。

主要依据如下:

(1)该区地处铁山河—三佛宫—行口铁矿带上,已知铁山河矿区外围,地表裸露太古界(Ar_y^1、Ar_y^2 和 Arc)和下元古界(Pt_1)古老变质岩系地层,分布广泛,成矿地质环境有利,是寻找深部变质铁矿床的潜力资源远景异常。

(2)受古近东西向区域构造控制,航磁反映为近 EW 向分布的叠加异常,该异常具有形态好,强度高(ΔT_{max} = 300 nT),曲线圆滑,两翼略陡,北部平缓并有不明显的负值伴生等特征，推断异常可能为晚太古界变质岩及其所夹铁矿引起。

(3)该区地形差，以往工作程度低，有必要通过进一步勘查，查明异常性质，寻找与扩大深部铁矿资源。

13.3.2　西万异常区铁矿勘查

异常位于沁阳县西万一带，行口矿区的东延部位，该区物探队于2007年已申报两权价款项目，并已编制了项目申请报告书、设计书、经费计划报告书。

13.3.3　石盘河异常(豫C－70－2－3或M_{2-3})

异常位于沁阳县常平北6 km晋豫省界附近，主体异常大部分在山西石盘河，仅南翼在河南宋窑境内(洛阳工区编录为豫C－70－2－3宋窑异常)。1:5万航磁图上，该异常呈东西延展，其西部转为北西方向，异常长8 km，宽6 km，ΔZ_{max}＝250 nT，北面有－40 nT幅值伴生，估算磁性体埋深约750 m。由于异常平缓圆滑、规整，幅值较高，分布范围较大，以往曾予以钻探验证，经近期实地调查，ZK1孔地理坐标为东经112°55′00″、北纬35°18′20″，ZK2孔地理坐标为东经112°55′21″、北纬35°17′59″。并于900 m左右见15 m厚铁矿层。为查明深部铁矿资源，建议省际间相互协商，开展进一步的勘查工作。

勘查面积长9 km，宽7 km，范围为东经112°53′00″～112°59′00″，北纬35°16′00″～35°20′00″。

13.3.4　白涧异常(M_{2-1}或豫C－70－2－1)

异常位于济源县克井煤矿西北白涧—泗坪一带。地理坐标为东经112°30′00″～112°41′00″，北纬35°10′00″～35°14′00″，控制面积17 km×7 km。

该异常1972年地质二队物探组，曾在此做过1:1万9 km^2的磁测。1:5万航磁图上，呈近东西走向，长约6.5 km，宽6 km，为圆滑规整的低缓异常，ΔT_{max}＝200 nT，ΔZ_{max}＝300 nT，其北部伴随有负值。据观察盘古寺断层从区内通过，断层以南为煤系地层，断层以北出露寒武奥陶系灰岩，推断该异常为老地层中磁性体引起，需进一步工作。

13.3.5　西沟异常(M_{2-1},或豫C－70－1－6)

异常位于白涧异常西延部位，南东距熊掌约3 km处。地理坐标为东经112°25′00″～112°29′00″，北纬35°09′30″～35°13′00″，勘查面积约39 km^2。

该异常在航磁图上,呈等轴状,平缓规则异常,长 4 km,宽 4 km,ΔT_{max} = 100 nT,北部有 20 ~ 30 nT 的负值伴生,异常区出露大片寒武奥陶系石灰岩、白云岩,其西侧后郑坪一带有 Ar 角闪岩、绿泥片岩、黑云母片岩、斜长角闪片麻岩等变质岩系分布。推断引起异常的磁性体可能与克井(白涧)异常同源,反映老变质岩层及夹于其中的磁铁矿引起。如果豫 C－70－2－1异常勘查有新突破,则西沟异常通过进一步勘查,为扩大深部铁矿资源提供依据。

13.3.6　水洪池异常($M_{2-4'}$或豫 C－70－1－4－1)

异常位于西沟异常西北 4 km 之大池附近。地理坐标为东经112°22′30″~112°25′00″,北纬 35°13′00″~35°15′00″,面积约 16 km^2。

从磁场图上看,异常呈北东拉长的规则椭圆,长轴长 2 km,短轴宽 1.5 km,幅值 140 nT,其北部有负值伴生。据观察地表出露寒武系灰岩、页岩和震旦系变质砂岩等,在异常区南侧盘古寺断层,西端有太古界变质岩系分布,推断异常可能与 M_{2-1} 同源,对此异常的勘查视 M_{2-1} 验证结果待定。

1959 年省物探队作过磁测普查,1972 年地质二队进行了 1∶1万 ~1∶5 000 地面磁测。

13.3.7　柿槟异常($M_{2-5'}$)

异常位于济源县西北 4 km 柿槟附近。地理坐标为东经 112°31′00″~112°36′00″,北纬 35°06′30″~35°10′00″,勘查面积约 7.5 km × 6.5 km = 48.75 km^2。

$M_{2-5'}$异常在洛阳工区 1∶5 万航磁图上有显示,异常未予以编号。异常东西走向,长约 3 km,宽 2.5 km,幅值 120 nT 左右,为一低缓异常。反映磁性体埋深大于 600 m。区内为第四系黄土所覆盖,由于异常正处于南矿带,已知莲东矿区外围,豫 C－70－2－2 向西的延伸部位上,成矿地质环境有利,应对此异常进行工作,查明异常性质,扩大找矿远景。

13.3.8　邰原北异常(M_{1-3},豫 C－70－1－3)

异常位于邰原镇茶房庄—北寨一带,向西入山西境内。地理坐标为东经 112°02′00″~112°09′00″,北纬 35°09′00″~35°13′00″,面积 10.5 km × 7.5 km = 78.75 km^2。

磁场图上显示为复杂的叠加异常,其形态呈不规则的长轴状,走向近于东西,300 nT 等值线圈定面积约 4.5 km × 1.6 km = 7.2 km^2,并向西延出省外。

剖面曲线西部较圆滑,呈单峰,梯度较平缓,向东扩展多呈双峰,水平梯度较大,北侧并有负值伴生,$\Delta T_{max}=465$ nT,$\Delta T_{min}=-100$ nT。

该异常曾作过地磁检查,1960年省物探队进行了1∶1万面积工作,因精度较低,地物又少,资料难以利用。

邰原北异常地处铁山河北低缓异常的延伸部位,区内分布下震旦统太古组石英岩、长石石英砂岩和许山组辉石安山玢岩及石英斑岩等地层。物性测定除安山岩、安山玢岩有明显磁性外,其他岩石如石英岩、页岩均不具磁性。

经半定量计算磁源深度403 m,认为该叠加异常系由两部分组成,上部局部峰值异常一般埋藏线可能为安山岩或安山玢岩引起,而大范围分布的规则低缓异常有可能与基底老变质岩有关。对于火山熔岩地区分布的有规律异常,待铁山河北部低缓异常勘查突破后,则处在同一带上的火山熔岩地区有规律分布的邰原北异常,通过勘查进一步查明异常性质,是非常必要的。

13.3.9 井沟异常(豫C-70-1-1)

异常位于邰原镇西南井沟—苏河一带。地理坐标为东经112°02′00″~112°08′00″,北纬35°02′00″~35°08′00″,勘查面积9 km×11 km=99 km^2。

豫C-70-1-7为一低缓异常,平面图上,以150 nT等值线圈闭,平面形态呈等轴状,异常面积约2.2 km×2.2 km=4.84 km^2。剖面曲线圆滑、对称、平缓、开阔,两侧无负值伴生,$\Delta T_{max}=160$ nT。

异常区出露上二叠系地层,岩性为石英砂岩、粉砂岩、页岩及灰质砾岩等沉积岩层,受南北两侧近东西向断层通过,控制了异常的分布。

反映计算磁性体深度为840 m,推断异常与煤系地层下伏的太古界结晶基底老变质岩系有关或震旦系火山岩引起。对煤系上的磁异常有必要作进一步勘查与解释。

13.3.10 荆紫山(太平庄)异常(豫C-70-1-8)

异常位于新安县太平庄、荆紫山一带。地理坐标为东经112°00′00″~112°03′00″,北纬34°58′00″~35°02′00″,面积7.5 km×5 km=37.5 km^2。

异常分布在区域正磁场中,以100 nT等值线封闭,圈定面积为5.72 km^2。平面形态呈规则的长轴状,走向近东西,剖面曲线平缓、圆滑,两翼基本对称,北侧伴生有负值,$\Delta T_{max}=130$ nT,$\Delta T_{min}=-80$ nT。

区内有寒武、奥陶系互岩、硅质白云岩等,以往尚未进行过勘查,属性质不明异常,有待进行地磁检查与验证。

第14章 泌阳—桐柏地区铁矿床成矿规律技术研究

研究区位于河南省南部,范围西起泌阳县城,东至信阳市平桥区王岗乡,北从栾川—维摩寺断裂带,南到朱阳关—夏馆断裂,东西长60 km,南北宽28 km,面积约1 680 km^2。

行政区划隶属于桐柏县、泌阳县及信阳市平桥区。区内有焦—桐、沪—陕高速公路通过,省级、县级、乡镇级、村级公路四通八达,交通十分便利。

14.1 地质背景

研究区位于秦岭造山带的东段即东秦岭地区。秦岭造山带是经历了多阶段、多期运动,特别是加里东期、海西期、印支—燕山期运动的复合造山带,现今的基本构造格架主要由华北板块南缘构造带、北秦岭构造带和南秦岭构造带三个次级构造单元组成。不同构造单元在沉积建造、岩浆活动、变质变形以及断裂构造特征等方面差异较大。北秦岭构造带南界为西官庄—镇平断裂带,北以栾川断裂为界。主要沉积建造包括秦岭群、宽坪群和二郎坪群。主要的区域性断裂构造有瓦穴子—小罗沟断裂、朱阳关—夏馆断裂带和西官庄—镇平断裂带。

研究区位于泌阳县城—毛集—王岗一带。二郎坪群夹持于两个北西向区域性深大断裂之间。北侧通过瓦穴子—乔端断裂与中元古界宽坪群相邻;南侧有朱阳关—夏馆断裂,南与中元古界秦岭群地层相邻。

14.1.1 二郎坪群

二郎坪群可分为三个岩性组,即刘山岩组、张家大庄组、大栗树组。

刘山岩组主要为一套变质碎屑岩和碳酸盐岩沉积建造,主要岩性以黑云石英片岩、黑云斜长片岩、大理岩为主夹碳质硅质板岩、变细碧岩、变石英角斑岩、凝灰岩等。横向上岩性和厚度变化较大,上以大理岩或碳质硅质板岩与火神庙组整合接触,属滨海—浅海沉积。

张家大庄组主要为一套变细碧—石英角斑岩建造,岩性以变细碧岩、变细碧玢岩、变石英角斑岩、角斑岩为主夹中酸性凝灰岩、凝灰质熔岩及正常沉积碎屑岩,该组岩性横向上基本稳定。具典型海底火山强烈喷发(溢)活动沉积特征,硅质岩的出现反映可能形成水体较深。

大栗树组为一套变质碎屑岩系,主要岩性为斜长角闪片岩、角闪斜长变粒岩,可见清楚的气孔及杏仁构造和斜长石斑晶,反映原岩是一套基性细碧岩、细碧玢岩类。斜长角闪片岩往往具不同的色调,说明喷溢是多期的。

二郎坪群蛇绿岩套横贯河南省西南部,连续延伸约 400 km(见图 14-1)。

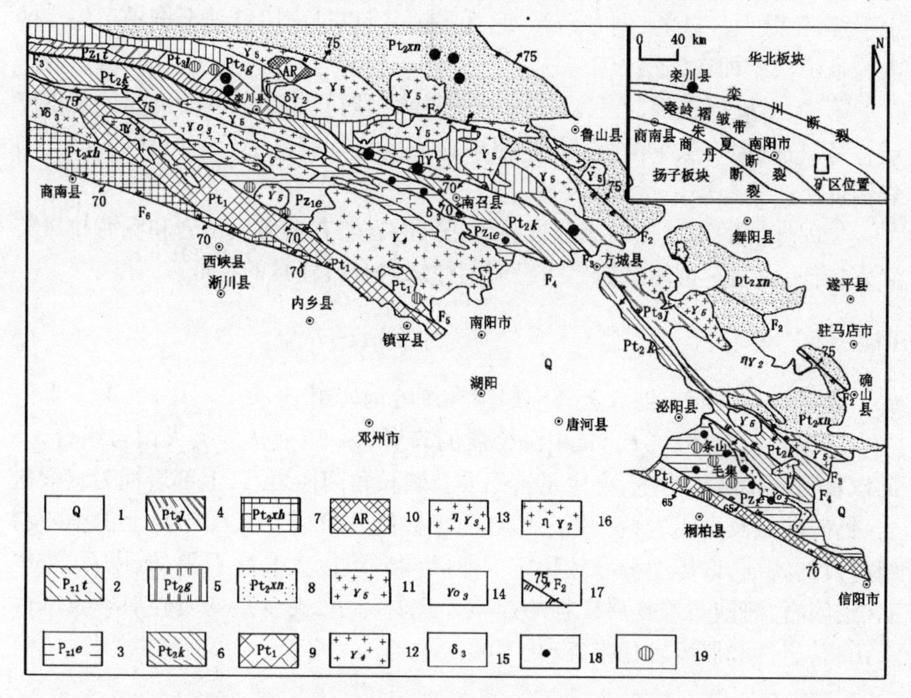

1—第四系;2—陶湾群;3—二郎坪群;4—栾川群;5—官道口群;6—宽坪群;7—峡河岩群;8—熊耳群;9—秦岭群;10—太华群;11—中生代二长花岗岩,花岗闪长岩;12—晚古生代二长花岗岩;13—早古生代二长花岗岩;14—早古生代石英闪长岩;15—早古生代闪长岩;16—元古代钾长花岗岩;17—断裂编号及产状;18—铁矿床;19—金、银、钼多金属矿床

图 14-1　东秦岭地质矿产简图(据刘国范,2003 修改)

它是秦岭造山带发育较好的一套蛇绿岩建造。这套海相火山岩的主体由喷溢相的变细碧岩、变细碧玢岩、动中晚期小规模间歇性喷发,少数爆发相岩石由变细碧质及变石英角斑质各类火山碎屑岩组成,发育于大栗树组上部,表明火山活动晚期伴有强烈的爆发活动。

这套海相火山岩普遍具有多韵律、多旋回、多喷发特点,就全区整体而言大致包括 4 个喷发旋回，每一旋回中下部均以变细碧岩为主，偶夹少量变角斑岩、变石英角斑岩，上部同为变石英角斑岩及相应的凝灰岩，每一旋回分别又由 4 ~7 个喷发韵律组成，它们共同反映出火山活动纵向上演化规律是：①岩浆演化由基性—酸性；②火山活动方式由喷溢—爆发；③每一旋回顶部多存在间歇期，出现沉凝灰质砂板岩、大理岩等海相沉积，表明火山活动的脉动性。

在这套火山岩中发现有 4 个火山岩含矿层，它们均产于每一个旋回顶部，第一旋回顶部为一富铁层位，为姑山式火山熔浆型含铜、锌磁铁矿层。矿层稳定延伸，由陕西三条岭，向东经汤河、太平镇、河口过南阳盆地至桐柏毛集。区内的条山铁矿即在该层位中。

第二、三旋回顶部为一富硫层位，为一火山射气作用形成的低品位硫铁矿层，卢氏丹矾窑—黑牛沟、嵩县油路沟、南召大庄均有该层位产出，区内的刘山岩铜锌矿产于该层中。

二郎坪群的地球化学成分表明该套火山岩兼有岛弧火山岩和深海拉斑玄武岩特征，说明它可能属弧后边缘海型蛇绿岩套所独具的特征。

14.1.2 秦岭群

秦岭群自下而上划分为郭庄岩组和雁岭沟岩组。

郭庄岩组总体为一套具中深变质的碎屑岩—碳酸盐岩夹火山岩组合，下部以长英质片麻岩为主，夹少量富铝质及斜长角闪质岩石，上部岩性为碳酸盐岩、钙硅酸盐及富铝岩石（矽线片岩、石榴矽线片麻岩），显示出与上覆雁岭沟组过渡的特征，区域上分布较稳定。雁岭沟岩组以大套含石墨、橄榄石、透辉石、透闪石、海泡石等变质矿物的镁质大理岩为主，夹少量变质碎屑岩及基性火山岩，岩性和厚度较稳定，变化不大。

14.2 侵入岩

侵入二郎坪群地层中的中—酸性侵入岩大致划为加里东期、海西期和燕山期。

加里东期侵入岩主要分布于二郎坪群中北部，西段（板山坪以西）主要为斜长花岗岩，有张家庄、川心垛、清水塘岩体等；中段主要为闪长岩，如板山坪岩体，呈岩基状产出，面积达 443 km^2，岩性复杂，除闪长岩和石英闪长岩外，还有角闪二长岩等；东段（南阳盆地以东）主要有堡子岩体和桃园岩体（锆石 U—Pb 年龄 451 Ma ±5 Ma，卢欣祥等，1998），岩性以石英闪长岩和斜长花岗岩为主。

海西期侵入岩大量分布于中段的五垛山一带，主要有黄龙庙—四棵树岩体、摸云垛岩体、牧虎顶岩体等，早期岩性主要为中细粒斑状花岗岩，晚期则以斑状花岗岩为主。

燕山期侵入岩规模较小，主要见于二郎坪、小寨、汤河一带，岩性以花岗岩为主，东段有少量花岗斑岩。

朱阳关—夏馆断裂带是一条切过莫霍面的深大断裂，沿断裂带岩浆活动频繁而强烈，研究区以中酸—酸性岩浆侵入为主，带状斑状花岗岩、花岗斑岩及隐爆角砾岩广泛分布，断裂带北侧有海西期岩基、岩株状岩体分布，其中燕山期黄花幔岩体及海西期五朵山岩体，据重力资料，两岩体在数百米以下相连，二郎坪群和小寨组地层“漂浮”其上。

瓦穴子—乔端断裂是二郎坪岩群构造域与宽坪岩群构造域的分界线，走向 280°～300°，总体北倾，倾角 60°～80°，由数条近平行的断裂组成断裂束，断裂带宽数十米至千余米，早期以塑性流变和强烈挤压为特征，晚期以脆性活动为主，经多次拉张—挤压形成较浅层次的构造角砾岩带及碎裂岩带，该断裂自北向南推覆，使宽坪岩群推覆于二郎坪岩群之上。该断裂为一深大断裂，沿断裂带断续有加里东期及燕山期岩浆岩分布。该断裂也为一热液活动与矿化带，热液元素异常组合为 Au、Ag、Pb、As、Sb、Cu 等，具明显浓度分带，银的浓集与断裂带内的蚀变构造岩及旁侧的围岩蚀变有关，矿(化)体产状受主断裂产状控制，矿化相对较弱。

朱阳关—夏馆断裂是二郎坪岩群构造域与秦岭岩群构造域的分界线，走向 310°，总体南倾，倾角 65°～85°，由相互平行、分枝复合的数条断裂组成，构造动力变形变质带宽数十米至 2 km，属极其复杂、多期活动、韧性剪切、脆性破裂俱全并伴有走滑性质的巨型剪切带，是一条切过莫霍面的深大断裂，沿断裂带断续出露加里东期—燕山期岩浆岩、隐爆角砾岩。该断裂表现为一带状中低温热液活动带，西部卢氏五里川一带形成 Sb、As、Ag、Hg 异常浓集中心，向东叠加有部分 Au、Pb、Zn、Ag 异常及与斑岩有关的 W、Mo、Cu、Pb、Ag、Bi 等异常，总体表现了自西向东热液元素组合温度上升的趋势。与热液活动相对应，断裂西部卢氏一带以锑砷矿化为主，向东随着成矿温度的上升在军马河、河南庄等过渡到以金矿化为主，在板厂过渡到以银多金属矿化为主，在鸡冠垛过渡到以银铜矿化为主。矿床(点)主要发育在主断裂两侧，尤其是南侧的次级分枝断裂中，如板厂大型银多金属矿和河南庄中型金矿。主断裂为热液运移与活动的主要通道即导矿构造，而分枝断裂为配矿和容矿构造。该断裂在华力西期前发生的自南向北韧性剪切推覆，形成双槐树—盘坡推覆构造前缘带，使秦岭岩群覆盖于二郎坪岩群和小寨组之上，这一自南向北推覆的应力作用持续时间较长，叠加有后期脆性构造活动，这种多期次、多层次构造叠加，为成矿提供了有利场所，小水—祁子堂银、金多金属矿带的形成，明显与这一推覆构造有关。断裂带中段和东段的板厂斑岩型银多金属矿床和鸡冠垛斑岩型银铜矿化体的成矿母岩为沿断裂带及其旁侧构造侵位的燕山期斑岩。

14.3 区域成矿特征

沿朱阳关—夏馆断裂带各种矿产分布具较强的规律性。在朱阳关—夏馆断裂带以北主要分布二郎坪群细碧角斑岩系，在朱阳关—夏馆断裂带以南主要分布秦岭群，两者具有各不相同的成矿的地质特征。

二郎坪群细碧角斑岩系金、银、铁、铜、铅、锌、锑多元素强烈富集，具有丰富的矿产资源，是重要的成矿控矿层位，控制了以桐柏刘山岩铜矿为代表的 Cu - Zn多金属矿和以破山银矿、银洞坡金矿为代表的 Au - Ag 贵金属矿床形成和分布。已知的铁铜矿主要分布于二郎坪复背斜的北翼，金银铜锌多金属矿产主要分布于二郎坪复背斜的南翼，分别构成北部的铁铜矿带和南部的金银铜锌及多金属矿带。

区内已知金银及铜多金属矿有 4 种类型：①火山喷流沉积型矿床，如刘山岩铜锌矿床、水洞岭铜锌矿床、条山铁铜矿床、上庄坪铜多金属矿点等；②沉积—变质热液型矿床，如层控型破山银矿；③矽卡岩型铜矿，如大胡垛铜矿点、火神庙铜矿点；④热液脉型铜多金属矿，如小胡垛铜矿点、庙岭铅锌矿点等。其中前两类规模较大，具有较好的找矿前景，后两类矿中有一部分与前者有成因联系，如层状矽卡岩型矿化与条山铁铜矿类似，二者常相伴随；又如有些热液型多金属矿脉可能是块状硫化物矿床下部的脉状矿体，可作为在上覆层位中寻找似层状或透镜状矿体的重要线索。

14.4 研究意义

研究区内铁铜多金属矿床赋存在二郎坪群蛇绿岩套内，在该地层中已发现汤河、火神庙、北郭庄、罗棚、银山、条山、铁山庙、窑沟、断树崖等铁（铜）矿（化）点以及曹沟、西湾、桦树盘、三圣庵、童老庄等铜矿点，构成汤河—白石尖—铁山庙铁铜成矿带。上段铜锌含矿层分布在上庄坪—桑树坪—大栗树—

带,已发现和评价的矿床(点)有上庄坪、庙岭、水洞岭和大河等。由于该套岩系组成独特,富含各种类型的海底喷流型块状硫化物矿床,成为秦岭褶皱带重要的铁铜多金属成矿带。研究区成矿地质条件优越,矿化线索信息丰富,近年来找矿工作不断有新的矿点、矿床发现,尤其是在南阳盆地东部毛集—条山一带深部找到了厚大富磁铁矿矿床,为在研究区寻找深部铁多金属矿床提供了勘查工作方法及理论依据和实践经验。已有成果对该矿床的地质特征、成矿规律、成矿模式和找矿标志进行了总结,但对该矿床成因和含矿岩体的时代等尚未查清,急需在区内开展类似矿床的成矿规律和成矿预测研究,建立找矿模型,指导区内矿产勘查工作。该区有寻找富铁矿的地质条件,研究目的要为深部找矿服务。

在本区开展成矿规律的研究工作是国家经济发展的需要,也是符合我国矿产资源战略要求的。同时,南阳盆地仍有许多航磁异常未开展工作,找矿前景良好。运用合理成熟的工作方法,继续在本区开展工作,将会起到事半功倍的效果。

14.5　科研工作

20 世纪 70 年代以来开展的科研工作为该区又一重要阶段。80 ~ 90 年代河南省地矿厅先后编制了第一代、第二代和第三代 1∶50 万《河南省地质图和说明书》及地质志,1987 年以来,先后由河南省地矿厅地调四队编制了豫西南地区 1∶20 万地质图件,对本区地层、构造、岩浆岩等进行了系统划分,并对各群地层进行了详细探讨。

70 年代中期随着秦巴项目的开展,科研所与地调一队、地调四队、西北大学、成都地院等单位,先后开展了对朱阳关—夏馆断裂带特征等基础地质方面的研究,以及以金为主的成矿条件的研究工作,并已取得一些进展。

成矿预测是矿产勘查工作不可缺少的组成部分,目前新矿床的发现主要借助于新技术、新方法的应用和综合成矿预测各种找矿模式的建立。随着找矿难度的日益增大,各国学者加强了对成矿预测理论、原理、方法、成矿模式、成矿模型等方面的研究,并在指导找矿上已有重大突破,如 1972 ~ 1978 年发现的加拿大超大型赫姆洛金矿床。成矿预测可大致分区域和局部预测,我国习惯分为大、中、小比例尺成矿预测。目前,区域成矿预测发展的趋势是以全球性和大区域成矿规律和理论模式的研究为基础,预测矿代和矿区;而局部预测(含深深部矿预测)发展的趋势是逐步地模型化,并力求从三维空间角度对矿床、矿体进行定位定量预测。近 30 多年来,各国学者提出和发展了各种区域成矿预测的理论、原理及方法,其中就理论体系的完整性和预测的实际效果来说,苏联学者 A · H · 克里夫佐夫等提出的“地质建造”(建造分析)学说和法国学者 P · 鲁蒂埃提出的“金属区”概念尤为值得注意。

目前,在局部预测的方法学问题上,西方学者和俄罗斯学者已取得了大体一致的看法,即认为在局部预测和找矿工作中矿床模式研究起着重要的指导作用,它是找矿突破的有力手段。因此,正在努力把建造分析和矿石建造学说同矿床模式结合起来,进一步建立典型的含矿地质环境的地质—成因模式,为详细地、具体地了解矿床、矿田、矿体的成矿体系以及局部找矿预测提供科学依据。近年来,俄罗斯学者提出并实施了“预测—普查组合”方案,力图明确预测工作在整个地质勘查中的地位,努力把地质理论研究与地质勘查工作密切结合起来,以推动预测工作的发展,国际上这种成矿预测的指导思想值得关注。

我国的成矿预测工作虽起步晚,但进展较快,已经经历了 1977 年开始的成矿远景区划和 1983 年开始的矿产资源总量预测两个时期,并取得了较好的找矿效果。从 1986 年起,开始了新一轮成矿远景区划和大比例尺成矿预测工作,20 世纪 80 年代以来,特别是“八五”期间,我国地质找矿面临新的形势,已逐步由找地表矿为主转为以预测为主、寻找深部矿为主阶段。我国许多专家指出,普查找矿进入新阶段后,必须开展“科学找矿”,以新的地质理论为指导以综合信息为依据,以“三维空间”为对象,以定量评价为目标,并结合我国实际提出了一些新的成矿预测理论、原则和方法,如成矿系列模式综合信息矿产预测理论、方法,找矿靶区优选法,主体地质填图与成矿预测等,从而使我国成矿预测走在世界前列。

在大比例尺成矿预测中着重地质认识上的突破及矿床成矿模式,预测(找矿)模型的建立和现代科学技术手段的应用。我国长江中下游开展以铁铜为主的多金属深部矿预测工作较早,通过主体地质填图和物化探综合信息预测取得了较好的找矿效果。在金矿预测找矿中,吉林夹皮沟金矿首先以矿床地球化学研究为重点,建立了矿床地球化学模式,开展了深部预测,取得一定效果。后来胶东玲珑金矿以研究断裂带控矿规律为重点,结合其他信息研究开展了深部预测,但未能及时验证。河南小秦岭地区从 20 世 80 年代初期起,不同学者先后分别以矿床地球化学矿物流体包裹体控矿断裂构造为重点,开展了矿床深部矿预测,均未取得明显进展。从 1989 年开始,河南省地矿局第一地质工程院承担的国家重点黄金科技攻关项目中,在小秦岭地区进行了深入系统的大比例尺区域和矿床深部深部定位定量预测，采用了地质、物探、化探、遥感综合研究方法，并首次将地质与甚低频电磁测、电测深和高精度磁测密切结合，建立了综合预测找矿模型，开展了三维空间的定位定量预测，并及时开展了钻探坑探验证，在预测理论、方法和找矿效果上，取得了新的突破，此后在豫西南地区亦开展了构造蚀变岩性金银矿成矿地质条件及富集规律的研究工作。

从上述国内外成矿预测的科学技术状况概述中可知，国外的成矿预测主要侧重于区域性和矿田、矿床预测。对矿床深部预测工作相对较少。我国预测工作重点放在深部，在矿床矿体预测的深度和方法上走在世界前列，无论在国外还是在国内成矿预测中，矿体垂向空间定位仍是攻克的难题。

14.6 存在的问题

（1）矿产勘查工作中存在的问题。以往的矿产勘查工作多局限在小范围内，在岩石的蚀变特征、构造与成矿关系、矿化特征等方面积累了一定资料，但很少用成矿系统与成矿系列的理论，来认识和深入研究成矿作用。以往工作主要对硫—铜型矿床的勘查而忽略了铁—铜型矿床的勘查与研究；在物探资料的研究与利用方面，注意了浅部信息的提取，忽略了深部资料的收集与解释；注意了近矿围岩的蚀变研究，忽略了含矿岩层在整个岩系中的产出特征。因此，有相当多的工作只停留在初期的地表与浅部阶段，忽略了深部矿或深部矿的找矿评价工作。

（2）成矿和找矿理论急需更新和补充。随着矿产勘查工作的不断深入，找矿的难度越来越大，因此急需引进新理论、新技术、新方法来开展区域成矿规律的研究，建立区域成矿模型和综合信息找矿模型，更好地指导找矿工作。本区铜锌矿化为火山喷流成因已逐渐被人们所认识和接受，国内外亦不乏类似的矿床实例。而本区铁铜矿化与层状矽卡岩带有关，是否亦为火山喷流成因值得探讨和研究。因此，引进先进理论和借鉴成功找矿经验，更新观念，改变研究思路，建立适用的找矿模型，对提高勘查效果将起到重要作用。

（3）资料综合研究和利用程度较低。研究区基础地质调查工作程度相对较高，积累了丰富的地质资料成果，但资料的综合处理和利用程度偏低。近年来，计算机和GIS技术迅猛发展，为地学数据信息化和综合处理分析提供了技术平台。加强已有地质成果的数字化和综合信息提取，将会大大提高找矿勘查工作的社会经济效益。

(4)拟解决的关键科技问题。该项目研究的主要课题与重点,是在已有资料的基础上系统深入地研究成矿作用的全过程及矿床形成的控制条件。

课题的研究思路是以唯物辩证法、系统论和历史观为指导,经过对区域构造地质背景的深入研究和对典型矿床的解剖,以构造—成岩—成矿动力学为主线,研究区域成矿的物质基础、控矿要素、成矿作用过程、成矿后变化与保存。分析东秦岭二郎坪地区早古生代海底火山喷流成矿系统的矿床系列、异常系列和它们在时间、空间上的结构特征、演化规律,从而进行成矿预测和资源潜力评价,指导地质找矿工作。

(5)通过对区域资料的收集整理,分析研究二郎坪群形成的大地构造背景,发展演化过程。通过野外剖面测量,进一步划分海底火山产物的韵律,确定喷发旋回,分析成矿作用与火山活动的时空关系。对典型矿床进行深入研究,配合采取各类同位素、稀土及微量元素分析等样品,确定成矿物质的来源和成矿物理化学环境及其演化过程,建立成矿系统模型。收集整理二郎坪一带地、物、化、遥成果资料,进行多信息成矿预测和资源潜力评估。

典型矿床研究:在二郎坪蛇绿岩带内,所产出的金属矿床(点),按系列及不同类型,研究其矿床地质特征,包括产出层位,岩石组合,矿化类型、规模,矿石组合、结构、构造、蚀变特征等。初步确定典型矿床为泌阳条山铁矿、桐柏毛集铁矿。

成矿预测:综合上述研究的资料和提取的成矿信息,拟归纳出找矿模型,运用地质、数学地质、同位素地质、成因矿物学及地球化学等方法,进行矿床统计预测。以成矿系统和矿床成矿系列等新理论为指导,采用地质调查、稳定同位素、矿物包裹体及岩矿石微量元素和稀土元素测试研究等手段,对泌阳条山铁矿、桐柏毛集铁矿等典型矿床进行重点解剖,总结区域控矿条件和找矿标志,建立找矿预测模型,开展成矿预测和圈定找矿靶区。

第 15 章　河南省钻探技术现状

在矿产勘查中,所有的观察结果,包括地质理论推断的找矿靶区,物、化、遥异常等,最终都需要钻探来验证。在深部找矿过程中,除了利用更成熟的地质理论和更先进的物化探方法、遥感技术等新探测技术外,最终还需要使用钻掘(探)技术来取心取样,证实推断和探测的正确性。从钻探工程角度来看,深部找矿钻探深度将在 1 500 m 左右,少量钻孔孔深将达 2 000 m。这种深度的资源勘查钻探工作对钻探取心取样质量、钻探速度、施工成本、环境保护、安全防护等方面都提出了更高的要求。

钻探取心(样)的关键技术是钻探设备、器具和工艺方法,它们不仅对钻探效率、施工成本、取心(样)质量及环境保护等方面有重要影响,而且对缩短整个勘探周期、加快开发利用步伐有着直接的意义。

目前,河南省使用的固体矿产勘探深孔立轴式钻机主要为 XY-6B 型,钻探深度一般在 1 000 m 以内(煤田钻探达到 1 500 m 左右),与国内同行相比,我们的钻探技术已经无优势可言,表现在钻探台月效率、复杂地层处理、技术工人素质、技术人员等方面差距很大,新工艺、新技术使用方面更是空白,有些方面的技术甚至出现倒退。

15.1　金刚石绳索取心技术

绳索取心(WL)钻探技术被称为钻探技术的第一次革命,已有近 60 年的推广应用历史。在全球地质找矿钻探施工中是应用最广泛、综合地质效果最佳的钻探技术。自 20 世纪 70 年代中期我国开始推广应用,但在应用广度和深度上与国外发达国家相比存在较大差距,利用绳索取心钻探技术完成的岩心钻探工作量仍不足全部固体矿产岩心钻探工作量的 30%。国产绳索取心钻具存在材质不佳、加工质量差、易折断和脱扣等问题,不能满足 1 000 m 以深钻孔的需要。而深部找矿一般采用的替代方案是使用内径可以通过绳索取心钻具内管的普通钻杆来完成钻孔取心作业,这就在完成取心作业的同时增大了钻孔工作量。例如 Φ89 mm 钻杆 + Φ75 mm 型绳索取心钻具 + Φ94 mm 钻头的钻具组合。

金刚石钻头的使用寿命是限制金刚石绳索取心技术应用于深部找矿的另一个原因。自20世纪60年代开始研究,70年代开始推广金刚石钻探技术以来,我国金刚石钻头制造水平有了很大提高,但是其使用效果与国外仍存在较大差距。虽然在金刚石超硬复合材料方面进行了大规模的攻关研究,制造了一些聚晶、复合片产品,但其性能也远远赶不上国际水平。这就使得国内金刚石钻头钻进寿命短、效率偏低。据调查,我国的金刚石钻头寿命在硬岩地层还不足40 m。

15.2 反循环连续取样(心)钻探技术

反循环连续取样(心)钻探技术被称为钻探技术的第二次革命。它采用压缩空气作为循环介质,利用双壁钻杆以冲击回转全面碎岩和连续岩屑作为地质样品的方式钻探施工,随着钻进的不断进行,岩屑被高速气流连续地经双壁钻杆的中心携带至地表,并按照顺序将岩屑收集起来作为地质化验分析的地质样品。

国内外大量的钻探施工经验证明,采用该法获取的地质样品不仅完全能达到确定矿体埋藏深度、矿体厚度、品位等物化参数的基本要求,而且其钻探施工速度要比传统的取柱状岩心施工速度提高5~10倍,施工成本也将大大降低。根据2006年有关统计资料,反循环连续取样(心)钻探技术在澳大利亚完成钻探工作量的比例超过80%。我国在20世纪80年代中期曾开展了该项技术的研究并进行推广应用,但由于地质上是以岩屑代替传统的柱状岩心,且需使用特殊的双壁钻杆,所以推广应用受到较大阻力。

值得关注的是,目前国际地质钻探承包商和矿业投资者已经提出了取心取样相结合的地质勘探新概念,并在一些国家开始应用,取得了比任何单一方法效率及地质效果都要好的结果,大幅度提高了钻进效率、降低了成本。著名的国际钻探设备制造商瑞典AtlasCopco公司已经开始推广这项综合取心(样)钻探技术,我国则没有这方面的应用研究。

15.3 液动冲击回转钻进技术

河北勘探技术研究所于20世纪60年代开始此项技术的研究,经过几十年的开发、改进,已经形成不同用途、多种规格的系列液动冲击器,特别是YZX127型液动潜孔锤在2006年完工的中国大陆科钻一井施工中创下了总进尺 4 038.88 m、平均小时效率 1.13 m、平均回次长度 6.31 m 的好成绩。但是在普通钻探生产条件下，由于泥浆固控系统还停留在传统的泥浆池加循环槽让岩粉自然沉淀的水平，在钻进过程中泥浆固相含量较高，导致液动潜孔锤内的零件频繁卡死，工作寿命大幅度降低，从而导致提钻频繁。在推广过程中，其优点虽为大家所认识和接受，但是实际应用却较少。

15.4　空气泡沫钻探技术

该技术是原地矿部“七五”和“八五”期间的重点科研攻关项目，由河北勘探技术研究所、长春地质学院和甘肃地矿局等科研院所、高校和相关生产单位联合完成。经过不同环境条件及机具试验研究总结了一套比较成熟的泡沫工艺和钻进规程。由于其后正值地质钻探工作量锐减，而此技术在初期投资、能耗和后期泡沫剂回收方面的费用都比普通钻进技术高，因此其推广应用处于停滞状态。

15.5　高精度受控定向（取心）钻探技术及岩心定向技术

受控定向钻探技术是一种可以使钻孔轨迹按照预定方向前进的特殊钻探技术，该项钻探技术还可以实现在一个主孔内钻进多个分支孔的羽状钻孔。自 20 世纪 80 年代，河北勘探技术研究所研究、推广应用受控定向钻探以来，该技术已成功应用于我国的盐卤矿、芒硝矿等水溶性矿产的开采领域，特别是该所承接并完成的土耳其 Beypazari 天然碱矿工程项目，其控制精度在 0.5 m 以内，标志着我国的高精度受控定向钻探施工进入国际先进水平行列。在普通钻孔难以到达的勘探部位和坑道内以及陡斜矿体的勘探中，利用高精度受控定向（取心）钻探技术可以明显减少钻探工作量和施工费用。唯一遗憾的是该技术在定向造斜段无法连续取心。

岩心定向技术是通过对孔底岩心作定向标记，从而获取带有定向标记方位角的定向岩心，对定向岩心复位测量或计算，即可求解出岩层层面或断裂面的产状。这项技术已经在石油勘探开发中广泛应用。由于地质岩心直径较小，地质钻探取心对这项技术关注热度不够。

15.6　岩心钻探设备方面

(1)加快全液压动力头地表岩心钻机的国产化进程和现有立轴式钻机的改进。各地质勘探部门对地表深孔钻探设备和坑道钻探设备有着迫切需求,目前国内比较先进的地表深孔地质岩心钻机处于起步阶段,一些关键部件、配件等仍需进口,因此在岩心钻探设备上,YID 采取技术革新与技术改进两头并举的策略。在加快全液压动力头式岩心钻机研制并将其系列化的同时,加强立轴式岩心钻机的改进。立轴式岩心钻机的改进,应在 CD 系列钻机的基础上加强钻机工作的可靠性及对钻探工艺的普适性。国外改进的新型立轴式岩心钻机代表性产品有俄罗斯的 СКБ－4、СКБ－5 型钻机,加拿大的 BBS 系列钻机和日本 NLC 公司的 NL－55、L－44 钻机等。

(2)加快坑道钻探设备的能力、功能的提升。在危机矿山接替资源的勘探中,对某些成矿模式的地层,在现有的数百米深的地下坑道或开采区内,利用坑道钻探设备来进行深部岩心钻探工作,可以充分揭露深部地层,节约钻探费用和时间,提高勘探效率。坑道钻探设备应以提升设备能力、完善设备功能和实现机电液一体化为主要目标,并形成 300～1 000 m 范围内的完整产品体系,达到深部找矿要求。

(3)加快先进岩心钻探设备的推广。岩心钻探设备推广应用的最终结果是实现产业化,而产业化又是降低生产成本和销售价格的有效手段,这又反过来推动着岩心钻探设备的推广应用。因此,岩心钻探设备的推广应用过程就是设备的产业化过程。目前,国内一些机构在全液压动力头式钻机的研发进展已经取得了一些成绩,例如,由河北勘探技术研究所 2006 年研制的 YDX－3 型全液压动力头式岩心钻机,其 S75 钻具的钻深能力为 1 000 m,成本比进口钻机降低了一半以上,受到了广泛关注并已经应用到生产。另外,其 1 500 m全液压岩心钻机和 KD－600 型坑道钻机也在积极地进行项目申报,争取形成系列化,推动此类钻机的产业化进程,以进一步降低成本。

15.7　岩心钻探器具及工艺方法

(1)加强信息情报收集,积极开展行业间信息交流,推动学科交叉合作。回顾钻探技术发展的几十年,情报部门提供了金刚石钻进技术、定向钻进技术、冲击回转钻进技术等一系列科技信息,对国内钻探工程界有很大的启发,为在国内科技攻关立项、研发、创新、模仿或引进技术起到了重要作用。在20世纪90年代,由于我国地质钻探工作量的锐减,一些先进的钻探技术在其他行业已经得到了成熟应用。钻探技术的一些新技术、新方法也随着材料、机械、电子信息等学科的发展而发展。如果我们闭门造车,不仅研究成果的先进性和适用性难以保证,而且还可能重复研究,造成大量资源浪费。

(2)加快新型基础钻具的研制和新工艺技术的完善。新型高寿命金刚石钻头、高强度深孔绳索取心钻杆、新型深孔双壁钻杆的研制是保证金刚石绳索取心钻进技术、反循环连续取样(心)钻进技术安全、经济、高效地服务于深部地质找矿工作的基础钻具,对于提高这些技术应用的可靠性、经济性有着重要作用。目前,这些基础钻具有的已经由河北勘探所立项研究,有的正在申报立项。

空气泡沫钻进与普通泥浆钻进比较,有着节水、增加钻效、提高钻头寿命及对岩心无污染且不易堵心等优势,在深部找矿工作中,特别是在泥浆使用受限制的区域,该技术都有一定的应用前景。经过10余年的停滞,该工艺技术的成熟度相应地有所降低,做好工艺技术的完善是其推广应用的前提。

(3)加强岩心钻探器具及工艺方法的系统化研究,增强钻探器具的功能、提高工艺方法的适应性,利用现有技术集成、整合出新。多功能、一体化,是国外钻具发展的一个方向,我国岩心钻探器具也应利用现有技术和工艺实现功能整合。例如河北勘探所研制的具有创新和多技术集成的“三合一”(螺杆马达+液动锤+绳索取心)钻具,并且在大陆科钻一井中成功使用,使我国的钻探技术迈上了一个新的台阶。该技术达到了国际先进水平。河北勘探所为解决定向造斜段不能连续取心问题正在研制的定向造斜段连续绳索取心工具及正在申报立项的中空式液动锤绳索取心工具、绳索取心与反循环连续取样结合的组合钻探技术也属于此范畴。

深部找矿中的关键技术问题,归根结底是新深度、新要求与研发新技术、新设备器具间的矛盾,已有技术成果与推广应用间的矛盾,先进技术与旧有观念之间的矛盾,技术的先进性与经济的可行性之间的矛盾,技术需求与信息滞后之间的矛盾。要解决这些问题,我们必须通过体制的创新、人员的培养和培训,利用现有先进技术来满足深部找矿的需要,建立一批示范工程来推动先进钻探技术的应用。深部找矿对地质钻探技术提出了更高的要求,同时也为地质钻探技术的发展创造了条件。我国的一批钻探技术专业研究院所在过去的几十年中取得了一些成绩,在深部找矿的地质钻探过程中应一如既往地起到科技排头兵的作用,推动地质钻探技术的发展。

第16章　河南省铁矿深部找矿潜力分析

铁矿属国家急缺矿种,又是河南省经济发展不可缺少的大宗矿产资源,长期以来因国内矿产资源供不应求而大量进口。解决河南省铁矿资源瓶颈的主要途径是选择重点矿床类型、加大深部勘查力度,而深部找矿潜力分析是一项最基础的研究工作。

据最近统计,我国铁矿资源的对外依赖程度达到了58%,因此当务之急是加大铁矿资源的勘查力度,加大资源的勘查深度,加大铁矿资源的研究程度,为国民经济发展提供战略储备。根据我国现阶段的勘查技术水平、矿产开采技术水平、铁矿石选冶技术水平等,逐步开展1 500 m以浅的资源勘查是可行的。

河南省对铁矿的需求量很大,铁矿勘查工作将进一步加强,物探在铁矿勘查中是最重要的勘查方法,铁矿也是物探最能发挥直接找矿作用的矿种之一。

20世纪60~80年代在全省不同范围进行了1:5万~1:20万航磁工作,除黄淮平原为1:20万航磁外,其他地区均被1:5万航磁覆盖;在此基础上河南省物探队于1990年绘编了全省1:20万航磁图,全省共圈定航磁异常547个,其中矿致异常及找矿有意义异常106个,性质不明异常441个,进行了地面检查234个,工程验证140个,为河南省大地构造、基础地质研究和矿产调查,特别是寻找铁矿提供了丰富的地球物理资料;1995年由国家航遥中心和河南省物探队建立了河南省1:5万航磁数据库。

区域重力勘探始于20世纪50年代,20世纪60~80年代在各盆地中进行了1:10万~1:20万不等的重力勘探数万平方千米,包括豫东一部分地区。

河南省鞍山式铁矿,占查明资源量的76%。该类型铁矿在我省主要分布在舞阳—新蔡一带和武陟、内黄、商丘等隆起区,典型矿床主要有许昌铁矿、铁山铁矿、鲁山西马楼铁矿、经山寺铁矿。鞍山式沉积变质型铁矿在我省分布面积达2万km^2,已发现中-大型铁矿床十余个,特别是在覆盖区具有较大的找矿潜力。鞍山式铁矿床产于前震旦纪变质岩系中。含铁建造有2~3种类型,每一种建造有2~6层铁矿。依据矿物组合及岩性特征,含铁建造主要有两类,即角闪变粒岩含铁建造和绢云母绿泥石千枚岩含铁建造。

此类矿床的岩矿石组合中,磁铁矿石磁化率为103×10^{-5}~106×10^{-5}

SI,剩余磁化强度 Jr 为 $1\ 000 \times 10^{-3}$ A/m,混合岩、千枚岩等几乎无磁性,角闪变粒岩类磁化率一般小于 104×10^{-5} SI。故采用磁测可以观测到明显的矿致磁异常。矿床的航(地)磁异常一般呈条带状展布,延伸范围较大,且与铁矿层的走向基本一致;此外,此类磁异常的特征还有形态规则、强度大(航磁几百、几千甚至上万纳特,地磁几千、几万乃至几十万纳特),并且常伴有较大的负值异常。应当注意的是,当矿床埋藏深度大时,也可能表现为强度不大的低缓异常。

不同品位的铁矿石密度值在 $3.0 \times 10^3 \sim 4.0 \times 10^3$ kg/m³,其各种围岩的密度值一般小于 2.7×10^3 kg/m³,铁矿石与围岩的密度差值达 $0.3 \times 10^3 \sim 1.3 \times 10^3$ kg/m³。因此,具有一定规模的铁矿床均反映为高值重力异常,随着铁矿床埋藏深度增大,重力异常逐渐变化为低缓,所以说局部高值重力异常是寻找中—大型铁矿一个重要标志。

16.1　优越的成矿地质条件

河南省鞍山式铁矿主要分布在舞阳—霍邱成矿带上,从已发现的矿床分布情况看,区域上具有优越的成矿地质条件。太华岩群含铁建造分布广泛,主要含铁层位稳定,分布相对集中。在鲁山—舞阳一带基岩出露区已探明的太华岩群沉积变质铁矿产地达 27 处,对舞阳—新蔡、商丘、内黄、武陟等地区分布的航磁异常以往并未引起人们重视,经过最近对航磁异常的二次开发,初步认为,在该区寻找沉积变质铁矿的前景十分广阔。

16.2　铁矿远景分析

16.2.1　舞阳—新蔡铁矿远景分析

据不同时期不同比例尺的磁测成果,在鲁山—舞阳—新蔡沉积变质铁矿成矿带上共圈出上百个航磁异常,西段鲁山—舞阳地区有 64 个磁异常,经检查验证,有 55 个见到铁矿体,见矿率达 86%,构成了我省重要的铁矿基地。新蔡县陈店—练村一带位于该成矿带的东段,1979 ~ 1980 年原地矿部航空物探大队 909 队 1:20 万航磁测量,圈定了 6 个磁异常。这些航磁异常均可和在西段圈出的异常进行对比,经对磁异常钻探验证,分别于 ZK307 孔见到铁矿层 5 层,累计厚度 92.84 m;ZK 1705 见到铁矿层 7 层,累计厚度 60.35 m;

ZK 12701见到铁矿层3层,累计厚度74.66 m;ZK3201 见到铁矿层2层,累计厚度38.07 m。该区 TFe 品位20% ~30.9%。展示了非常好的找矿前景。据此预测,本区磁铁矿远景资源量可达数亿吨。

16.2.2　许昌铁矿成矿区资源远景

太古界太华群变质岩系在区内分布范围大,层位稳定,含铁层位多。多处航磁异常因 ΔZ 较低,过去未给予重视;以往评价铁矿沿走向、倾向多未控制到边。全省太古界含铁建造总长450 km,其中基岩区分布长度250 km,覆盖区200 km,20世纪80年代仅在许昌、舞阳长50 km范围的局部地区评价了两个沉积变质型铁矿田。因此,太古界沉积变质型铁矿找矿前景巨大。预测矿石储量36 289 万 t。覆盖区之下铁矿还未开展工作,多处磁异常还未得到查证。

16.2.3　鞍山式铁矿资源总量预测

根据航磁异常和异常验证见矿情况,初步估算河南省鞍山式铁矿资源总量36.8 亿 t,其中 A 级和 B 级找矿靶区预测资源量为14.7 亿 t。

16.3　结　论

综上,河南省鞍山式铁矿是主要的矿床类型,区内太古界太华群变质岩系在区内分布范围大,层位稳定,含铁层位多。

区域航磁异常和重力异常具有良好的找矿指示作用,多处航磁异常因 ΔZ 较低,过去未给予重视;以往评价铁矿沿走向、倾向多未控制到边,而且对深部铁矿工作程度较少。

目前已经证实,采用地面大比例尺高磁、重力扫面,可控源音频大地电磁测深剖面相配合,进一步缩小找矿靶区,然后采用钻探验证,是一套行之有效的隐伏鞍山式铁矿找矿方法组合。因此,本区沉积变质型铁矿找矿前景巨大,在豫东地区加大找矿投入力度,可以取得铁矿找矿新突破。

参考文献

[1] 汪国栋. 中国铁矿成矿地质特征和资源潜力[J]. 地质找矿论丛,1996,11(4).
[2] 赵一鸣. 中国铁矿资源现状、保证程度和对策[J]. 地质论评,2004(4).
[3] 王贵成,曹平,张钦礼. 河南省舞阳铁矿田太古代古地史及铁矿的形成过程研究[J]. 湖南有色金属,2006,6(3).
[4] 王贵成,曹平,张钦礼,等. 河南省铁山庙式铁矿床的形成过程与"二铁"矿床氧化作用特征[J]. 矿物学报,2006,12(4).
[5] 文启富,王海军. 赵案庄地下矿矿体赋存规律研究[J]. 金属矿山,2005(10).
[6] 吴进甫,吴娜. 安林地区接触交代型铁矿成矿规律探讨. [J]. 安阳大学学报,2004(1).
[7] 牛文革,李耀辉,田恪强. 河南省舞阳冷岗铁矿床地质特征及控矿因素[J]. 矿产与地质,2003,10(5).
[8] 黄克杰,黄克强,李金龙. 晋南塔儿山地区矽卡岩型铁矿岩浆岩特征及对成矿的控制作用[J]. 地质与资源,2006(3).
[9] 丁俊德. 华北版块接触交代型铁矿成矿规律及成矿预测[G]//王可南,姚培慧. 中国铁矿床综论. 北京:冶金工业出版社,1992.
[10] 曾玖吾,陈森煌,汪曼祉,等. 舞阳地区太华群变质岩系及风化壳富铁矿矿化特征[G]//王可南,姚培慧. 中国铁矿床综论. 北京:冶金工业出版社,1992.
[11] 王明志,李闫华,鄢云飞,等. 若干成矿预测理论研究综述[J]. 资源环境与工程,2007,8(4):363-368.
[12] 胡旺亮,吕瑞英,高怀忠,等. 矿床统计预测方法流程[J]. 地球科学:中国地质大学学报,1995,20(2):128-132.
[13] 翟裕生. 成矿系列研究问题[J]. 现代地质:中国地质大学研究生院学报,1992,6(3):300-307.
[14] 王世称,王於天. 综合信息解译原理与矿产预测图编制方法[M]. 长春:吉林大学出版社,1989.
[15] 沈远超,曾庆栋,刘铁兵,等. 深部金矿定位预测[J]. 地质与勘探,2001,37(1):126.
[16] 王瑜,李朗田,苏绍明. 鄂东铁矿成矿地质特征与找矿预测[J]. 地质与勘探,2007,1(1):22-24.
[17] 王永基. 褶皱构造与深部矿床预测[J]. 地质与勘探,1990,26(7):10-15.
[18] 张胜业,潘玉玲. 应用地球物理学原理[M]. 北京:中国地质大学出版社,2004.
[19] 叶天竺,朱裕生,夏庆霖,等. 固体矿产预测评价方法技术[M]. 北京:中国大地出版社,2004.
[20] 刘天佑. 应用地球物理数据采集与处理[M]. 北京:中国大地出版社,2004.
[21] 河南省地质局19队. 河南舞阳铁矿赵案庄矿床详细地质勘探报告[R]. 1967.

[22] 河南省地质局物探大队试验队. 河南省舞阳县下曹及赵案庄铁矿综合物探方法试验结果报告[R]. 1960.

[23] 河南省地质局豫06队. 河南省舞阳八台磁力异常区赵案庄异常(矿床)地质总结报告[R]. 1961.

[24] 河南革委建委地勘公司19地质队. 河南省舞阳铁矿赵案庄矿床详勘报告储量重算补充地质报告[R]. 1970.

[25] 湖北省地质科学研究所. 河南舞阳赵案庄型铁矿成矿特征及矿床成因[R]. 1972.

[26] 河南省冶金局第4地质队. 河南舞阳铁矿赵案庄、王道行矿床综合勘探地质报告[R]. 1976.

[27] 河南省地质矿产局. 河南地质及矿产资源概况[R]. 1988.

[28] 王贵成,曹平,张钦礼. 舞阳铁矿地质构造的历史动力学研究[J]. 矿业工程,2006,(4).

[29] 河南省地质调查院,河南省地球物理勘查队,河南省有色金属地质勘查局. 河南省铁矿资源潜力评价成果报告[R]. 2010.

[30] 河南省有色地质一队. 河南省林州市杨家庄铁矿区外围及深部下接触带铁矿普查[R]. 2004.

[31] 河南省有色地矿局第一地质大队. 河南省林州市水磨山铁矿普查[R]. 2005.

[32] 河南省地矿局第二地质勘查院. 许昌市灵井铁矿普查[R]. 2005.

[33] 河南有色局第一地质大队. 大王庄铁矿区外围普查[R]. 2006.

[34] 河南省地质科学研究所. 河南省铁矿成矿区划及资源总量预测报告[R]. 1985.

[35] 河南省地矿局第二地质队. 河南省隐伏铁矿找矿预测及找矿技术[R]. 2011.